“十四五”高等职业教育机电类专业系列教材

单片机项目化教程

（C语言版）

（第二版）

主　编　姜虎强　张　虹　姚燕娜
副主编　刘　强　秦　娟　由丽娟　韩如坤　王　宁

中国铁道出版社有限公司
CHINA RAILWAY PUBLISHING HOUSE CO., LTD.

内 容 简 介

本书根据高等职业教育自动化工程专业培养要求编写。全书以单片机应用的典型工作任务为支撑，全面详细地介绍了单片机应用知识，主要内容包括单片机基础知识、单片机硬件系统、单片机并行I/O端口应用、单片机定时器与中断系统、单片机显示和接口技术、单片机串行接口技术、单片机系统扩展技术和单片机应用系统设计。

本书配有微课视频、授课PPT、源程序等教学资源。

本书适合作为高职高专院校“单片机技术”课程的教材，也可作为单片机技术培训教材，还可供自动化工程技术人员及对单片机感兴趣的读者参考。

图书在版编目（CIP）数据

单片机项目化教程：C语言版/姜虎强，张虹，姚燕娜主编．—2版．—北京：中国铁道出版社有限公司，2023.10

“十四五”高等职业教育机电类专业系列教材

ISBN 978-7-113-30465-2

Ⅰ.①单…　Ⅱ.①姜…　②张…　③姚…　Ⅲ.①单片微型计算机-C语言-程序设计-高等职业教育-教材
Ⅳ.①TP368.1②TP312

中国国家版本馆CIP数据核字（2023）第150879号

书　　名：单片机项目化教程（C语言版）
作　　者：姜虎强　张　虹　姚燕娜

策　　划：祁　云　　　　**编辑部电话：**（010）63551006
责任编辑：祁　云　绳　超
封面设计：刘　颖
责任校对：刘　畅
责任印制：樊启鹏

出版发行：中国铁道出版社有限公司（100054，北京市西城区右安门西街8号）
网　　址：http://www.tdpress.com/51eds/
印　　刷：北京联兴盛业印刷股份有限公司
版　　次：2016年2月第1版　2023年10月第2版　2023年10月第1次印刷
开　　本：787 mm×1 092 mm　1/16　**印张：**12.5　**字数：**320千
书　　号：ISBN 978-7-113-30465-2
定　　价：39.80元

前言

《单片机项目化教程(C语言版)》教材自2016年出版后,以其全新的教学理念、鲜明的高职教育特色,得到了广大教师与学生的认可。为了使本书内容紧跟职业教育的教学改革,更好地反映本课程教学内容的行业性、科学性和实用性,编者认真听取并采纳了广大师生的意见。在本次改版中,仍然保留了第一版的主体内容和特色,在第一版的基础上进行了内容的优化、补充和调整,将新知识、新技术和新方法融入第二版中。本次改版是"信息化+项目化"教学改革的研究成果,针对单片机课程的教学需求和工业生产中对单片机技术应用人才的需求而编写。主要做了以下几方面的修订工作:

(1)为了方便读者学习,每个项目均增加了微课视频,扫描二维码即可进行学习,帮助读者温故知新,加深对知识的理解。

(2)紧跟企业实际需求和技术发展,增加了4个典型任务:单片机控制LED数码管、交通灯控制系统设计、单片机实现PWM信号输出、单片机与蓝牙模块通信技术。

(3)为适合职业教育的教学规律,对部分任务的相关知识进行了拓展,增加了单片机应用案例知识,以便于读者深入学习。

(4)从教学角度考虑,第二版的附录C修订为常用的C51标准库函数。

本书从基础入手,从工学结合的角度出发,以单片机应用中最典型的项目作为重点,以实用性强、针对性强的任务作为项目的基础,循序渐进地介绍单片机技术的设计过程与技巧,每个项目都附有实践性较强的项目训练,注重培养学生的实践能力。本书具有以下特色:

(1)在案例选材方面,大量选用与生产、生活贴近的实际问题,精心进行实践性教学设计,真正实现案例教学。以项目实例贯穿全书,将理论知识应用于实践,使学生在实际操作过程中轻松地掌握单片机技术知识。

(2)构建项目化教程。在充分考虑课程教学内容及特点的基础上,精心组织本书内容和编排方式，每个项目以任务开始，体现“做中学、学中做”的教学思路，将 C51 语言和单片机的基础知识融入各个典型任务当中。

(3) 全书共设计了 24 个典型任务，每个任务既相对独立，又紧密联系。任务由易到难，以单片机应用为主线，把相关的 C 语言知识融合在工作任务中，学生在技能训练中掌握编程方法。

(4) 单片机技术广泛应用于载人航天、超级计算机、卫星导航、新能源技术、智能制造等领域。本书着重培养学生创新意识和创新能力，以适应党的二十大报告中提出的“强化国家战略科技力量”，“提升国家创新体系整体效能”，“形成具有全球竞争力的开放创新生态”的目标。

本书由烟台汽车工程职业学院姜虎强、烟台工程职业技术学院张虹、烟台汽车工程职业学院姚燕娜任主编；烟台汽车工程职业学院刘强、秦娟、由丽娟、韩如坤、王宁任副主编。本书在编写过程中参考了大量的相关文献资料，这里对书后参考文献中的作者深表谢意。

本书配有微课视频、授课 PPT、源程序等教学资源。

因编者水平有限，书中难免有疏漏和不妥之处，恳请专家和读者批评指正。

编　者

2023 年 7 月

项目一 单片机基础知识

项目导读

单片机是微型计算机的一种，应用系统由硬件电路和相应的软件构成。本项目介绍单片机基础知识和单片机应用系统开发工具的应用，让学生对单片机的基本工作过程有充分的了解。

学习目标

①掌握单片机的分类。
②掌握单片机的应用领域。
③掌握单片机的数制与二进制逻辑运算。
④能用 Keil C51 软件编写和调试程序。

任务一 初识单片机

一、任务说明

通过单片机基础知识的学习，掌握单片机的种类、应用领域及单片机的学习方法。

二、任务分析

学习单片机的发展、分类及单片机的应用领域，初步了解单片机。

三、相关知识

1. 单片机发展

单片机(single chip microcomputer)诞生于 1971 年，经历了 SCM、MCU、SoC 三大阶段，早期的 SCM 单片机都是 8 位或 4 位的。

1971年,Intel公司的霍夫研制成功世界上第一个4位微处理器芯片Intel 4004,标志着第一代微处理器问世,微处理器和微机时代从此开始。

1971年11月,Intel公司推出MCS-4微型计算机系统(包括4001 ROM芯片、4002 RAM芯片、4003移位寄存器芯片和4004微处理器),其中4004包含2 300个晶体管,尺寸规格为3 mm×4 mm,计算性能远远超过当年的ENIAC,最初售价为200美元。

1972年4月,霍夫等人开发出第一个8位微处理器Intel 8008。由于8008采用的是P沟道MOS微处理器,因此仍属第一代微处理器,如图1.1所示。

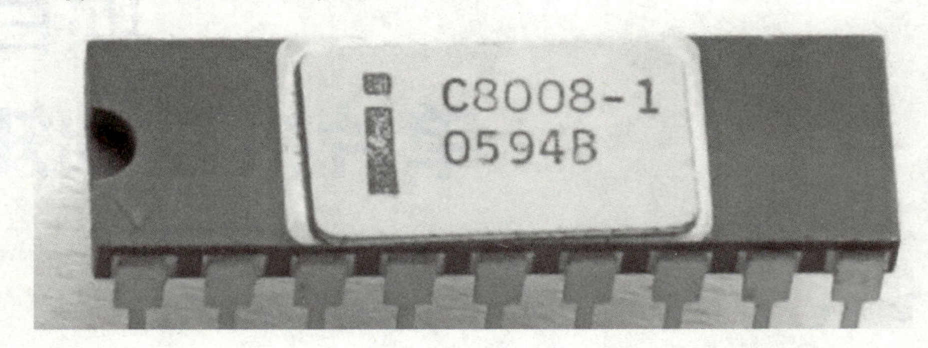

图1.1　8位微处理器Intel 8008

1973年,Intel公司霍夫等人研制出8位微处理器8080,以N沟道MOS电路取代了P沟道,第二代微处理器就此诞生。

主频2 MHz的8080芯片运算速度比8008快10倍,可存取64 KB数据,使用了基于6 μm技术的6 000个晶体管,处理速度为0.64MIPS(million instructions per second)。

1975年4月,MITS发布第一个通用型Altair 8800,售价375美元,带有1 KB存储器。这是世界上第一台微型计算机。

1976年,Intel公司研制出MCS-48系列8位单片机,这也是单片机的问世。它是现代单片机的雏形,包含了数字处理的全部功能,外接一定的附加外围芯片即可构成完整的微型计算机。

Zilog公司于1976年开发的Z80微处理器,广泛用于微型计算机和工业自动控制设备。当时,Zilog、Motorola和Intel在微处理器领域三足鼎立。

20世纪80年代初,Intel公司在MCS-48系列单片机的基础上,推出了MCS-51系列8位高档单片机。MCS-51系列单片机无论是片内RAM容量,还是I/O端口功能,系统扩展方面都有了很大的提高。

早期阶段:SCM(single chip microcomputer)即单片微型计算机阶段,主要是寻求最佳的单片形态嵌入式系统的最佳体系结构。“创新模式”获得成功,奠定了SCM与通用计算机完全不同的发展道路。在开创嵌入式系统独立发展道路上,Intel公司功不可没。

中期发展:MCU(micro controller unit)即微控制器阶段,主要的技术发展方向是,不断扩展满足嵌入式应用对象系统要求的各种外围电路与接口电路,突显其对象的智能化控制能力。它所涉及的领域都与对象系统相关,因此,发展MCU的重任不可避免地落在电气、电子技术厂家。从这一角度来看,Intel公司逐渐淡出MCU的发展也有其客观因素。在发展MCU方面,最著名的厂家当数Philips公司。

Philips 公司以其在嵌入式应用方面的巨大优势，将 MCS-51 从单片微型计算机迅速发展到微控制器。

当前趋势：SoC(system on chip)嵌入式系统的独立发展之路。向 MCU 阶段发展的重要因素，就是寻求应用系统在芯片上的最大化解决方法，因此，专用单片机的发展自然形成了 SoC 化趋势。随着微电子技术、IC 设计、EDA 工具的发展，基于 SoC 的单片机应用系统设计会有较大的发展。因此，对单片机的理解可以从单片微型计算机、单片微控制器延伸到单片应用系统。

2. 单片机的定义及特点

单片机是指集成在一块芯片上的微型计算机，它的各种功能部件，包括 CPU、存储器、基本输入/输出(I/O)接口电路、定时/计数器和中断系统等，都制作在一块集成芯片上，构成一个完整的微型计算机。由于它的结构与指令功能都是按照工业控制要求设计，因此单片机又称为微控制器(micro controller unit，MCU)。8051 单片机内部的基本结构如图 1.2 所示。

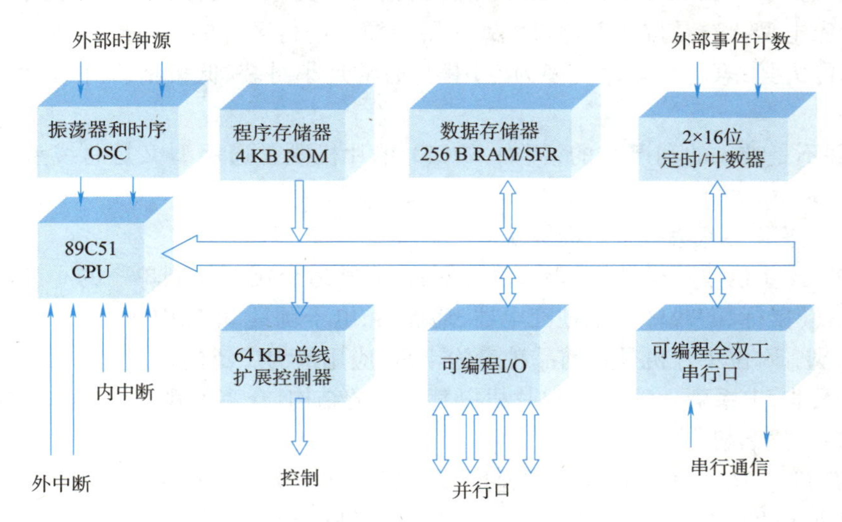

图 1.2 8051 单片机内部的基本结构

单片机的特点：

①体积小、结构简单、可靠性高。单片机把各功能部件集成在一块芯片上，内部采用总线结构，减少了各芯片之间的连线，大大提高了单片机的可靠性与抗干扰能力。另外，其体积小，对于强磁场环境要采取屏蔽措施，适合在恶劣环境下工作。

视 频

单片机的特点

②控制能力强。单片机虽然结构简单，但是它已经具备了足够的控制功能。单片机具有较多的 I/O 端口，CPU 可以直接对 I/O 端口进行操作、算术操作、逻辑操作和位操作，指令简单而丰富，所以单片机也是“面向控制”的计算机。

③优异的性能/价格比。由于单片机构成的硬件结构简单、开发周期短、控制功能强、可靠性高，因此，在达到同样功能的条件下，用单片机开发的控制系统比用其他类型的微型计算机开发的控制系统价格更便宜。

④简单易学。由于单片机所需的外部器件很少，因此对于初学者只需要花费极少时间学习硬件电路的设计，而把大部分的时间放在程序设计上，大大提高了学习效率。

3. 单片机的分类

(1)按单片机的应用分类

根据发展情况,从不同角度,单片机大致可以分为通用型/专用型、总线型/非总线型及工控型/家电型。

①通用型/专用型。这是按单片机适用范围来区分的。例如,80C51是通用型单片机,它不是为某种专门用途设计的;专用型单片机是针对一类产品甚至某一个产品设计生产的,例如为了满足电子体温计的要求,在片内集成ADC(模/数转换)接口等功能的温度测量控制电路。

②总线型/非总线型。这是按单片机是否提供并行总线来区分的。总线型单片机普遍设置有并行地址总线、数据总线、控制总线,这些引脚用以扩展并行外围器件都可通过串行口与单片机连接,另外,许多单片机已把所需要的外围器件及外设接口集成在一块芯片内,因此在许多情况下可以不要并行扩展总线,大大节省了封装成本和芯片体积,这类单片机称为非总线型单片机。

③工控型/家电型。这是按照单片机大致应用的领域进行区分的。一般而言,工控型单片机寻址范围大,运算能力强;家电型单片机多为专用型,通常是小封装、低价格,外围器件和外设接口集成度高。

上述分类并不是唯一的和严格的,例如,80C51单片机既是通用型又是总线型,还可以作为工控用。

(2)按单片机数据总线的位数进行分类

①4位单片机。4位单片机结构简单,价格便宜,非常适合用于控制单一的小型电子类产品,如PC用的输入装置(鼠标、游戏杆)、电池充电器、遥控器、电子玩具、小家电等。

②8位单片机。8位单片机是目前品种最为丰富、应用最为广泛的单片机。目前,8位单片机主要分为51系列及非51系列。51系列单片机以其典型的结构、众多的逻辑位操作功能,以及丰富的指令系统,堪称一代“名机”。

③16位单片机 。16位单片机在操作速度及数据吞吐能力等性能上比8位单片机机有较大提高。目前,应用较多的有TI的MSP430系列、凌阳的SPCE061A系列、Motorola的68HC16系列、Intel的MCS-96/196系列等。

④32位单片机。与51单片机相比,32位单片机运行速度和功能大幅提高,随着技术的发展以及价格的下降,将会与8位单片机并驾齐驱。32位单片机主要由ARM公司研制,因此,提及32位单片机,一般均指ARM单片机。严格来说,ARM不是单片机,而是一种32位处理器内核,实际中使用的ARM芯片有很多型号,常见的ARM芯片主要有飞利浦的LPC2000系列、三星的S3C/S3F/S3P系列等。

(3)主流单片机的分类

①51系列单片机。应用最广泛的8位单片机首推Intel公司的51系列单片机,由于产品硬件结构合理,指令系统规范,加之生产历史“悠久”,有先入为主的优势。世界有许多著名的芯片公司都购买了51芯片的核心专利技术,并在其基础上进行性能上的扩充,使得芯片得到进一步的完善,形成了一个庞大的体系。51系列单片机优点之一是它从内部的硬件到软件有一套完整的按位操作系统,称为位处理器,或布尔处理器。它的处理对象不是字或字节而是位。它不仅能对片内某些特殊功能寄存器的某些位进行处理,如传送、置位、清零、测试等,还能进行位的逻辑运算,其功能十分完备,使用起来得心应手。

②PIC 系列单片机。PIC 系列单片机是美国 Microchip 公司的产品,是当前市场份额增长最快的单片机之一。CPU 采用 RISC(精简指令集计算机)结构,分别有 33、35、58 条指令(视单片机的级别而定),属精简指令集。而 51 系列单片机有 111 条指令,AVR 系列单片机有 118 条指令,都比 PIC 系列单片机复杂。PIC 系列单片机的 I/O 口是双向的,其输出电路为 CMOS 互补推挽输出电路。I/O 引脚增加了用于设置输入或输出状态的方向寄存器(TRISn,其中 n 对应各口,如 A、B、C、D、E 等),从而解决了 51 系列单片机 I/O 端口引脚为高电平时同为输入和输出的状态。

③AVR 系列单片机。AVR 系列单片机是 Atmel 公司推出的较为新颖的单片机,其显著的特点为高性能、高速度、低功耗。它取消机器周期,以时钟周期为指令周期,实行流水作业。AVR 系列单片机指令以字为单位,且大部分指令都为单周期指令。而单周期既可执行本指令功能,同时完成下一条指令的读取。AVR 系列单片机没有类似累加器 A 的结构,它主要是通过 R16 ~ R31 寄存器来实现 A 的功能。在 AVR 系列单片机中,没有像 51 系列单片机的数据指针 DPTR,而是由 X(由 R26、R27 组成)、Y(由 R28、R29 组成)、Z(由 R30、R31 组成)3 个 16 位的寄存器来完成数据指针的功能(相当于有 3 组 DPTR),而且还能作后增量或先减量等的运行。

④Motorola 系列单片机。Motorola 曾经是世界上最大的单片机厂商,从 M6800 开始,开发了广泛的品种,4 位、8 位、16 位、32 位的单片机都能生产。Motorola 单片机的特点之一是在同样的速度下所用的时钟频率较 Intel 类单片机低得多,因而使得高频噪声低,抗干扰能力强,更适合于工控领域及恶劣的环境,目前广泛应用于汽车电子中动力传动、车身、底盘及安全系统等领域。

4. 单片机的应用领域

单片机已渗透到人们生活的各个领域,几乎很难找到哪个领域没有单片机的踪迹。导弹的导航装置,飞机上各种仪表的控制,计算机的网络通信与数据传输,工业自动化过程的实时控制和数据处理,广泛使用的各种智能 IC 卡,民用轿车的安全保障系统,录像机、摄像机、全自动洗衣机的控制,以及程控玩具、电子宠物等,这些都离不开单片机。更不用说自动控制领域的机器人、智能仪表、医疗器械以及各种智能机械了。因此,单片机的学习、开发与应用将造就一批计算机应用与智能化控制的科学家和工程师。

(1)在智能仪器仪表上的应用

单片机广泛应用于仪器仪表中,实现模拟量和数字量的转换和处理。通过传感器,可实现诸如电压、功率、频率、湿度、温度、流量、速度、厚度、角度、长度、距离、硬度、元素、压力、重力、音量、光亮、波形、磁感应等物理量的测量。采用单片机控制使得仪器仪表数字化、智能化、微型化、直观化,且功能比起采用电子或数字电路更加强大。例如,精密的测量设备(电压表、功率计、示波器、各种分析仪)。

(2)在工业自动化领域的应用

在工业控制中,如工业过程自动控制、过程自动监测、过程数据采集、工业控制器、工业现场联网通信及机电一体化自动控制系统等,都离不开单片机。在比较复杂的大型工业控制系统中,用单片机可以实现智能控制、智能数据采集、远程自动控制、现场自动管理,真正实现工业自动化。例如,工业机器人的控制系统是由中央控制器、感觉系统、行走系统、擒拿系统等节点构成的多机网络系统,而其中每一个小系统都是由单片微机进行控制的。

(3)在家用电器领域的应用

现在乃至将来,国内外各种家用电器都采用单片机控制,因为家电将向多功能和智能化、自动化方向发展,没有单片机智能控制的家电将面临淘汰。比如电子玩具或者电视机、洗衣机、电冰箱、空调、微波炉、电饭煲、电磁炉等新型产品的家电,都是由单片机来控制的。

(4)在计算机通信领域和安全监控系统中的应用

现代的单片机普遍具备通信接口,可以很方便地与计算机进行数据通信,为在计算机网络和通信设备间的应用提供了极好的物质条件。通信设备基本上都实现了单片机智能控制,从手机、电话机、小型程控交换机、楼宇自动通信呼叫系统、烟火报警系统、摄像监控系统、列车无线通信系统,到日常工作中随处可见的移动电话、集群移动通信系统、无线电对讲机等。

(5)在医用设备领域中的应用

现代医疗条件越来越发达,人们对医疗灭菌消毒技术也越来越重视。随着单片机技术的发展,其体积较小、功能强大、具有灵活的扩展性、应用方便的特点也越来越突出,因此在医用呼吸机、分析仪与监护仪、超声诊断设备、病床呼叫系统等设备中得到了广泛应用。

(6)在模块化系统中的应用

某些专用单片机设计用于实现特定功能,从而在各种电路中进行模块化应用,而不要求使用人员了解其内部结构。例如,音乐集成单片机,看似简单的功能,微缩在纯电子芯片中(有别于磁带机的原理),就需要复杂的类似于计算机的原理;音乐信号以数字的形式存于存储器中(类似于ROM),由微控制器读出,转化为模拟音乐电信号(类似于声卡)。

在大型电路中,这种模块化应用极大地缩小了体积,简化了电路,降低了损坏、错误率,也便于更换。

(7)在汽车电子产品中的应用

单片机在汽车电子产品中的应用非常广泛,例如汽车中的发动机控制器、基于CAN总线的汽车发动机智能电子控制器、自动驾驶系统、GPS导航系统、ABS防抱死系统、制动系统、胎压检测、通信系统和运行监视器(黑匣子)等都有单片机的应用。

(8)在办公自动化设备中的应用

现代办公室使用的大量通信和办公设备多数嵌入了单片机。如打印机、复印机、传真机、绘图机、考勤机、电话以及通用计算机中的键盘译码、磁盘驱动等。

(9)在商业营销设备中的应用

在商业营销系统中已广泛使用的LED信息显示屏、电子秤、收款机、条形码阅读器、IC卡刷卡机、出租车计价器以及仓储安全监测系统、商场保安系统、空气调节系统、冷冻保险系统等都采用了单片机控制。

单片机的广泛应用不仅让人们享受到新型电子产品和新技术带来的贴心服务,也使我们的生活环境变得安全、舒适、便捷;有了单片机作主控,我们的生产生活工具更加先进和智能,减轻劳动强度的同时提高了工作效率和安全系数。可见,人们的生活离不开单片机,单片机也正在改变人们的生活。

5. 如何学好单片机

现在用得比较多的是8051单片机,它的资料比较全,用的人也比较多,市场也很大,51单片机内部结构简单,非常适合初学者学习,建议初学者将51单片机作为入门级芯片。单片机这门课是非常重视动手实践的,不能总是阅读教材,但是也不能完全不阅读教材,我们需要从教材中了解单片机的各个功能寄存器。为什么要了解功能寄存器?因为要用编写软件去控制单片机的各个功能寄存器。其目的是什么?最简单的说法就是控制单片机的引脚什么时候输出高电平,什么时候输出低电平,由这些高、低变化的电平来控制外围电路,实现需要的各种功能。

关于看书,读者只需大概了解单片机各引脚的功能,简单了解寄存器。看完第一遍、第二遍,可能看不明白,但这不要紧,因为还缺少实际的感观认识,只要动手做起来就会觉得:“原来这么简单!”所以要把更多的时间放到实践中去,这才是最关键的,在实践过程中有不懂之处再查书,这样记忆才更深刻。

关于实践,要有一块单片机的学习板,可以自己花钱买,也可以求助身边的单片机高手帮你搭建一个简单的最小系统板。对于初学者来说,建议有流水灯、数码管、独立键盘、矩阵键盘、A/D 和 D/A、液晶、蜂鸣器、总线,有 USB 扩展最好。如果上面提到的这些功能能熟练应用,可以说对单片机的操作已经入门了,剩下的就是自己练习设计外围电路,不断地积累经验。只要过了第一关,后面的路就好走多了。

有了单片机学习板之后就要多练习,最好自己有台计算机,把学习板和计算机连好,打开调试软件坐在计算机前,先学会怎么用调试软件,然后从最简单的流水灯实验做起,当成功地将 8 只 LED 按照自己的意愿点亮时,就会感觉到原来单片机是那么有趣!然后再去学习如何点亮数码管。就是要这样练习,在写程序的时候肯定会遇到很多问题,而这时你再去翻书找答案,或是请教别人,或是上网搜索。当你把问题解决之后,你会记住一辈子。知识必须应用于实践,解决实际问题,才能发挥它的作用。

在单片机编程当中,可以用 C 语言也可以用汇编语言,但是建议大家用 C 语言,因为 C 语言可移植性高,易读懂,而且效率也非常高,相对来讲,汇编语言则难度较大。你可以一点汇编语言都不懂,但是如果一点 C 语言都不懂,以后肯定会吃苦头。现在单片机的主频和 ROM 空间都在不断提高,足够装下用 C 语言编写的任何代码,C 语言的资料又多又好找,如果以后想将程序移植到另外一款单片机当中,只需改变相应的端口和寄存器就可以了。

学习步骤:

①阅读教材,大概了解一下单片机结构,不用都看懂。

②用单片机学习板练习编写程序,学习单片机主要就是练习编写程序,遇到不会的再问人或查书或到单片机论坛中学习。

③自己在网上找一些小电路的资料,练习设计外围电路,焊好后自己调试,熟悉过程。

④自己独立设计具有个人风格的电路产品。

四、任务小结

MCS-51 系列单片机及兼容产品是我国单片机应用的主流产品。本任务通过对单片机定义、特点、发展、分类、应用领域等介绍,使学生初步认识了单片机,并给学生提供了一些学好单片机的建议。

任务二　单片机的数制与二进制逻辑运算

一、任务说明

本任务通过二进制转换为十进制、二进制转换为十六进制训练,让学生熟练掌握进制的转换方法。

二、任务分析

掌握二进制与十进制、十六进制的转换方法,以后学习中能正确编写单片机程序。

三、相关知识

1. 单片机电平特性

视 频

单片机电平特性

单片机是一种数字集成芯片,而在数字电路中,只存在两种电平,即高电平和低电平。深入认识电平特性,在今后的开发工作中有着很重要的意义。一般定义单片机的输出和输入为 TTL 电平,高电平为 +5 V,低电平为 0 V。计算机的串口为 RS-232-C 电平,高电平为 -12 V,低电平为 +12 V。这里要强调的是,RS-232-C 电平为负逻辑电平,因此当计算机与单片机之间要通信时,需要增加一个电平转换芯片。

常用的逻辑电平有 TTL、CMOS、LVTTL、LVCMOS、ECL、PECL、LVDS、GTL、BTL、ETL、GTLP 等。其中,TTL 和 CMOS 的逻辑电平按典型电压可分为四类:5 V 系列(5 V TTL 和 5 V CMOS)、3.3 V 系列、2.5 V 系列和 1.8 V 系列。

5 V TTL 和 5 V CMOS 逻辑电平是通用的逻辑电平。3.3V 及以下的逻辑电平被称为低电压逻辑电平,常用的为 LVTTL 电平。低电压逻辑电平还有 2.5 V 和 1.8 V 两种。ECL、PECL 和 LVDS 是差分输入/输出。

TTL 电平信号用得最多,这是因为,数据表示通常采用二进制,+5 V 等价于逻辑 1,0 V 等价于逻辑 0,这被称为 TTL(晶体管-晶体管逻辑电平)信号系统,这是计算机处理器控制的设备内部各部分之间通信的标准技术。TTL 电平信号对于计算机处理器控制的设备内部的数据传输是很理想的,首先计算机处理器控制的设备内部的数据传输对于电源的要求不高,热损耗也较低,另外,TTL 电平信号直接与集成电路连接而不需要价格昂贵的线路驱动器以及接收器电路;再者,计算机处理器控制的设备内部的数据传输是在高速下进行的,而 TTL 接口的操作恰能满足这一要求。TTL 型通信大多数情况下是采用并行数据传输方式,而并行数据传输对于超过 3 m 的距离就不合适了。因为在并行接口中存在着不对称问题,这些问题对可靠性均有影响;另外,对于并行数据传输,电缆以及连接器的费用比起串行通信方式来也要高一些。

CMOS 电平可达 12 V。CMOS 电路输出高电平约为 0.9 V,而输出低电平约为 0.1 V。CMOS 集成电路中不使用的输入端不能悬空,否则会造成逻辑混乱。另外,CMOS 集成电路电源电压可以在较大范围内变化,因而对电源的要求不像 TTL 集成电路那样严格。

TTL 集成电路和 CMOS 集成电路的逻辑电平关系如下:

①V_{OH}:逻辑电平 1 的输出电压。

②V_{OL}:逻辑电平 0 的输出电压。

③V_{IH}:逻辑电平 1 的输入电压。

④V_{IL}:逻辑电平 0 的输入电压。

TTL 逻辑电平临界值:

①$V_{OHmin}=2.4$ V,$V_{OLmax}=0.4$ V。

②$V_{IHmin}=2.0$ V,$V_{ILmax}=0.8$ V。

CMOS 逻辑电平临界值(设电源电压为 +5 V):

①$V_{OHmin}=4.99\ V$,$V_{OLmax}=0.01\ V$。

②$V_{IHmin}=3.5\ V$,$V_{ILmax}=1.5\ V$。

TTL 和 CMOS 逻辑电平转换:

CMOS 逻辑电平能驱动 TTL 逻辑电平,但 TTL 逻辑电平不能驱动 CMOS 逻辑电平,需加上拉电阻。

常用逻辑芯片的特点如下:

74LS 系列:TTL 电平,输入 TTL 电平,输出 TTL 电平。

74HC 系列:CMOS 电平,输入 CMOS 电平, 输出 CMOS 电平。

74HCT 系列: CMOS 电平,输入 TTL 电平,输出 CMOS 电平。

CD4000 系列:CMOS 电平,输入 CMOS 电平,输出 CMOS 电平。

通常情况下,单片机、DSP、FPGA 之间引脚能否直接相连要参考以下方法进行判断:一般来说,同电压的是可以相连的,不过最好还是查看芯片技术手册上的 V_{IL}、V_{IH}、V_{OL}、V_{OH} 的值,看是否能够匹配。有些情况在一般应用中没有问题,但是参数上就是不够匹配,在某些情况下可能就不够稳定,或者不同批次的器件就不能运行。

2. 二进制与十六进制

视 频

进制

(1)二进制

数字电路中只有两种电平特性,即高电平和低电平,这也就决定了数字电路中使用二进制。二进制的基数为“2”,其使用的数码只有 0 和 1 两个。“逢二进一,借一当二”是二进制数的特点。

(2)十六进制

十六进制与二进制大同小异,不同之处就是十六进制特点是“逢十六进一,借一当十六”。还有一点特别之处需要注意,十进制的 0 ~ 15 表示成十六进制数分别为 0 ~ 9,A,B,C,D,E,F,即十进制的 10 对应十六进制的 A,11 对应 B,12 对应 C,13 对应 D,14 对应 E,15 对应 F。一般在十六进制数的最后面加上后缀 H,表示该数为十六进制数,如 CH,EFH 等。这里的字母不区分大小写,在 C 语言编程时要写成“0xc,0xef”,在数的最前面加上“0x”表示该数为十六进制数。

(3)数制及转换

视 频

进制的转换

十进制数进位规则:逢十进一。十进制数 1 转换为二进制数是 1B(这里 B 表示二进制数的后缀);十进制数 2 转换为二进制数时,因为已经到 2,所以需要进 1,那么二进制数即为 10B;十进制数 5 转换为二进制数,2 为 10B,3 为 10B + 1B = 11B,5 即为 10B + 11B = 101B。

当二进制数转换成十进制数时,从二进制数的最后一位起往前看,每一位代表的数为 2 的 n 次幂,这里的 n 表示从最后起的第几位二进制数,n 从 0 算起,若对应该二进制数位上为 1,那么就表示有值,为 0 即无值。例如,在把二进制数 11111110B 反推回十进制数,计算过程如下:$0\times2^0+1\times2^1+1\times2^2+1\times2^3+1\times2^4+1\times2^5+1\times2^6+1\times2^7=254$。其中 2^n 称为“位权”。

当二进制数与十六进制数转换时,因为 4 位二进制数正好可以表示 0 ~ F 这 16 个数字,所以转换时可以从最低位开始,每 4 位二进制数字分为 1 组,不足 4 位的用 0 补齐 4 位,对应进行相互转换即可。例如,二进制数 11110100101 转换成十六进制数:$(11110100101)_2=(011110100101)_2=(7A5)_{16}$。

对于二进制数与十进制数、十六进制数之间的转换,能够熟练掌握 0 ~ 15 以内的数就够用了,因为在以后的单片机 C 语言编程中,要大量使用它们。一般的转换规律是,先将二进制数转换成十进制数,再将十进制数转换为十六进制数。为了方便记忆,其转换关系列于表 1.1 中。

表 1.1　十进制、二进制、十六进制数的转换关系

十进制	二进制	十六进制	十进制	二进制	十六进制
0	0	0	8	1000	8
1	1	1	9	1001	9
2	10	2	10	1010	A
3	11	3	11	1011	B
4	100	4	12	1100	C
5	101	5	13	1101	D
6	110	6	14	1110	E
7	111	7	15	1111	F

在进行单片机编程时常常会用到其他较大的数,这时用 Windows 系统自带的计算器,可以很方便地进行二进制、八进制、十进制、十六进制数之间的任意转换,如图 1.3 所示。

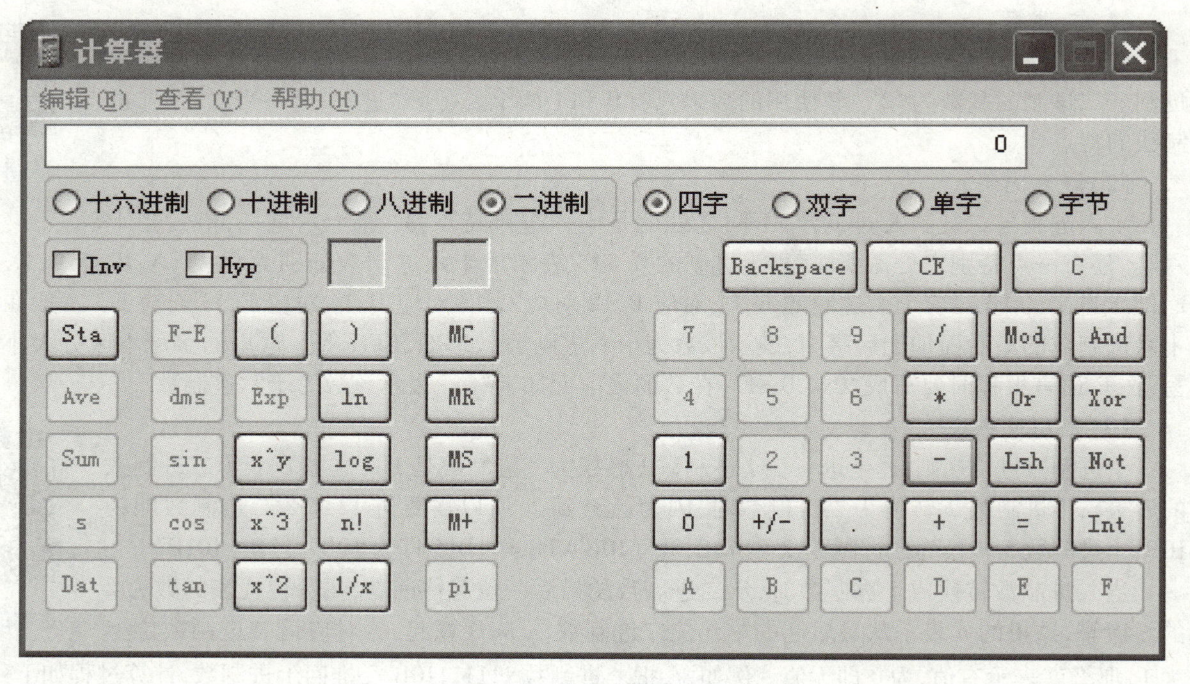

图 1.3　Windows 自带的计算器

3. 二进制的逻辑运算

在单片机编程中,逻辑门是很重要的概念。当二进制遇上逻辑门,会发生什么呢?所谓逻辑门,是数学上的概念,最简单的就是"与"、"或"和"非",它们都是实现某种逻辑关系的运算。在单片机中,逻辑运算有特定的运算规则。

逻辑运算与算术运算的主要区别是:逻辑运算是按位进行的,位与位之间不像算术运算那样有进位或借位的联系。

(1)与

“与”运算是实现“必须都有,否则就没有”这种逻辑关系的一种运算。C 语言中运算符为“&”,其运算规则如下:0&0 =0, 0&1 =1&0 =0, 1&1 =1。其图形符号如图 1.4 所示。

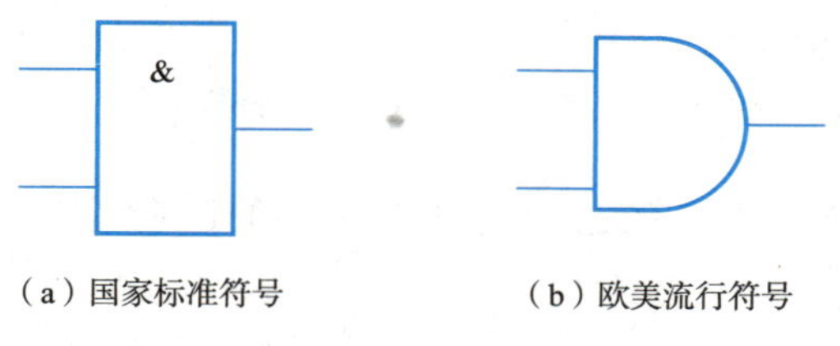

(a)国家标准符号　　(b)欧美流行符号

图 1.4　“与”运算图形符号

C 语言中“&&”表示“按位与”运算,意思是变量之间按二进制位数对应关系一一进行“与”运算。如(01010101)&&(10101010) =00000000,而上面讲到的“&”运算只是对单一位进行运算。

(2)或

“或”运算是实现“只要其中之一有就有”这种逻辑关系的一种运算。C 语言中运算符为“|”,其运算规则如下:0 | 0 =0, 0 | 1 =1 | 0 =1, 1 | 1 =1。其图形符号如图 1.5 所示。

C 语言中“‖”表示“按位或”运算,意思是变量之间按二进制位数对应关系一一进行“或”运算。如(01010101) ‖ (10101010) =11111111,而上面讲到的“|”运算只是对单一位进行运算。

(3)非

“非”运算是实现“求反”这种逻辑关系的一种运算。C 语言中运算符为“!”,其运算规则如下:! 0 =1,! 1 =0。其图形符号如图 1.6 所示。

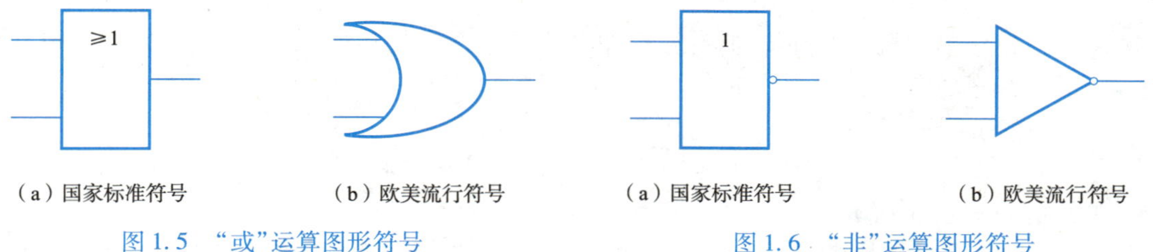

(a)国家标准符号　　(b)欧美流行符号　　(a)国家标准符号　　(b)欧美流行符号

图 1.5　“或”运算图形符号　　图 1.6　“非”运算图形符号

C 语言中“~”表示“按位取反”运算。如 ~01010101 =(10101010),而上面讲到的“!”运算只是对单一位进行运算。

(4)同或

“同或”与“异或”运算用得较少,在这里只简单了解,用到的时候可再查找相关资料。

“同或”的逻辑功能是:当两输入的逻辑值相同时,输出才为 1,否则输出为 0,其逻辑运算符为“⊙”。其运算规则如下:0⊙0 =1,1⊙0 =0,0⊙1 =0,1⊙1 =1。在 C 语言中没有规定符号。其图形符号如图 1.7 所示。

(5)异或

“异或”的逻辑功能是:当两输入的逻辑值相异时,输出才为 1,否则输出为 0,其逻辑运算符为

“⊕”。其运算规则如下：$0\oplus0=0$，$1\oplus0=1$，$0\oplus1=1$，$1\oplus1=0$。在C语言中有“按位异或”运算“∧”。其图形符号如图1.8所示。

图1.7 “同或”运算图形符号　　图1.8 “异或”运算图形符号

逻辑门的组合可以实现各种复杂的运算，掌握二进制的逻辑运算，对单片机的编程工作有很重要的意义。

四、任务小结

本任务通过对单片机的数制与二进制逻辑运算的介绍，使读者能够掌握进制逻辑转换，为以后的单片机编程做好准备。如项目三任务一中程序语句：P1 = 0xff 就是典型的十六进制。

任务三 Keil 软件使用

视频

Keil软件的使用

一、任务说明

本任务通过Keil软件学习，了解单片机开发系统的基本组成、功能及使用方法。

二、任务分析

建立单片机开发环境，熟练掌握单片机开发系统的功能，能正确编写并调试单片机C语言程序。

三、相关知识

1. 单片机开发系统及功能

单片机开发系统是单片机应用系统设计的必需工具，包括计算机、单片机在线仿真器、工具软件、编程器等，其功能包括在线仿真、调试、软件辅助设计、目标程序固化等。

(1)在线仿真功能

在线仿真器是由一系列硬件构成的设备，它能仿真用户系统中的单片机，并能模拟用户系统的ROM、RAM和I/O端口，因此，处于在线仿真状态时，用户系统的运行环境和脱机运行的环境完全“逼真”。

(2)调试功能

开发系统对用户系统软、硬件调试功能的强弱，将直接关系到开发的效率。性能优良的单片机开发系统应具备下列调试功能。

①运行控制功能。开发系统应能使用户有效地控制目标程序的运行，以便检查程序运行的结果，对存在的硬件故障和软件错误进行定位。

单步运行：CPU从任意程序地址开始执行一条语句后停止运行。

断点运行:允许用户任意设置断点条件,启动 CPU 从规定地址开始运行后,当遇到断点条件符合以后停止运行。

全速运行:CPU 从指定地址开始连续全速运行目标程序。

跟踪运行:类似单步运行过程,但可以跟踪函数内部运行状态。

②目标系统状态的读出修改功能。当 CPU 停止执行目标系统程序后,允许用户方便地读出或修改目标系统资源的状态,以便检查程序运行的结果,设置断点条件及设置程序的初始参数。

(3)辅助设计功能

辅助设计功能的强弱也是衡量单片机开发系统性能高低的重要标志。单片机应用系统软件开发的效率在很大程度上取决于开发系统的辅助设计功能。

①程序设计语言。单片机程序设计语言包括机器语言、汇编语言和高级语言。

机器语言是单片机唯一能够识别的语言,程序的设计、输入、修改和调试都很麻烦,只能用来开发一些非常简单的单片机应用系统。

汇编语言具有使用灵活、实时性好的特点,是单片机应用系统设计常用的程序设计语言。但是采用汇编语言编程,要求编程员必须对单片机的指令系统非常熟悉,并具有一定的程序设计经验,才能编制出功能复杂的应用程序,且汇编语言程序的可读性和可移植性都较差。

高级语言的通用性好,程序设计人员只要掌握开发系统所提供的高级语言使用方法,就可以直接编程。51 系列单片机的编译型高级语言有:PL/M51、C51、MBASIC-51 等。高级语言对不熟悉单片机指令系统的用户比较适用,且具有较好的可移植性,是目前单片机编程语言的主流。本书采用的是 C51 编程语言。

②程序编译。几乎所有的单片机开发系统都能与 PC 连接,允许用户使用 PC 的编辑程序编写汇编语言或高级语言,生成汇编语言或高级语言的源文件;然后利用开发系统提供的交叉汇编或编译系统,将源程序编译成可在目标机上直接运行的目标程序;再通过 PC 的串口或并口直接传输到开发机的 RAM 中。

(4)程序固化功能

当系统调试完毕,确认软件无故障时,应把用户应用系统的程序固化到程序存储器中脱机运行。编程器就是完成这种任务的专用设备,它也是单片机开发系统的重要组成部分。

2. Keil C51 软件的使用

Keil C51 软件是众多单片机应用开发的优秀软件之一,它集编辑、编译、仿真于一体,支持汇编、PLM 语言和 C 语言的程序设计,界面友好,易学易用。

下面介绍 Keil C51 软件的使用方法:

启动 Keil C51 软件,界面如图 1.9 所示,几秒后出现编辑界面,如图 1.10 所示。

图 1.9 启动 Keil C51 时的界面

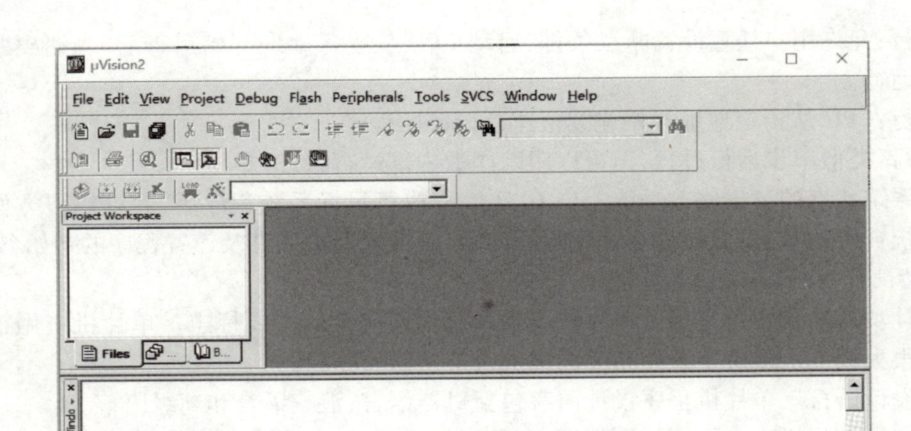

图1.10　进入Keil C51后的编辑界面

简单程序的调试:

①建立一个新工程。单击Project菜单,在弹出的下拉菜单中选中New Project命令,如图1.11所示。

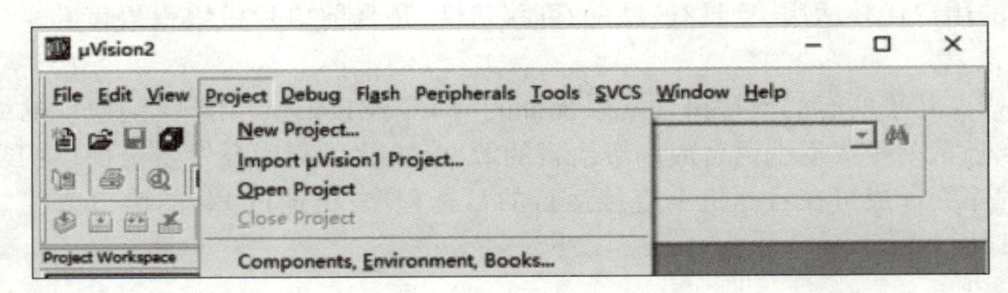

图1.11　新建工程

②选择要保存的路径,输入工程文件的名字,比如保存到C51目录里,工程文件的名字为C51,如图1.12所示,然后单击"保存"按钮。

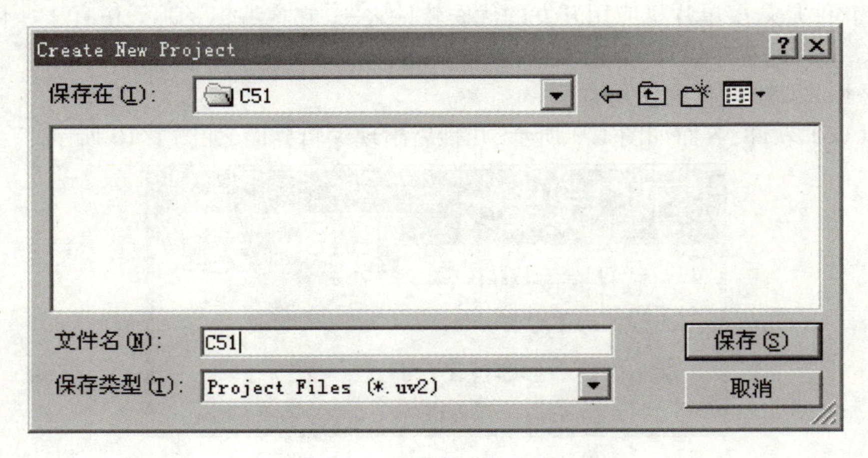

图1.12　保存工程文件

③这时会弹出一个对话框，要求选择单片机的型号，可以根据使用的单片机来选择。Keil C51几乎支持所有的51系列单片机，下面以Atmel 89C51为例来说明，如图1.13所示，选择AT89C51系列之后，右边栏是对这个单片机的基本说明，然后单击“确定”按钮。

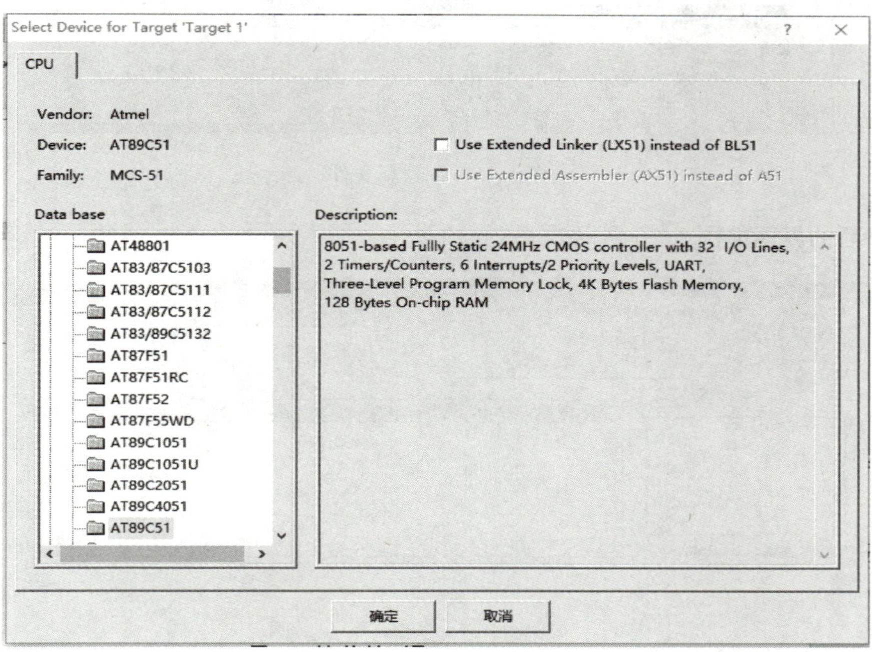

图1.13　选择单片机型号

④完成上一步骤后，屏幕如图1.14所示。

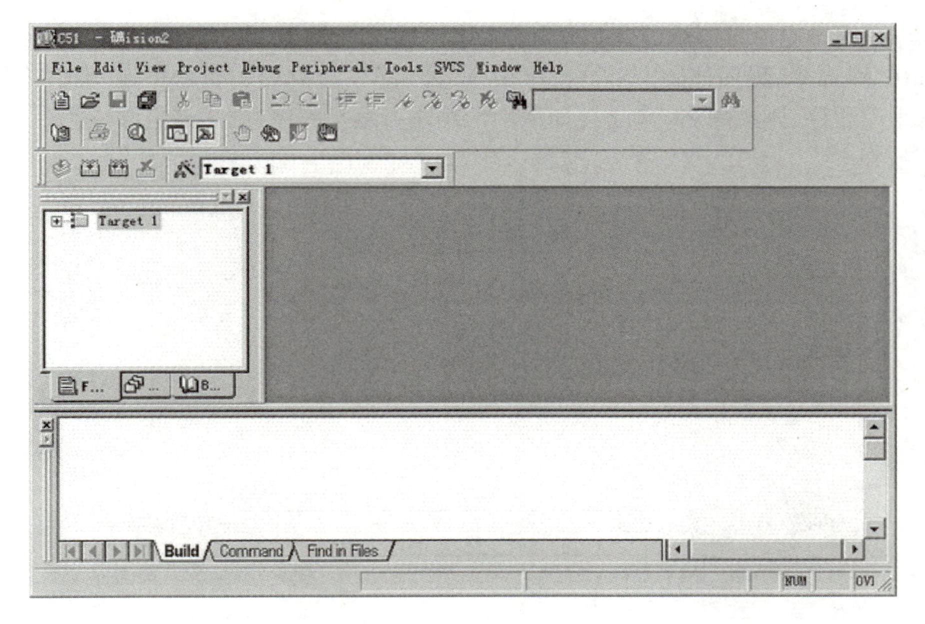

图1.14　创建Target

⑤单击 File 菜单,在下拉菜单中选择 New 命令,如图 1.15 所示。

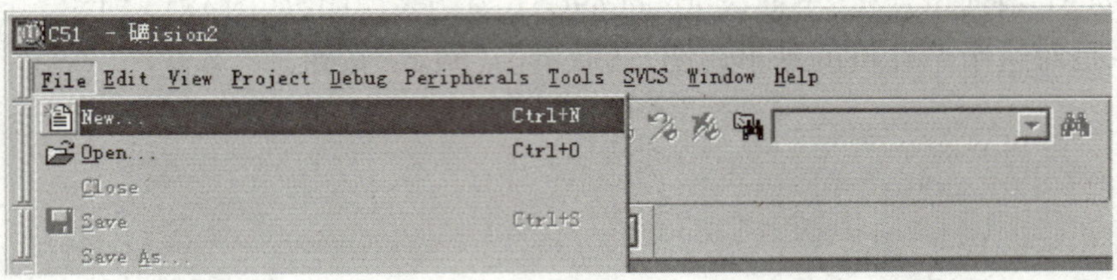

图 1.15 创建新文件

新建文件后的界面如图 1.16 所示。

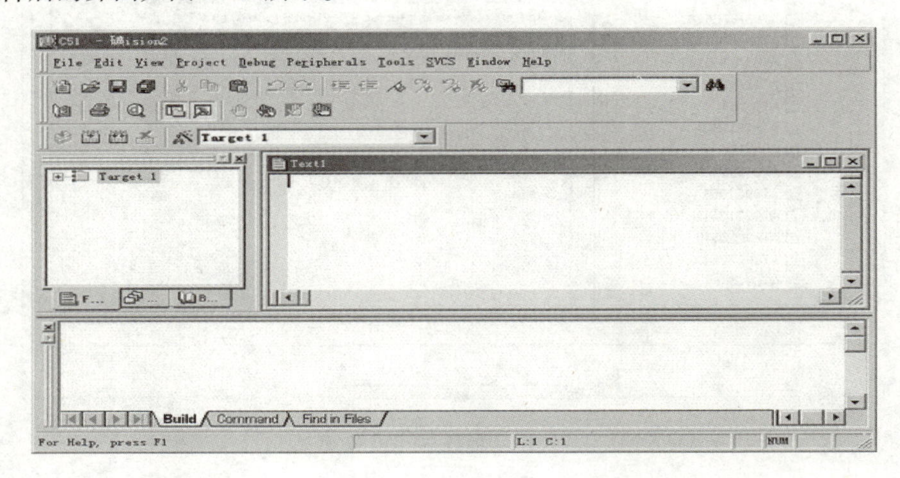

图 1.16 Keil 51 编程窗口

此时光标在编辑窗口里闪烁,这时可以输入用户的应用程序,选择 File 菜单,在弹出的下拉菜单中选择 Save As 命令,界面如图 1.17 所示,在“文件名”栏右侧的编辑框中输入文件名。注意:如果用 C 语言编写程序,则扩展名为(.c);如果用汇编语言编写程序,则扩展名必须为(.asm)。然后,单击“保存”按钮。

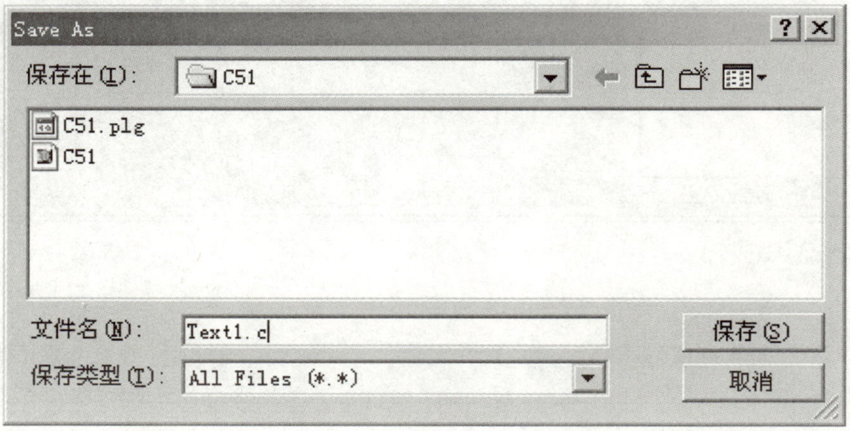

图 1.17 保存文件

⑥回到编辑界面后，单击“Target 1”前面的加号，然后在“Source Group 1”上右击，如图1.18所示。

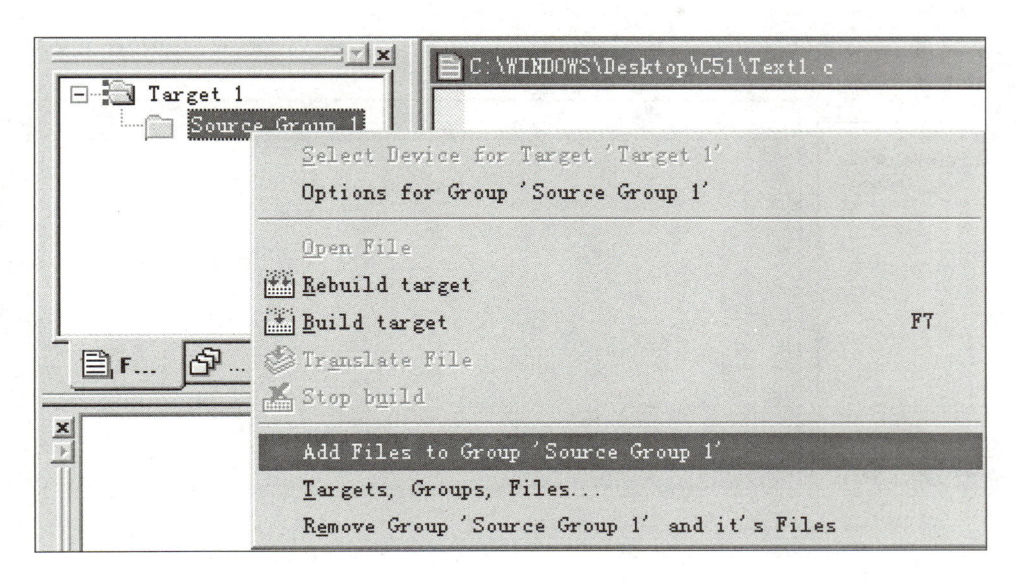

图1.18 右击Source Group 1后的快捷菜单

选择Add Files to Group ‘Source Group 1’命令，打开如图1.19所示对话框。

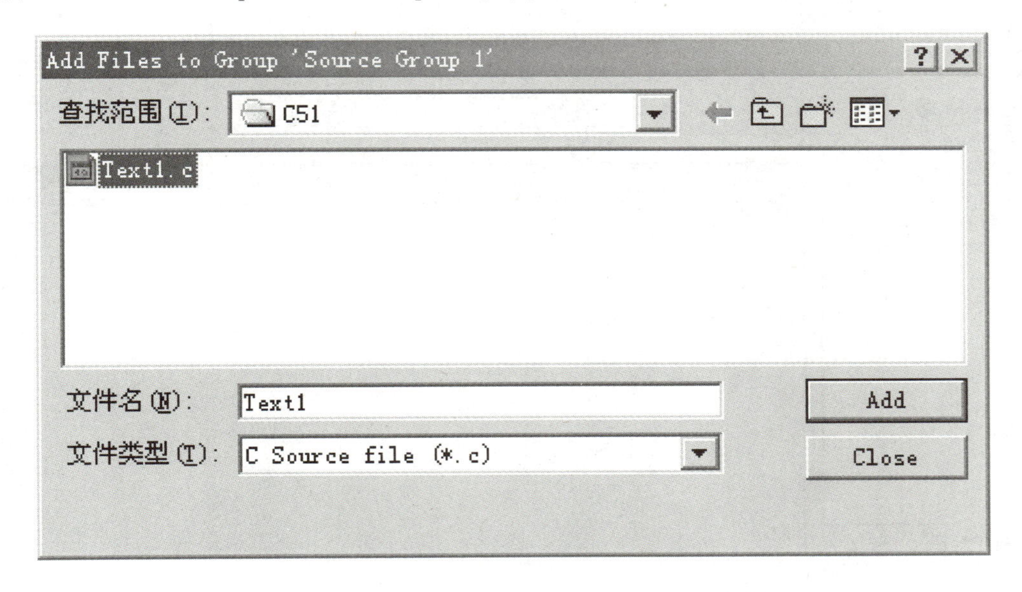

图1.19 Add Files to Group‘Source Group 1’对话框

选中Text1.c，然后单击Add按钮，界面如图1.20所示。注意到“Source Group 1”文件夹中多了一个子项“Text1.c”，子项的多少与所增加的源程序的多少相同。

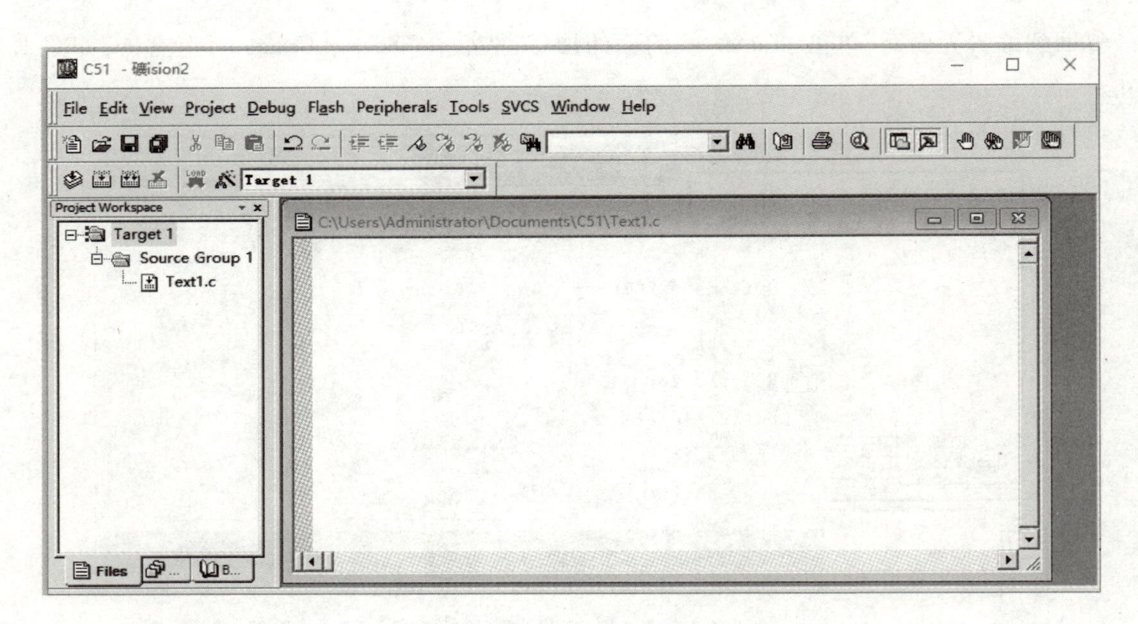

图 1.20　C 程序添加成功

⑦输入 C 语言源程序。在输入程序时,Keil C51 会自动识别关键字,并以不同的颜色提示用户加以注意,这样会使用户少犯错误,有利于提高编程效率,如图 1.21 所示。

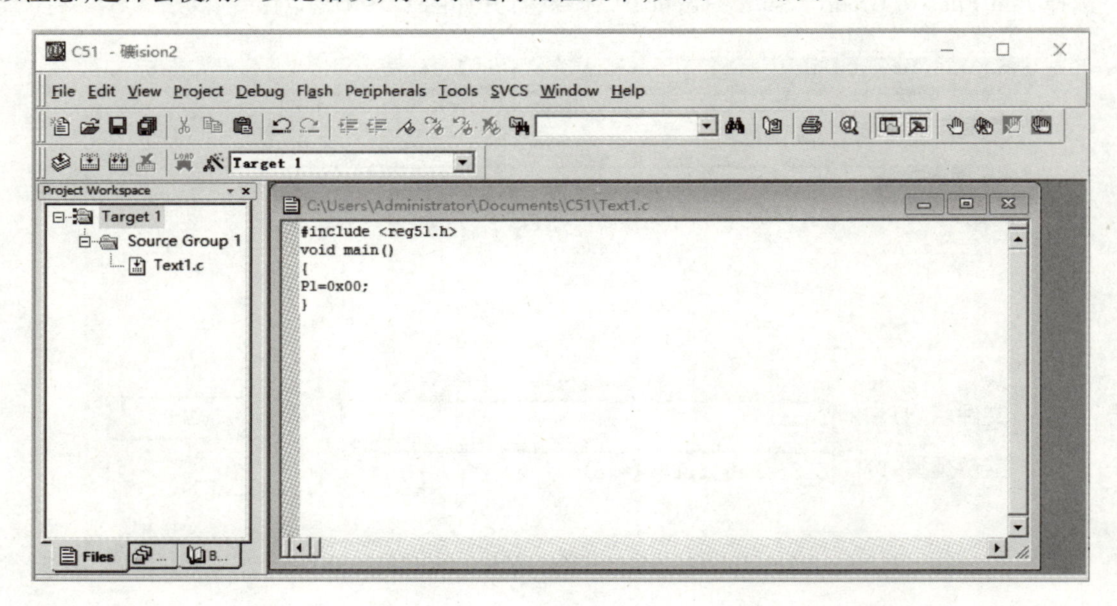

图 1.21　输入 C 语言源程序

⑧在 Project 菜单中选择 Built Target 命令(或者使用快捷键【F7】),编译成功后,再选择 Project 菜单中的 start/stop Debug Session 命令(或者使用快捷键【Ctrl + F5】),界面如图 1.22 所示。

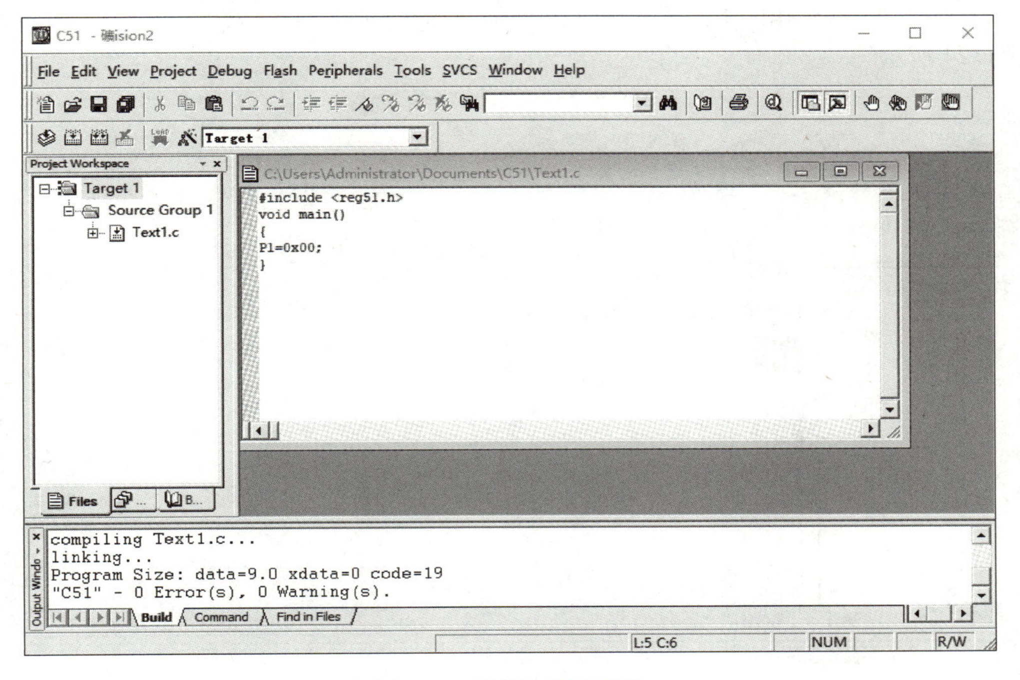

图 1.22 编译 C 语言程序

⑨调试程序。选择 Debug 菜单中的 Go 命令(或者使用快捷键【F5】),然后选择 Debug 菜单中的 Stop Running 命令(或者使用快捷键【Esc】),结果如图 1.23 所示。

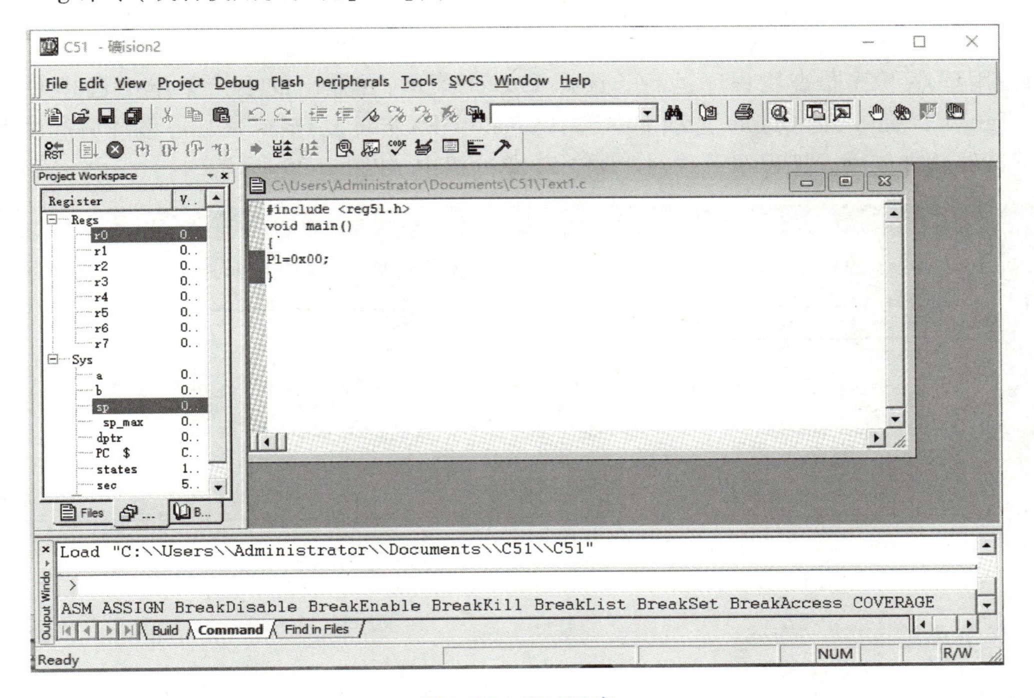

图 1.23 调试程序

选择 View 菜单,在弹出的下拉菜单中选择 Serial Windows #1 命令,就可以看到程序运行后的结果,如图 1.24 所示。

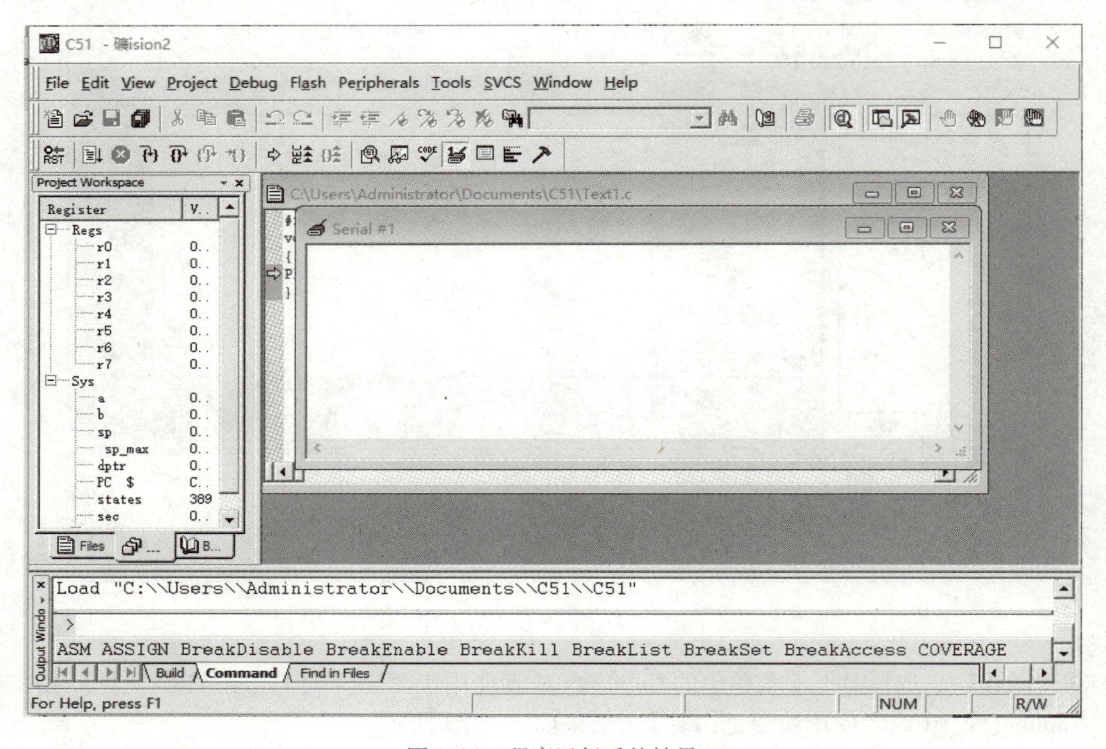

图 1.24 程序运行后的结果

⑩使用程序下载器查看程序运行。选择 Project 菜单,在弹出的下拉菜单中选择 Options for Target ‘Target 1’命令,在 Output 选项卡中选中 Create HEX File 复选框,使程序编译后产生 HEX 代码,供下载器软件使用。把程序下载到 AT89C51 单片机中,如图 1.25 所示。

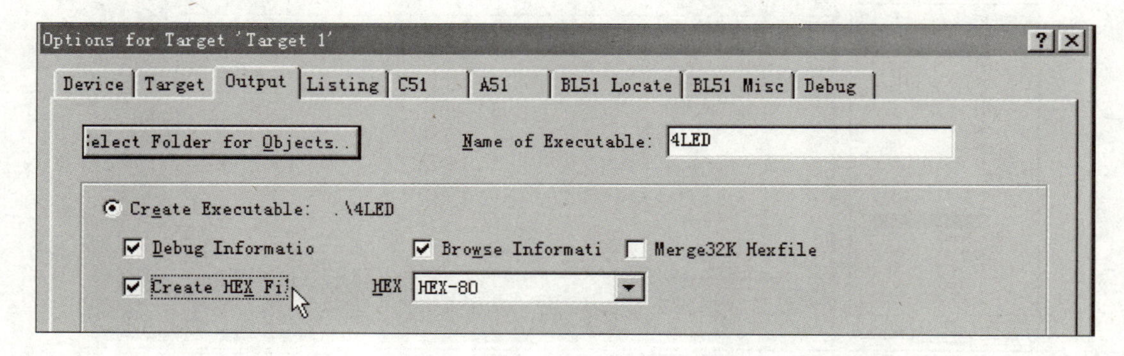

图 1.25 Options for Target ‘Target 1’对话框

四、任务小结

本任务通过 Keil C51 软件学习,建立了单片机开发环境。读者应掌握单片机开发系统的基本组成、功能及使用方法，能正确编写并调试单片机 C 程序。

项目总结

本项目通过 3 个任务，介绍了单片机基础知识及单片机开发系统的功能，读者应熟练掌握 Keil C51 的使用方法和程序调试运行过程。

项目训练

一、填空题

①单片机又称________，简称 MCU。

②单片机的输出和输入为 TTL 电平，高电平为 +5 V，低电平为________。

③十进制数 14 对应的二进制数表示为________，十进制数 15 对应的十六进制数表示为________。

④$(11110000100)_2=(\qquad)_{16}$。

⑤$(11111110)_2=(\qquad)_{10}$。

二、问答题

①微型计算机主要由哪几部分组成？

②单片机按数据总线的位数进行分类，包括哪几种类型单片机？

项目二

单片机硬件系统

项目导读

学好单片机首先要掌握单片机的硬件系统。本项目从1个发光二极管点亮和1个发光二极管闪烁控制系统的制作入手，首先让读者对单片机、单片机最小系统有一个感性的认识，并对单片机的工作过程有一个大致的了解，然后介绍51系列单片机的硬件结构和工作原理及单片机最小系统的组成。

学习目标

①掌握单片机内部结构功能。

②掌握单片机外部引脚及功能。

③掌握单片机存储器结构。

④能设计单片机最小系统。

任务一 1个发光二极管点亮

1个发光二极管点亮

一、任务说明

在本任务中，通过51系列单片机控制点亮1个发光二极管，了解单片机和单片机最小系统。

二、任务分析

在万能板上焊接单片机控制发光二极管点亮系统电路，并下载编写好的二进制代码程序到单片机中，实现点亮效果。

三、电路设计

单片机控制发光二极管点亮的硬件电路如图 2.1 所示，包括单片机、复位电路、时钟电路、电源电路及显示电路。其中，单片机选用 89C51 芯片；复位电路由 1 个 10 kΩ 电阻 R3 及 1 个 22 μF 电解电容 C3 组成；时钟电路由 1 个 12 MHz 晶振和 2 个 30 pF 瓷片电容 C1、C2 组成；电源电路由 VCC 引脚连接到 +5 V 电源。当 P1 口的 P1.0 引脚输出低电平时，发光二极管点亮。

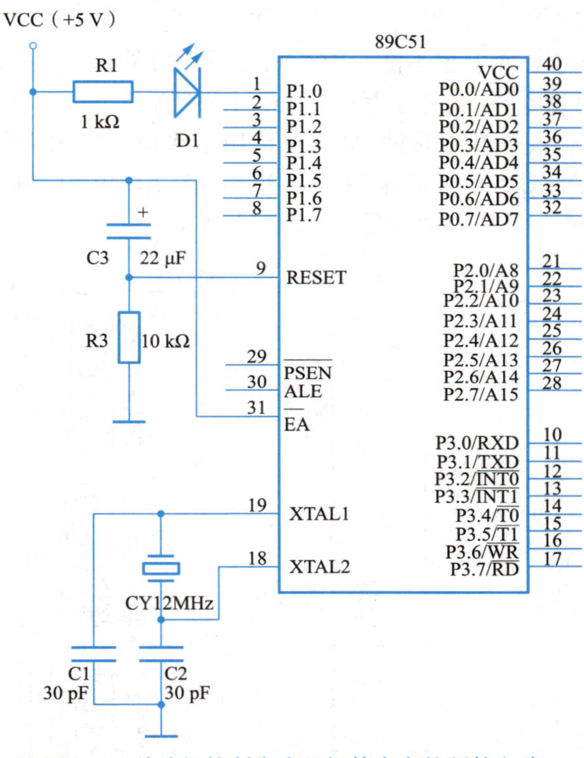

图 2.1　单片机控制发光二极管点亮的硬件电路

四、程序设计

```
//程序:ex2_1.c
//功能:控制 1 个发光二极管点亮程序
#include <reg51.h>            //包含头文件 REG51.H,定义 MCS-51 单片机的特殊功能寄存器
sbit P1_0 = P1^0;             //定义位名称
void delay(unsigned char i);  //延时函数声明
void main()                   //主函数
{
  while(1) {
    P1_0 = 0;                 //点亮发光二极管
      }
}
```

程序输入完成后,进行编译、连接,生成二进制代码文件 2.1.hex,然后下载到单片机的程序存储器中。

视 频

单片机最小系统电路

五、相关知识

1. 单片机最小系统电路

单片机的工作就是执行用户程序、指挥各部分硬件完成既定任务。如果一个单片机芯片没有烧录用户程序,显然它就不能工作。可是,一个烧录了用户程序的单片机芯片,给它上电后就能工作吗?也不能。因为除了单片机外,单片机能够工作的最小电路还包括时钟电路和复位电路,通常称为单片机最小系统。

时钟电路为单片机工作提供基本时钟,复位电路用于将单片机内部各电路的状态恢复到初始值。单片机最小系统电路如图 2.2 所示,图中单片机型号采用 89C51,电路包括电源、时钟电路、复位电路、512 B 的 RAM、4 KB 的 ROM 以及输入/输出接口等。

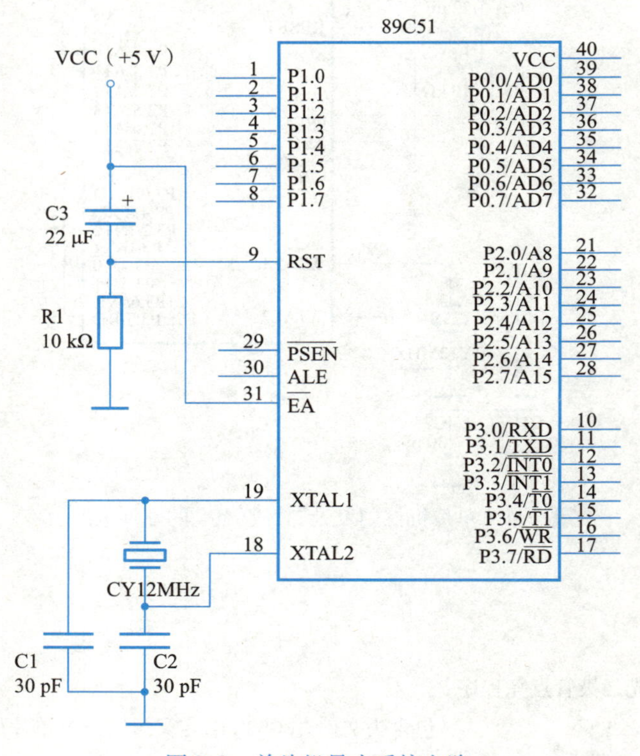

图 2.2 单片机最小系统电路

(1)单片机时钟电路

单片机是一个复杂的同步时序电路,为保证同步工作方式的实现,电路应在唯一的时钟信号控制下严格地按时序进行工作。

①时钟信号的产生。单片机内部的高增益反相放大器与单片机的 XTAL1、XTAL2 引脚外接的晶振构成一个振荡电路作为 CPU 的时钟脉冲,如图 2.3 所示。XTAL1 为振荡电路输入端,XTAL2 为振荡电路输出端,同时 XTAL2 也作为内部时钟发生器的输入端。片内时钟发生器对振荡频率进行

二分频,为控制器提供一个两相的时钟信号,产生 CPU 的操作时序。51 单片机时钟电路的晶振常用的有 6 MHz、12 MHz,11.059 2 MHz 等。电容 C1 和 C2 对频率有微调作用,电容容量的选择范围为 5 ~ 30 pF。在设计印制电路板时,晶振和电容的布局紧靠单片机芯片,以减少寄生电容。

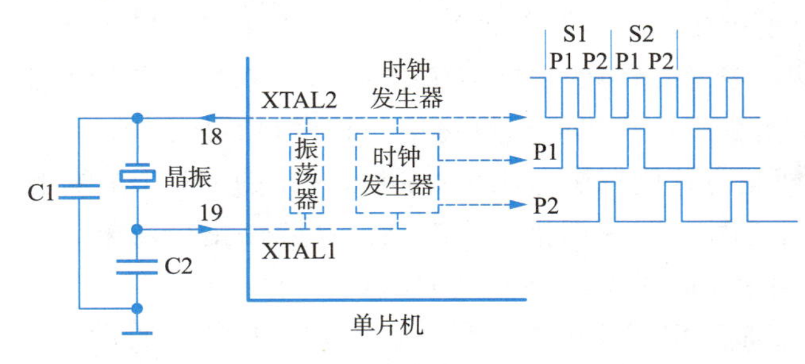

图 2.3　51 系列单片机的时钟电路

②时序。51 系列单片机的工作时序共有 4 个,从小到大依次是节拍、状态、机器周期和指令周期。

a. 节拍与状态。晶体振荡信号的 1 个周期称为节拍,用 P 表示,振荡脉冲经过二分频后,就是单片机的时钟周期,其定义为状态,用 S 表示。这样,1 个状态就包含 2 个节拍,前半周期对应的节拍称为节拍 1,记作 P1;后半周期对应的节拍称为节拍 2,记作 P2,如图 2.4 所示。CPU 以时钟 P1、P2 为基本节拍,指挥单片机的各个部分协调工作。

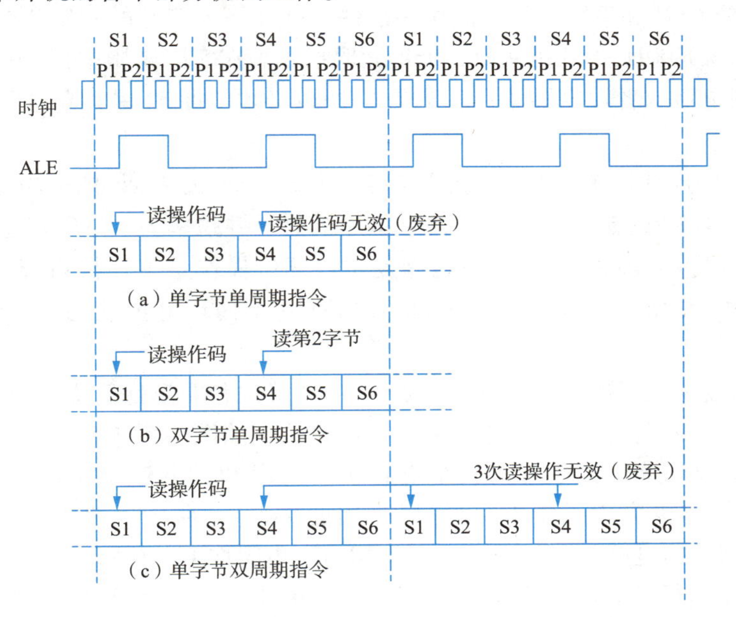

图 2.4　51 系列单片机的指令时序图

b. 机器周期。51 系列单片机采用定时控制方式,具有固定的机器周期。1 个机器周期的宽度为 6 个状态,并依次表示为 S1 ~ S6。由于 1 个状态又包括 2 个节拍,因此,1 个机器周期总共有 12 个节拍,分别记作 S1P1、S1P2、…、S6P2。所以,实际上 1 个机器周期有 12 个振荡脉冲周期,因此,机器周期就是振荡脉冲信号的十二分频。

当外接的晶振频率为12 MHz时,1个机器周期为1 μs;当外接的晶振频率为6 MHz时,1个机器周期为2 μs。

c. 指令周期。单片机执行一条指令所需要的时间称为指令周期。指令周期是单片机最大的工作时序单位,不同的指令所需要的机器周期数也不相同。如果单片机执行一条指令占用1个机器周期,则这条指令为单周期指令,如简单的数据传输指令;如果执行一条指令需要两个机器周期,称为双周期指令,如乘法运算指令。单片机的运算速度与程序执行所需的指令周期有关。占用机器周期数越少的指令则单片机运行速度越快。在51系列单片机的111条汇编指令中,共有单周期指令、双周期指令和四周期指令三种。四周期指令只有乘法和除法指令两条,其余均为单周期和双周期指令。单片机执行单周期指令的时序如图2.4(a)、(b)所示。

单字节和双字节指令都在S1P1期间由CPU读取指令,将指令码读入指令寄存器,同时程序计数器PC加1。在S4P2期间,单字节指令读取的下一条指令会丢弃不用,但程序计数器PC值也加1;如果是双字节指令,CPU在S4P2期间读取指令的第二字节,同时程序计数器PC值也加1。两种指令都在S6P2时序结束时完成(1个机器周期是从S1到S6,所以1个字节各占3个)。

单片机执行单字节双周期指令的时序如图2.4(c)所示,双周期指令在两个机器周期内产生4次读操作码操作,第一次读取操作码,PC自动加1,后三次读取都无效,自然丢弃,程序计数器PC的值不会变化。

(2)单片机复位电路

单片机复位能使CPU和系统中的其他功能部件都处在一个确定的初始状态,并从这个状态开始工作。复位后PC=0000H,单片机从第一个单元取指令。在实际应用中,无论是在单片机刚开始接上电源时,还是断电后或者发生故障后都要复位,所以必须掌握51系列单片机复位的条件、复位电路和复位后状态。

在单片机的RST引脚上有持续两个机器周期(即24个振荡周期)的高电平即可让单片机进行复位操作,完成对CPU的初始化处理。如果单片机的时钟频率为12 MHz,每机器周期为1 μs,则只需让RST引脚保持2 μs以上高电平就能复位。复位操作是单片机系统正常运行前必须进行的一项工作。但如果RST持续为高电平,单片机就处于循环复位状态,无法执行用户的控制程序。

在实际应用中,复位操作通常有上电自动复位、手动复位和看门狗复位三种方式。上电复位要求接通电源后,自动实现复位操作。常用的上电自动复位电路图如图2.5(a)所示。图中电容和电阻电路对+5 V电源构成微分电路,单片机系统上电后,单片机的RST端会得到一个时间很短暂的高电平。在实际的单片机应用系统中,也可以采用图2.5(b)所示电路进行按键手动复位。在图2.5(b)中,电容器采用电解电容,一般取4.7~10 μF;电阻取1~10 kΩ。

单片机系统开始运行时必须先进行复位操作,如果单片机运行期间出现故障,也需要对单片机进行复位,使单片机状态初始化。看门狗复位是一种程序检测自动复位方式,在增强型51单片机中,如果单片机内部设计有看门狗部件,则可采用编程方法产生复位操作。单片机复位以后,除不影响片内RAM状态外,P0~P3口输出高电平,SP赋初值07H,程序计数器PC被清0。单片机内部多功能寄存器的状态都会被初始化。单片机的多功能寄存器复位状态见表2.1。

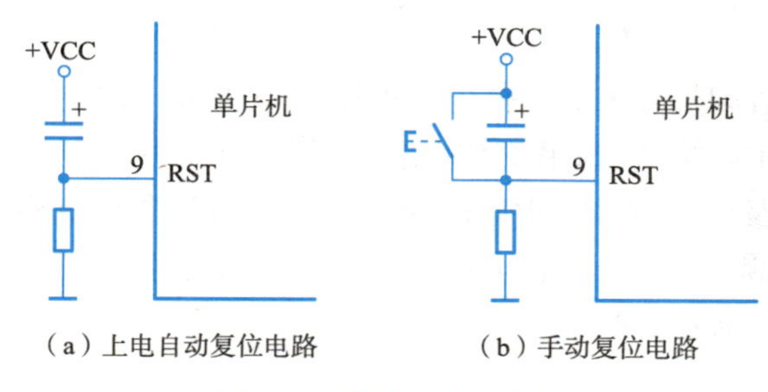

图 2.5　单片机复位电路

表 2.1　单片机的多功能寄存器复位状态

特殊寄存器	复位状态	特殊寄存器	复位状态
ACC	00H	TMOD	00H
B	00H	TCON	00H
PSW	00H	TH0	00H
SP	07H	TL0	00H
DPL	00H	TH1	00H
DPH	00H	TL1	00H
P0 ~ P3	FFH	SCON	00H
IP	00H	SBUF	不定
IE	00H	PCON	0 ××××××× B

六、任务小结

本任务通过发光二极管点亮控制系统的制作过程，让读者对单片机和单片机最小系统有了初步了解和直观认识。最小的单片机系统由单片机芯片外加一些分立器件组成，单片机的最小系统是单片机可以运行程序的基本电路，也是一个微型的计算机系统。复杂的单片机系统电路都是以单片机最小系统为基本电路进行扩展设计的。

任务二　1 个发光二极管闪烁控制

一、任务说明

视　频

1个发光二极管闪烁控制

在本任务中，通过 51 系列单片机控制 1 个发光二极管闪烁，了解单片机和单片机应用系统。

二、任务分析

在万能板上焊接单片机控制发光二极管闪烁系统电路，并下载编写好的二进制代码程序到单片机中，实现闪烁效果。

三、电路设计

单片机控制发光二极管闪烁系统的硬件电路如图 2.1 所示,包括单片机、复位电路、时钟电路、电源电路及显示电路。其中,单片机选用 89C51 芯片;复位电路由 1 个 10 kΩ 电阻 R3 及 1 个 22 μF 电解电容 C3 组成;时钟电路由 1 个 12 MHz 晶振和 2 个 30 pF 瓷片电容 C1、C2 组成;电源电路由 VCC 引脚连接到 +5 V 电源。当 P1 口的 P1.0 引脚输出低电平时,发光二极管点亮;当 P1 口的 P1.0 引脚输出高电平时,发光二极管熄灭。

四、程序设计

发光二极管闪烁系统就是一个简单的单片机应用系统,其硬件由单片机并行口 P1 口的 P1.0 引脚控制,下载相应程序并运行,才能够实现闪烁功能。

发光二极管闪烁系统的源程序如下:

```
//程序:ex2_2.c
//功能:控制 1 个发光二极管闪烁程序
#include <reg51.h>               //包含头文件 REG51.H,定义了 MCS-51 单片机的特殊功能寄存器
sbit P1_0 = P1^0;                //定义位名称
void delay(unsigned char i);     //延时函数声明
void main()                      //主函数
{
  while(1) {
    P1_0 = 0;                    //点亮发光二极管
    delay(200);                  //调用延时函数,实际变量为 200
    P1_0 = 1;                    //熄灭发光二极管
    delay(200);                  //调用延时函数,实际变量为 200
    }
}
//函数名:delay
//函数功能:实现软件延时
//形式参数:unsigned char i;
//          i 控制空循环的外循环次数,共循环 i*255 次
//返回值:无
void delay(unsigned char i)      //延时函数,无符号字符型变量 i 为形式参数
{
    unsigned char j,k;           //定义无符号字符型变量 j 和 k
    for(k = 0;k < i;k ++)        //双重 for 循环语句实现软件延时
    for(j = 0;j < 255;j ++);
}
```

程序输入完成后,进行编译、连接,生成二进制代码文件 2.2.hex,然后下载到单片机的程序存储器中。

五、相关知识

1. 单片机内部组成及信号引脚

(1)8051 单片机组成

8051 是 51 系列单片机的典型芯片,在 51 系列不同类型的单片机中,大都是在 MCS-51 架构基础上增加或增强了个别的功能,其基本结构大同小异,熟练掌握了 51 系列单片机结构,再去了解其他单片机就会容易得多。

51 系列单片机内部可以划分为 CPU、RAM、ROM/EPROM、并行口、串行口、定时/计数器、中断系统及特殊功能寄存器(SFR)等 8 个主要组成部分,如图 2.6 所示。这些部件通过片内的单一总线相连,采用 CPU 加外围芯片的结构模式。各个功能单元都采用特殊功能寄存器集中控制的方式。下面简要介绍各个部件的主要功能。

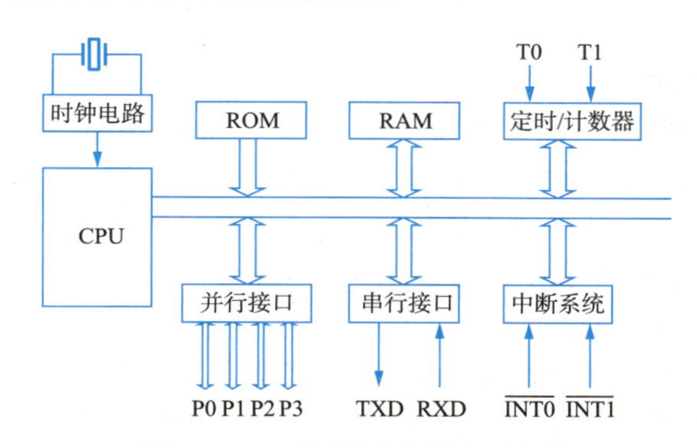

图 2.6　51 系列单片机的主要组成

①CPU(中央处理器)。CPU 是单片机的控制核心,主要功能是产生各种控制信号,根据程序中每一条指令的具体功能,控制寄存器和输入/输出端口的数据传送,进行数据的算术运算、逻辑运算以及位操作等处理。51 系列单片机的 CPU 字长是 8 位,能处理 8 位二进制数或代码,也可处理 1 位二进制数。单片机的 CPU 从功能上一般可以分为运算器和控制器两部分。运算器主要进行算术运算和逻辑运算。运算器由一个 8 位算术逻辑单元(ALU)、8 位累加器(ACC)、程序状态字(PSW)、BCD 码运算电路、通用寄存器(B)和一些专用寄存器及位处理逻辑电路等组成。控制器由程序计数器(PC)、指令寄存器、指令译码器、定时控制与条件转移逻辑电路等组成。其功能是对来自存储器中的指令进行译码,通过定时电路,在规定的时刻发出各种操作所需的全部内部和外部的控制信号,使各部分协调工作,完成指令所规定的功能。

②内部数据存储器 RAM。8051 内部共有 256 个 RAM 单元,其中的高 128 个单元被专用寄存器占用;低 128 个单元供用户暂存中间数据,可读可写,掉电后数据会丢失。因此通常所说的内部数据存储器就是指低 128 个单元,简称片内 RAM。在程序比较复杂,且运算变量较多而导致内部 RAM 不够用时,可根据实际需要在片外扩展,最多可扩展 64 KB,但在实际应用中如需要大容量 RAM 时,往往会利用增强型的 51 系列单片机而不再扩展片外 RAM。增强型的 51 系列单片机,如 52 和 58 子系列分别有 256 B 和 512 B 的 RAM。

③内部程序存储器 ROM。8051 内部共有 4 KB 的 ROM,只能读不能写,掉电后数据不会丢失,用于存放程序或程序运行过程中不会改变的原始数据。单片机的生产商不同,内部程序存储器可

以是 EEPROM 或 Flash ROM。可根据实际需要在片外扩展,最多可扩展 64 KB。增强型的 51 系列单片机内部 ROM 空间可以达到 64 KB,在使用时不用再扩展片外 ROM。

数据存储器、程序存储器以及位地址空间的地址有一部分是重叠的,但在具体寻址时,可由不同的指令格式和相应的控制信号来区分不同的地址空间,因此不会造成冲突。

④并行 I/O 端口。8051 内部有 4 个 8 位的并行 I/O 端口(称为 P0 口、P1 口、P2 口、P3 口),表现在单片机外部共有 32 个引脚,内部与寄存器连接,以实现数据的并行输入/输出。

⑤串行口。8051 内部有一个全双工异步串行口,具有 4 种工作方式,以实现单片机和其他设备之间的串行数据通信。该串行口功能较强,既可作为全双工异步通信收发器使用,也可作为同步移位器使用,扩展外部 I/O 端口。

⑥定时/计数器。8051 内部有 2 个 16 位的定时/计数器,具有 4 种工作方式,以实现定时或计数功能,并以其定时或计数结果对系统进行控制。

⑦中断系统。8051 内部共有 5 个中断源,即外部中断 2 个、定时/计数中断 2 个、串行接口中断 1 个。全部中断分为高级和低级 2 个优先级别。

⑧时钟电路。时钟电路为单片机产生时钟脉冲序列。8051 内部有时钟电路,但石英晶体和微调电容需外接,系统常用的晶振频率一般为 6 MHz 或 12 MHz。

从上面的介绍可以看出,8051 单片机虽然只是一个芯片,但作为计算机应该具有的基本部件它都包含。实际上,单片机就是一个基本的微型计算机系统。

(2)8051 单片机信号引脚

8051 单片机采用标准 40 引脚双列直插式封装,如图 2.7 所示。40 个引脚按功能分为四个部分,即电源引脚(VCC 和 VSS)、控制信号引脚(ALE/$\overline{PROG}$、$\overline{PSEN}$、$\overline{EA}$、RST)、时钟引脚(XTAL1 和 XTAL2)以及 I/O 端口引脚(P0 ~ P3)。

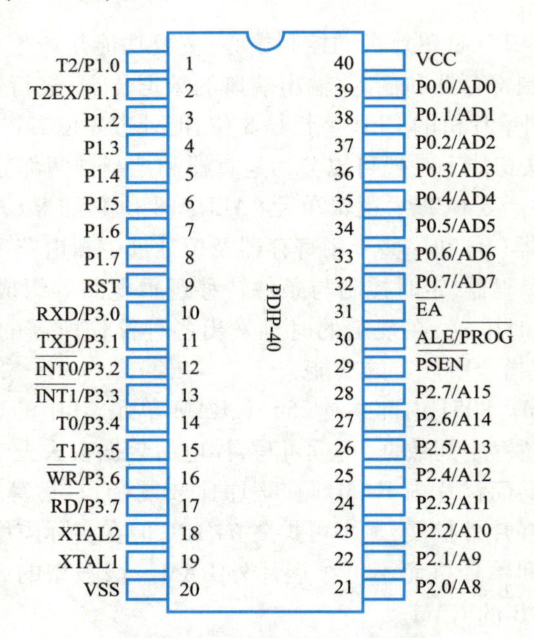

图 2.7　51 系列单片机的引脚分布

①电源引脚。40 引脚 VCC 为单片机电源正极引脚,20 引脚 VSS 为单片机的接地引脚。在正常工作情况下,VCC 接 +5 V 电源,为了保证单片机运行的可靠性和稳定性,电源电压误差不超过 0.5 V。在移动的单片机系统中,可以用四节镍镉电池或镍氢电池直接供电,在实验情况下也可以用三节普通电池或计算机的 USB 总线接口电源供电。

②控制信号引脚。

30 引脚 ALE/$\overline{\text{PROG}}$:为锁存信号输出/编程引脚,在扩展了外部存储器的单片机系统中,单片机访问外部存储器时,ALE 用于锁存低 8 位的地址信号。如果系统没有扩展外部存储器,ALE 端输出周期性的脉冲信号,频率为时钟振荡频率的 1/6,可用于对外输出的时钟。对于 EPROM 型单片机,此引脚用于输入编程脉冲。

29 引脚$\overline{\text{PSEN}}$:为输出访问片外程序存储器的读选通信号引脚。在 CPU 从外部程序存储器取指令期间,该信号每个机器周期两次有效。在访问片外数据存储器期间,这两次$\overline{\text{PSEN}}$信号将不出现。

31 引脚$\overline{\text{EA}}$:用于区分片内外低 4 KB 范围存储器空间。当此引脚接高电平时,CPU 访问片内程序存储器 4 KB 的地址范围,若 PC 值超过 4 KB 的地址范围,CPU 将自动转向访问片外程序存储器;当此引脚接低电平时,则只访问片外程序存储器,忽略片内程序存储器。8031 单片机没有片内程序存储器,此引脚必须接地。对于 EPROM 型单片机,在编程期间,此引脚用于加较高的编程电压 VPP,一般为 +12 V。

9 引脚 RST:为复位引脚。此引脚上外加两个机器周期的高电平就使单片机复位。单片机正常工作时,此引脚应为低电平。在单片机掉电期间,此引脚可接备用电源(+5 V)。

③时钟引脚。19 引脚 XTAL1 和 18 引脚 XTAL2:为单片机的两个时钟引脚,用于提供单片机的工作时钟信号。单片机是一个复杂的数字系统,内部 CPU 以及时序逻辑电路都需要时钟脉冲,所以单片机需要有精确的时钟信号。

单片机内部含有振荡电路,19 引脚和 18 引脚用来外接石英晶体和微调电容。在使用外部时钟时,XTAL2 用来输入时钟脉冲,如图 2.8 所示。利用外部时钟输入时,要根据单片机型号 XTAL1 接地或悬空,并考虑时钟电平的兼容性。

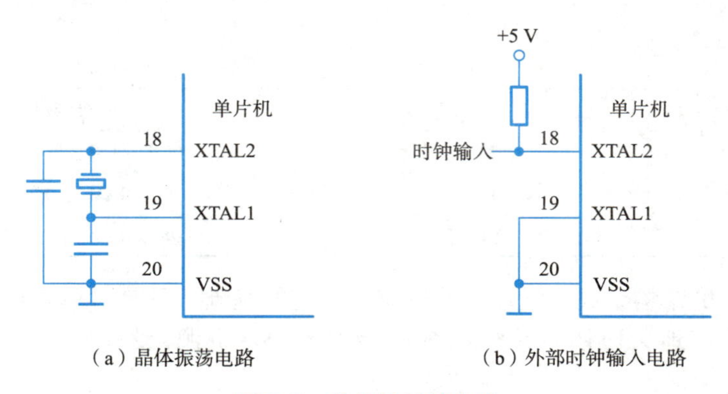

图 2.8　单片机时钟电路

④I/O 端口引脚。I/O 端口是用来输入和控制输出的端口,DIP40 封装的 51 系列单片机共有 P0、P1、P2、P3 四组端口,分别与单片机内部 P0、P1、P2、P3 四个寄存器对应,每组端口有 8 位,因此 DIP40 封装的 51 系列单片机共有 32 个 I/O 端口。

P0 口占用 32 ~ 39 引脚,分别是 P0.0 ~ P0.7。P0 口是漏极开路型双向 I/O 口。在访问片外存储器时,P0 口分时作为低 8 位地址线和 8 位双向数据总线用,此时不需要外接上拉电阻。如果将 P0 口作为通用的 I/O 口使用,则要求外接上拉电阻或排阻,每位以吸收电流的方式驱动 8 个 LSTTL 门电路或其他负载。

P1 口占用 1 ~ 8 引脚,分别是 P1.0 ~ P1.7。P1 口是一个带内部上拉电阻的 8 位双向 I/O 口,每位能驱动 4 个 LSTTL 门电路或其他负载。这种接口没有高阻状态,输入不能锁存,因而不是真正的双向 I/O 口。

P2 口占用 21 ~ 28 脚,分别是 P2.0 ~ P2.7。P2 口也是一个带内部上拉电阻的 8 位双向 I/O 口。在访问外部存储器时,P2 口输出高 8 位地址,每位可以驱动 4 个 LSTTL 门负载。

P3 口占用 10 ~ 17 脚,分别是 P3.0 ~ P3.7。P3 口是双功能端口,作为普通 I/O 端口使用时,同 P1、P2 口一样,P3 口作为第二功能使用时,能使硬件资源得到充分利用。

P3 端口处于第二功能的条件如下:

a. 串行 I/O 端口处于运行状态(RXD,TXD)。

b. 打开了外部中断(INT0,INT1)。

c. 定时/计数器处于外部计数状态(T0,T1)。

d. 执行读写外部 RAM 的指令(RD,WR)。

在应用中,如不设定 P3 口各位的第二功能(WR,RD 信号的产生不用设置),则 P3 口线自动处于第一功能状态,也就是静态 I/O 端口的工作状态。在更多的场合是根据应用的需要,把几条端口线设置为第二功能,而另外几条端口线处于第一功能运行状态。在这种情况下,不宜对 P3 端口作字节操作,需采用位操作的形式,见表 2.2。

表 2.2　P3 口各引脚的第二功能

I/O 口线	第二功能定义	功 能 说 明
P3.0	RXD	串行输入口
P3.1	TXD	串行输出口
P3.2	$\overline{\text{INT0}}$	外部中断 0 输入端
P3.3	$\overline{\text{INT1}}$	外部中断 1 输入端
P3.4	T0	T0 外部计数脉冲输入端
P3.5	T1	T1 外部计数脉冲输入端
P3.6	$\overline{\text{WR}}$	外部 RAM 写选通脉冲输出端
P3.7	$\overline{\text{RD}}$	外部 RAM 读选通脉冲输出端

掌握单片机系统的结构组成是设计单片机应用系统的基础。只有对单片机的硬件组成有一个全面的了解,才能更好地去应用单片机系统所提供的硬件资源,设计出性价比较高的实际应用系统。

2. 单片机存储器结构

下面以 8051 为代表来说明 51 系列单片机的存储器结构。8051 单片机存储器包括:片内数据存储器、片外数据存储器、程序存储器。

(1)片内数据存储器

51 系列单片机的内部数据存储器在物理上和逻辑上都分为两个地址空间,即数据存储器空间

（低128个单元）和特殊功能寄存器空间（高128个单元）。

①内部数据存储器低128个单元（DATA区）。片内RAM的低128个单元用于存放程序执行过程中的各种变量和临时数据，称为DATA区。片内RAM低128个单元的配置情况见表2.3。

表2.3　片内RAM低128个单元的配置情况

序号	区　域	地　址	功　能
1	工作寄存器区	00H～07H	第0组工作寄存器（R0～R7）
		08H～0FH	第1组工作寄存器（R0～R7）
		10H～17H	第2组工作寄存器（R0～R7）
		18H～1FH	第3组工作寄存器（R0～R7）
2	位寻址区	20H～2FH	位寻址区，位地址为00H～7FH
3	用户RAM区	30H～7FH	用户数据缓冲区

片内RAM低128个单元是单片机的真正RAM存储器，按其用途划分为工作寄存器区、位寻址区和用户RAM区。

a. 工作寄存器区（00H～1FH）。在00H～1FH共32个单元中被均匀地分为4块，每块包含8个8位寄存器，均以R0～R7来命名，常称这些寄存器为工作寄存器或通用寄存器。

在任一时刻，CPU只能使用其中一组寄存器，并且把正在使用的那组寄存器称为当前寄存器组。当前工作寄存器到底是哪一组，由程序状态字（PSW）寄存器的D3位和D4位（RS0和RS1）的状态组合来决定。

b. 位寻址区（20H～2FH）。片内RAM的20H～2FH单元为位寻址区，既可作为一般单元用字节寻址，也可对它们的位进行寻址。位寻址区共有16字节，128个位，位地址为00H～7FH。片内RAM位寻地区的位地址分配见表2.4。

表2.4　片内RAM位寻址区的位地址分配

单元地址	MSB			位地址				LSB
2FH	7FH	7EH	7DH	7CH	7BH	7AH	79H	78H
2EH	77H	76H	75H	74H	73H	72H	71H	70H
2DH	6FH	6EH	6DH	6CH	6BH	6AH	69H	68H
2CH	67H	66H	65H	64H	63H	62H	61H	60H
2BH	5FH	5EH	5DH	5CH	5BH	5AH	59H	58H
2AH	57H	56H	55H	54H	53H	52H	51H	50H
29H	4FH	4EH	4DH	4CH	4BH	4AH	49H	48H
28H	47H	46H	45H	44H	43H	42H	41H	40H
27H	3FH	3EH	3DH	3CH	3BH	3AH	39H	38H
26H	37H	36H	35H	34H	33H	32H	31H	30H
25H	2FH	2EH	2DH	2CH	2BH	2AH	29H	28H

续表

单元地址	MSB			位地址			LSB	
24H	27H	26H	25H	24H	23H	22H	21H	20H
23H	1FH	1EH	1DH	1CH	1BH	1AH	19H	18H
22H	17H	16H	15H	14H	13H	12H	11H	10H
21H	0FH	0EH	0DH	0CH	0BH	0AH	09H	08H
20H	07H	06H	05H	04H	03H	02H	01H	00H

CPU 能直接寻址这些位，执行例如置“1”、清“0”、求“反”、转移、传送和逻辑等操作。常称 51 系列单片机具有布尔处理功能。布尔处理的存储空间指的就是这些位寻址区。

c. 用户 RAM 冲区（30H ~ 7FH）。在片内 RAM 低 128 个单元中，工作寄存器占去 32 个单元，位寻址区占去 16 个单元，剩下的 80 个单元就是供用户使用的一般 RAM 区，地址单元为 30H ~ 7FH。对这部分区域的使用不做任何规定和限制，但应说明的是，堆栈一般开辟在这个区域。

②内部数据存储器高 128 个单元。内部 RAM 的高 128 个单元地址为 80 ~ FFH，是供给特殊功能寄存器（SFR）使用的。特殊功能寄存器地址见表 2.5。有 21 个可寻址的特殊功能寄存器，它们不连续地分布在片内 RAM 的高 128 个单元中，尽管其中还有许多空闲地址，但用户不能使用。另外，还有一个不可寻址的特殊功能寄存器，即程序计数器（PC），它不占用 RAM 单元，在物理上是独立的。

表 2.5　特殊功能寄存器地址

SFR	MSB			位地址/位定义			LSB		字节地址
B	F7	F6	F5	F4	F3	F2	F1	F0	F0H
ACC	E7	E6	E5	E4	E3	E2	E1	E0	E0H
PSW	D7	D6	D5	D4	D3	D2	D1	D0	D0H
	CY	AC	F0	RS1	RS0	OV	F1	P	
IP	BF	BE	BD	BC	BB	BA	B9	B8	B8H
	/	/	/	PS	PT1	PX1	PT0	PX0	
P3	B7	B6	B5	B4	B3	B2	B1	B0	B0H
	P3. 7	P3. 6	P3. 5	P3. 4	P3. 3	P3. 2	P3. 1	P3. 0	
IE	AF	AE	AD	AC	AB	AA	A9	A8	A8H
	EA	/	/	ES	ET1	EX1	ET0	EX0	
P2	A7	A6	A5	A4	A3	A2	A1	A0	A0H
	P2. 7	P2. 6	P2. 5	P2. 4	P2. 2	P2. 2	P2. 1	P2. 0	
SBUF									(99H)
SCON	9F	9E	9D	9C	9B	9A	99	98	98H
	SM0	SM1	SM2	REN	TB8	RB8	TI	RI	
P1	97	96	95	94	93	92	91	90	90H
	P1. 7	P1. 6	P1. 5	P1. 4	P1. 1	P1. 1	P1. 1	P1. 0	
TH1									(8DH)
TH0									(8CH)

续表

SFR	MSB			位地址/位定义			LSB		字节地址
TL1									(8BH)
TL0									(8AH)
TMOD	GAT	C/T	M1	M0	GAT	C/T	M1	M0	(89H)
TCON	8F	8E	8D	8C	8B	8A	89	88	88H
	TF1	TR1	TF0	TR0	IE1	IT1	IE0	IT0	
PCON	SMO	/	/	/	/	/	/	/	(87H)
DPH									(83H)
DPL									(82H)
SP									(81H)
P0	87	86	85	84	83	82	81	80	80H
	P0.7	P0.6	P0.5	P0.4	P0.3	P0.2	P0.1	P0.0	

在可寻址的21个特殊功能寄存器中，有11个寄存器不仅能以字节寻址，也能以位寻址。表2.5中，凡十六进制字节地址末位为0或8的寄存器都是可以进行位寻址的寄存器。全部特殊功能寄存器可寻址的位共83位，这些位都有专门的定义和用途。

(2)片外数据存储器

8051单片机最多可扩充片外数据存储器(片外RAM)64 KB，称为XDATA区。在XDATA空间内进行分页寻址操作时，称为PDATA区。

当需要扩展存储器时，低8位地址A7～A0和8位数据D7～D0由P0口分时传送，高8位地址A15～A8由P2口传送。

因此，只有在没有扩展片外数据存储器的系统中，P0口和P2口的每一位才可作为双向I/O端口使用。

(3)程序存储器

一个微处理器能够“聪明地”执行某种任务，除了它强大的硬件外，还需要它运行的软件。其实微处理器并不聪明，它只是完全按照人们预先编写的程序而执行。那么设计人员编写的程序就存放在微处理器的程序存储器中，称为只读程序存储器(ROM)。程序相当于给微处理器处理问题的一系列命令。其实程序和数据一样，都是由机器码组成的代码串。只是程序代码存放于程序存储器中。

51系列单片机的程序存储器包括：片内程序存储器和片外程序存储器，用来存放编好的程序和程序执行过程中不会改变的原始数据。8031单片机片内无程序存储器，8051单片机片内有4 KB的ROM，51单片机最多能扩展64 KB程序存储器，片内外的ROM是统一编址的。对于内部无ROM的8031单片机，它的程序存储器必须外接，空间地址为64 KB，当$\overline{PSEN}$ =0时，强制CPU从外部程序存储器读取程序。对于内部有ROM的8051单片机，正常运行时，则需接高电平，使CPU先从内部的程序存储中读取程序，当PC值超过内部ROM的容量时，才会转向外部的程序存储器读取程序。当$\overline{PSEN}$ =1时，程序从片内ROM开始执行，当PC值超过片内ROM容量时会自动转向外部ROM空间。

8051片内有4 KB的程序存储单元，其地址为0000H～0FFFH。单片机启动复位后，程序计数器的内容为0000H,所以系统将从0000H单元开始执行程序。但在程序存储中有些特殊的单元,这在使用中应加以注意。

其中一组特殊单元是0000H~0002H。系统复位后,PC为0000H,单片机从0000H单元开始执行程序,如果程序不是从0000H单元开始,则应在这3个单元中存放一条无条件转移指令,让CPU直接去执行用户指定的程序。

另一组特殊单元是0003H~002AH。这40个单元各有用途,它们被均匀地分为五段,它们的定义如下:

0003H~000AH为外部中断0中断地址区。

000BH~0012H为定时/计数器0中断地址区。

0013H~001AH为外部中断1中断地址区。

001BH~0022H为定时/计数器1中断地址区。

0023H~002AH为串行中断地址区。

由此可见,以上的40个单元是专门用于存放中断处理程序的地址单元。中断响应后,按中断的类型,自动转到各自的中断区去执行程序。每个中断服务程序只有8字节单元,用8字节来存放一个中断服务程序显然是不可能的。因此,以上地址单元不能用于存放程序的其他内容,只能存放中断服务程序。但是通常情况下,需要在中断响应的地址区安放一条无条件转移指令,指向程序存储器的其他真正存放中断服务程序的空间去执行,这样中断响应后,CPU读到这条转移指令,便转向其他地方去继续执行中断服务程序。

图2.9是ROM的地址分配图。

从图2.9中可以看到,0000H~0002H,只有3个存储单元,通常在实际编写程序时是在这里安排一条ORG指令,通过ORG指令跳转到从0033H开始的用户ROM区,再来安排程序语言。从0033H开始的用户ROM区,用户可以通过ORG指令任意安排,但在应用中应注意,不要超过实际的存储空间,不然程序就会找不到。

【例2.1】用单片机控制蜂鸣器发声。电路如图2.10所示。

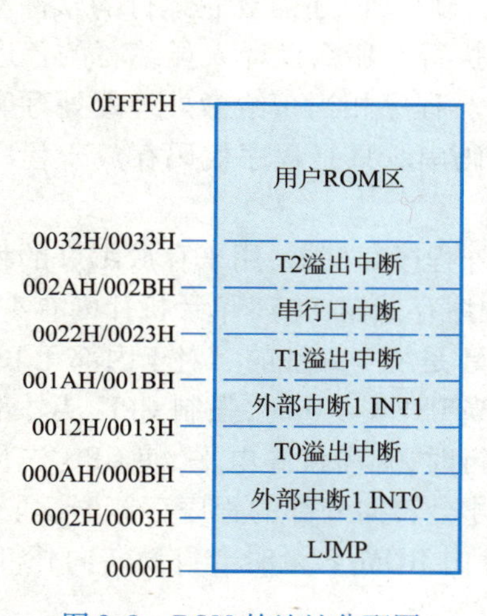

图2.9 ROM的地址分配图

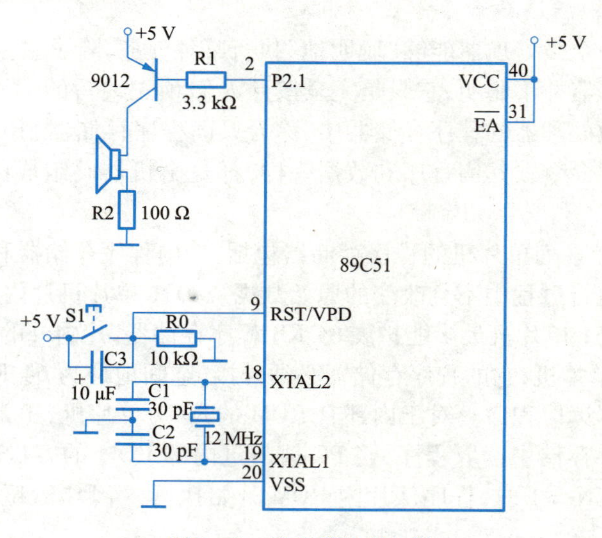

图2.10 蜂鸣器控制电路

通过单片机控制输出高、低电平，三极管放大电流驱动蜂鸣器。

```
//程序:ex2_3.c
//功能:单片机产生频率可调的方波、正弦波
#include "reg52.h"               //此文件中定义了单片机的一些特殊功能寄存器
typedef unsigned int u16;        //对数据类型进行声明定义
typedef unsigned char u8;
sbit beep = P1^5;
void delay(u16 i)                //函 数 名:delay
                                 //函数功能:延时函数,i =1 时,大约延时 10 μs
{
    while(i - -);
}
void main()
{
    while(1)
    {
        beep = ~beep;
        delay(10);               //延时大约 100 μs,通过修改此延时时间,达到不同的发声效果
    }
}
```

六、任务小结

本任务通过发光二极管闪烁控制系统的制作过程，让读者对单片机和单片机应用系统的概念有初步了解和直观认识，与此同时，读者还了解了单片机应用系统的开发过程。单片机应用系统的开发过程如下：

设计电路图→制作电路板→程序设计→软、硬件联调→程序下载→产品测试。

软、硬件联调是单片机应用系统开发过程的重要阶段，由于单片机硬件和软件的支持能力有限，一般自身无调试能力，因此需要借助于开发工具来排除应用系统样机中的硬件故障和程序错误，最后生成目标程序。

项目总结

本项目对单片机的硬件系统进行了简单介绍。任务一介绍了单片机最小系统并点亮1个发光二极管；任务二介绍了1个发光二极管闪烁控制系统。读者在完成本项目内容后，应重点掌握以下知识：

①单片机和单片机应用系统。

②单片机的内部结构。

③单片机最小系统电路。

④单片机的信号引脚。

⑤单片机存储器结构。

项目训练

问答题

①51 系列单片机的内部 RAM 和 ROM 容量是多少?地址是如何分配的?

②单片机的 P0 ~ P3 口在功能上有什么区别?单片机复位后,P0 ~ P3 口的状态如何?

③单片机晶振频率为 12 MHz,则振荡周期、时钟周期、机器周期和指令周期分别为多少?

④DIP40 封装的 51 系列单片机的控制信号有哪些?各信号的作用如何?

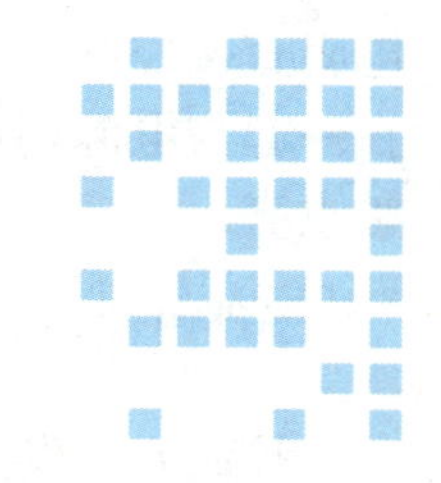

项目三
单片机并行I/O端口应用

项目导读

本项目重点介绍51系列单片机的并行输入/输出(I/O)端口的功能和结构,并以2个任务进行讲解,介绍并行I/O端口的操作方法、C51单片机程序设计方法、单片机的硬件结构。

学习目标

①掌握并行I/O端口的结构和操作方法。
②掌握C51语言结构及特点。
③掌握C51数据类型和运算符。
④能用C51语言对并行I/O端口进行操作。

任务一　8个发光二极管闪烁控制

一、任务说明

本任务通过51系列单片机控制8个发光二极管闪烁,熟悉单片机I/O端口控制及其编程方法。

视频

8个发光二极管闪烁控制

二、任务分析

用单片机的P1口控制8个发光二极管,下载编写好的C程序到单片机中,实现发光二极管闪烁。

三、电路设计

采用单片机P1口控制8个发光二极管闪烁的硬件电路如图3.1所示。单片机P1口经过限流电阻直接控制发光二极管,电阻起到限流作用。8 个发光二极管的阳极并联在一起与电源相连。当 P1 口的引脚输出为低电平“0”时,相应的发光二极管被点亮。

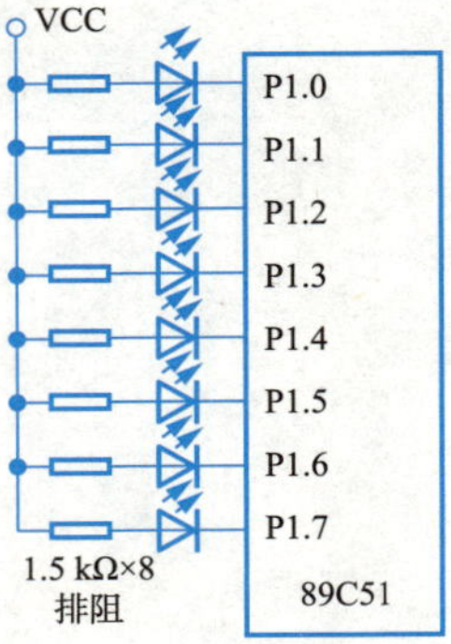

图 3.1 单片机 PI 口控制 8 个发光二极管闪烁的硬件电路

四、程序设计

控制 8 个发光二极管闪烁的源程序如下:

```
//程序:ex3_1.c
#include <reg51.h>              //包含头文件
void delay(unsigned int i);     //延时函数声明
void main()                     //主函数
{
   while(1) {
   P1 =0xff;                    //将 P1 口的 8 位引脚置 1,熄灭 8 个发光二极管
   delay(1000);                 //延时
   P1 =0x00;                    //将 P1 口的 8 位引脚清 0,点亮 8 个发光二极管
   delay(500);                  //延时
      }
}
void  delay(unsignedint i)      //延时函数,无符号整型变量 i 为形式参数
{
   unsignedint j,k;             //定义无符号字符型变量 j 和 k
   for(k =0;k<i;k++)            //双重 for 循环语句实现软件延时
   for(j =0;j<200;j++);
}
```

程序输入完成后,进行编译、连接,生成二进制代码文件 .hex,然后下载到单片机的程序存储器中。

视 频

并行I/O端口结构

五、相关知识

1. 并行 I/O 端口结构

51 系列单片机共有 4 个 8 位并行 I/O 端口,分别用 P0、P1、P2、P3 表示,以实现数据的输入输出功能。每个 I/O 端口既可以使用单个引脚按位操作,也可以按字节操作使用 8 个引脚。

引脚功能:51 系列单片机是标准的 40 引脚双列直插式集成电路芯片,引脚分布见图 2.7。

P0.0 ~ P0.7:P0 口 8 位双向口线(39 ~ 32 引脚)。

P1.0 ~ P1.7:P1 口 8 位双向口线(1 ~ 8 引脚)。

P2.0 ~ P2.7:P2 口 8 位双向口线(21 ~ 28 引脚)。

P3.0 ~ P3.7:P3 口 8 位双向口线(10 ~ 17 引脚)。

(1) P0 口

①P0 口的结构。P0 口逻辑电路如图 3.2 所示。由图 3.2 可见,P0 口由锁存器、输入缓冲器、切换开关、1 个与非门、1 个与门及场效应管驱动电路构成。标号为 P0. X 引脚的图标,表示 P0. X 引脚

可以是 P0.0～P0.7 的任何一位。

在电路中包含 1 个数据输出 D 锁存器、2 个三态数据输入缓冲器、1 个输出控制电路和 1 个数据输出的驱动电路。输出控制电路由 1 个与门、1 个非门和 1 个多路开关 MUX 构成；输出驱动电路由场效应管 T1 和 T2 组成，受输出控制电路控制，当栅极输入低电平时，T1、T2 截止；当栅极输入高电平时，T1、T2 导通。

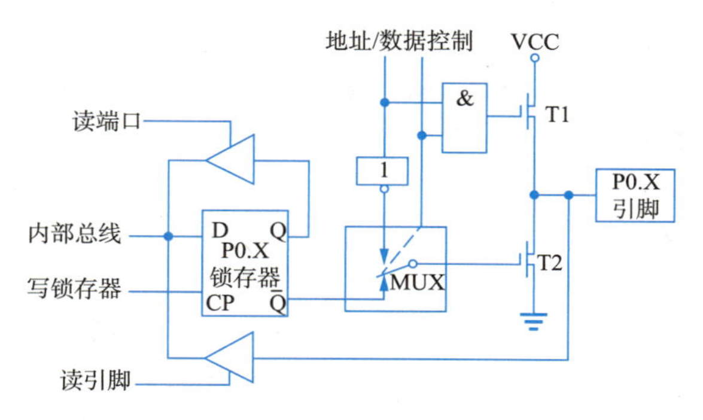

图 3.2　P0 口逻辑电路

②P0 口作为通用 I/O 端口使用。当 P0 口作为输出口使用时，内部总线将数据送入锁存器，内部的写脉冲加在锁存器时钟端 CP 上，锁存数据到 Q 端。经过 MUX，T2 反相后正好是内部总线的数据，送到 P0 口引脚输出。

当 P0 口作为输入口使用时，应区分读引脚和读端口两种情况。

读引脚就是读芯片引脚的状态，这时使用下方的数据缓冲器，“读引脚”信号把缓冲器打开，把端口引脚上的数据从缓冲器通过内部总线读进来。

读端口是指通过上面的缓冲器读锁存器 Q 端的状态。读端口是为了适应对 I/O 口进行“读-修改-写”操作语句的需要。例如下面的 C51 语句：

```
P0 = P0&0xf0;                    //将 P0 口的低 4 位引脚清 0 输出
```

P0 口是 8051 单片机的总线口。P0 口是使用最广泛的 I/O 端口。除了 I/O 功能以外，在进行单片机系统扩展时，P0 口是作为单片机系统的地址/数据线使用，一般称为地址/数据分时复用引脚。

注意：

a. 外部扩展存储器时，当作数据总线（D0～D7 为数据总线接口）。

b. 外部扩展存储器时，当作地址总线（A0～A7 为地址总线接口）。

c. 不扩展时，可作为一般的 I/O 端口使用，但内部无上拉电阻，作为输入或输出时应在外部接上拉电阻。

通过以上分析可以看出，当 P0 口作为地址/数据总线使用时，在读指令码或输入数据前，CPU 自动向 P0 口锁存器写入 0FFH，破坏了 P0 口原来的状态。因此，不能再作为通用的 I/O 端口，在系统设计时务必注意，即程序中不能再含有以 P0 口作为操作数（包含源操作数和目的操作数）的指令。

（2）P1 口

P1 口的结构最简单，用途也单一，仅作为数据输入/输出端口使用。输出的信息有锁存，输入有读引脚和读锁存器之分。P1 口逻辑电路如图 3.3 所示。

由图 3.3 可见,P1 口与 P0 口的主要差别在于,P1 口用内部上拉电阻 R 代替了 P0 口的场效应管 T1,并且输出的信息仅来自内部总线。由内部总线输出的数据经锁存器反相和场效应管反相后,锁存在端口线上,因此,P1 口是具有输出锁存的静态口。

注意:

①P1 口是准双向口,只能作为通用 I/O 口使用。

②P1 口作为输出口使用时,无须再外接上拉电阻。

③P1 口作为输入口使用时,应区分读引脚和读端口。读引脚时,必须先向电路中的锁存器写入“1”,使输出级的场效应管截止。

(3)P2 口

P2 口逻辑电路如图 3.4 所示。

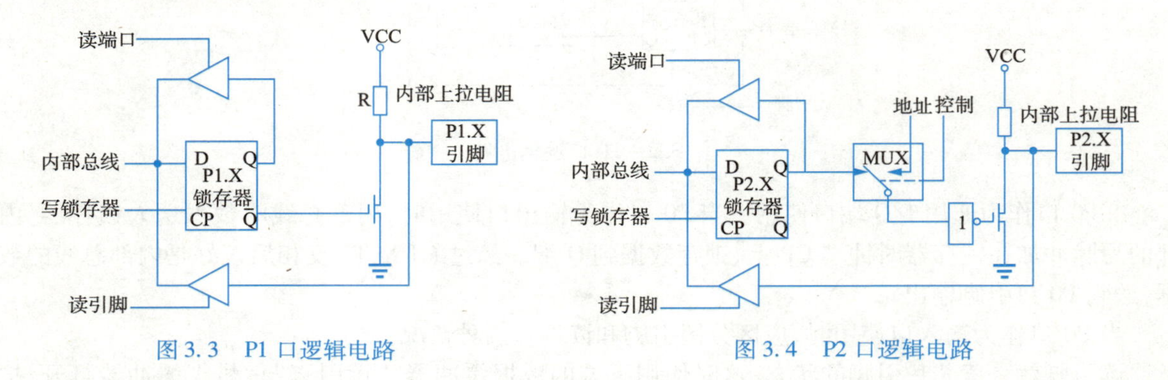

图 3.3　P1 口逻辑电路　　　　图 3.4　P2 口逻辑电路

由图 3.4 可见,P2 口在片内既有上拉电阻,又有切换开关 MUX,所以 P2 口在功能上兼有 P0 口和 P1 口的特点。这主要表现在输出功能上,当切换开关向下接通时,从内部总线输出的一位数据经反相器和场效应管反相后,输出在端口引脚线上;当切换开关向上接通时,输出的一位地址信号也经反相器和场效应管反相后,输出在端口引脚线上。因此,P2 口的切换开关总是在进行切换,分时地输出从内部总线来的数据和从地址信号线上来的地址。因此 P2 口是动态的 I/O 端口,输出数据虽被锁存,但不是稳定地出现在端口线上。

在输入功能方面,P2 口与 P0 口相同,有读引脚和读端口之分,并且 P2 口也是准双向口。

注意:

①P2 口是准双向口,在实际应用中,可以用于为系统提供高 8 位地址,也能作为通用 I/O 端口使用。

②P2 口作为通用 I/O 端口的输出口使用时,与 P1 口一样无须再外接上拉电阻。

③P2 口作为通用 I/O 端口的输入口使用时,应区分读引脚和读端口。读引脚时,必须先向锁存器写入“1”。

(4)P3 口

P3 口是一个多功能口,它除了可以作为 I/O 端口外,还具有第二功能,P3 口逻辑电路如图 3.5 所示。P3 口和 Pl 口的结构相似,区别仅在于 P3 口的各端口线有两种功能选择。当处于第一功能时,第二输出功能线为 1,此时,内部总线信号经锁存器和场效应管输入/输出,其作用与 P1 口作用相同,也是静态准双向 I/O 端口;当处于第二功能时,锁存器输出 1,通过第二输出功能线输出特定的功能信号,在输入方面,既可以通过缓冲器读入引脚信号,还可以通过替代输入功能读入片内的第二功能信号。由于输出信号锁存并且有双重功能,故 P3 口为静态双功能端口。

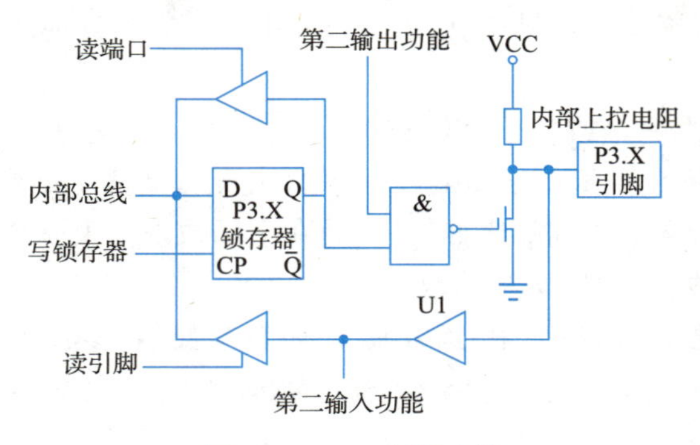

图 3.5　P3 口逻辑电路

2. C 语言简介

(1)第一个 C 语言程序

```
1    //功能:控制 8 个发光二极管闪烁程序
2    #include <reg51.h>                    //包含头文件
3    void delay(unsigned char i);          //延时函数声明
4    void main()                           //主函数
5    {
6      while(1) {
7        P1 =0xf0;                         //将 P1 口的高 4 位引脚置 1,低 4 位引脚清 0
8        delay(250);                       //延时
9        P1 =0x0f;                         //将 P1 口的高 4 位引脚清 0,低 4 位引脚置 1
10       delay(250);                       //延时
11     }
12   }
13   void  delay(unsigned char i)          //延时函数,无符号字符型变量 i 为形式参数
14   {
15     unsigned char j,k;                  //定义无符号字符型变量 j 和 k
16     for(k=0;k<i;k++)                    //双重 for 循环语句实现软件延时
17       for(j=0;j<200;j++);
18   }
```

上述程序中,第 1 行:对程序进行说明,包括程序名称和功能。“// ”是单行注释符号,用来说明相应语句的意义,方便程序的编写、调试及维护工作,提高程序的可读性。

第 2 行:#include <reg51. h>是文件包含语句,表示将语句中指定文件的全部内容复制到程序中,reg51. h 是 Keil C51 编译器提供的头文件,该文件包含了 51 系列单片机特殊功能寄存器 SFR 和位名称的定义。reg51. h 是为了通知 C51 编译器,程序中用到的符号 P1 是 51 系列单片机的 P1 口。

第 3 行:延时函数声明。在 C 语言中,函数遵循先声明、后调用的原则。

第 4 ~ 12 行:定义主函数 main()。main()函数是 C 语言中的主函数,也是程序开始执行的函数。

第 13 ~ 18 行:定义延时函数 delay( ),控制发光二极管的闪烁速度。

(2)C 语言程序的基本结构

C 语言程序以函数形式组织程序结构,C 语言程序中的函数与其他语言中所描述的"子程序"或"过程"的概念是一样的。

一个 C 语言源程序是由一个或若干个函数组成,每一个函数完成相对独立的功能。每个 C 语言程序都必须有(且仅有)一个主函数 main( ),程序的执行总是从主函数开始的,调用其他函数后返回主函数 main( ),不管函数的排列顺序如何,最后在主函数中结束整个程序。

一个函数由两部分组成:函数定义和函数体。

函数定义部分包括函数名、函数类型、函数属性、函数参数名、参数类型等。

main( )函数后面大括号内的部分称为函数体,函数体由定义数据类型的说明部分和实现函数功能的执行部分组成。

C 语言程序中可以有预处理命令,预处理命令通常放在源程序的最前面。

C 语言程序使用";"作为语句的结束符,一条语句可以多行书写,也可以一行书写多条语句。

(3)C 语句的特点

①简洁紧凑、灵活方便,运算符丰富。C 语言只有 32 个关键字,9 种控制语句,程序书写自由,主要用小写字母表示。它把高级语言的基本结构和语句与低级语言的实用性结合起来。C 语言的运算符包含的范围很广泛,共有 34 个运算符。C 语言把括号、赋值、强制类型转换等都作为运算符处理。从而使 C 语言的运算类型极其丰富,灵活使用各种运算符可以实现在其他高级语言中难以实现的运算。

②数据结构丰富。C 语言的数据类型有:整型、实型、字符型、数组类型、指针类型、结构体类型、共用体类型等。能用来实现各种复杂的数据类型的运算。引入了指针的概念,使程序效率更高。另外,C 语言具有强大的图形功能,支持多种显示器和驱动器,且计算功能、逻辑判断功能强大。

③结构式语言。结构式语言的显著特点是代码及数据的分隔化,即程序的各个部分除了必要的信息交流外,彼此独立。这种结构化方式可使程序层次清晰,便于使用、维护以及调试。C 语言是以函数形式提供给用户的,这些函数可方便的调用,并具有多种循环、条件语句控制程序流向,从而使程序完全结构化。

④语法限制不太严格、程序设计自由度大。一般的高级语言语法检查比较严,能够检查出几乎所有的语法错误。而 C 语言允许程序编写者有较大的自由度。

⑤适用范围广,可移植性好。C 语言作为一种非常方便的语言而得到广泛的支持,很多硬件开发都用 C 语言编程,如各种单片机、DSP、ARM 等。

(4)C 语言表达式语句和复合语句

C 语言程序的执行部分由语句组成。C 语言提供了丰富的程序控制语句,按照结构化程序设计的基本结构:顺序结构、选择结构和循环结构,组成各种复杂程序。这些语句主要包括表达式语句、复合语句、选择语句和循环语句等。

表达式语句是最基本的 C 语言语句。表达式语句由表达式加上分号";"组成,其一般形式如下:"表达式;"执行表达式语句就是计算表达式的值。

在 C 语言中有一个特殊的表达式语句,称为空语句。空语句中只有一个分号";",程序执行空语句时需要占用一条指令的执行时间,但是什么也不做。在 C51 程序中常常把空语句作为循环体,用于消耗 CPU 时间，等待事件发生。

把多个语句用大括号{}括起来，组合在一起形成具有一定功能的模块，这种由若干条语句组合而成的语句块称为复合语句。在程序中，应把复合语句看成是单条语句，而不是多条语句。复合语句在程序运行时，{}中的各行单系语句是依次顺序执行的。在 C 语言的函数中，函数体就是一个复合语句。

3. C 语言数据

(1)C 语言标识符、常量和变量

单片机程序中处理的数据有常量和变量两种形式：常量的值在执行期间是不能发生变化的；而变量的值在程序执行期间可以发生变化。

①标识符。C 语言用来标识变量名、符号常量名、函数名、数组名、类型名、文件名的有效字符序列称为标识符。标识符的长度可以是一个或多个字符。C 语言规定标识符只能由字母(A ~ Z,a ~ z)、数字(0 ~9)和下画线(_)3 种字符组成，而且第一个字符必须为字母或下画线。例如，a1、s_1、_3、ggde2f_1、PI 都是合法的标识符；而 123、d@ si、s * b、+ d、b >3 都是不合法的标识符。

C 语言中的字母是有大小写区别的，如 count、Count、COUNT 是三个不同的标识符。标识符不能和 C 语言的关键字相同，也不能和用户已编制的函数或 C 语言库函数同名。

关键字是 C 语言内部规定了特殊含义的标识符，只能用作某些规定用途。下面列出的是 C 语言常用的关键字：break、case、char、class、const、continue、delete、do、double、else、for、friend、float、int、if、long、new、private、protected、public、return、short、sizeof、static、switch、void、while。

②常量与符号常量。常量的数据类型有整型、浮点型、字符型、字符串型和位类型。

a. 整型常量可以表示为十进制，如 123、0、-89 等。十六进制则以 0x 开头，如 0x34、-0x3B 等。长整型就在数字后面加字母 L，如 104L、034L、0xF340 等。

b. 浮点型常量可分为十进制和指数表示形式。十进制由数字和小数点组成，如 0.888，3345.345，0.0 等，整数或小数部分为 0，可以省略但必须有小数点。指数表示形式为[±]数字[.数字]e[±]数字，[ ]中的内容为可选项，其中内容根据具体情况可有可无，但其余部分必须有，如 125e3、7e9、-3.0e-3。

c. 字符型常量是单引号内的字符，如'a'、'd'等，不可以显示的控制字符，可以在该字符前面加一个反斜杠“\”组成专用转义字符。

d. 字符串型常量由双引号内的字符组成，如"test"、"OK"等。当引号内没有字符时为空字符串。在使用特殊字符时同样要使用转义字符如双引号。在 C 语言中，字符串常量是作为字符类型数组来处理的，在存储字符串时系统会在字符串尾部加上'\o'转义字符以作为该字符串的结束符。字符串常量"A"和字符常量'A'是不同的，前者在存储时多占用 1 字节。

e. 位标量，它的值是一个二进制，如 1 或 0。常量可以是数值型常量，也可以是符号常量。数值型常量就是常说的常数，如 10、1.5、0x16、'A'等，数值型常量不用说明就可以直接使用。

符号常量是指程序中用标识符代表常量，符号常量使用前必须用编译预处理命令“#define”先进行定义。例如：

```
#define False 0x0                        //用预定义语句可以定义常量
const unsigned int c =100;               //用 const 定义 c 为无符号 int 常量并赋值
```

③变量。一个变量实质上是代表了内存中的一个存储单元。在程序中，定义了一个变量 a，实

际上是给用a命名的变量分配了一个存储单元,用户对变量a进行的操作就是对该存储单元进行的操作;给变量a赋值,实质上就是把数据存入该变量所代表的存储单元中。

C语言规定,程序中所有变量必须先定义、后使用。变量也有整型变量、实型变量、字符变量等不同的类型。在定义变量的同时要说明其类型,系统在编译时就能根据其类型为其分配相应的存储单元。

变量就是一种在程序执行过程中其值能不断变化的量。要在程序中使用变量必须先用标识符作为变量名,并指出所用的数据类型和存储模式,这样编译系统才能为变量分配相应的存储空间。定义一个变量的格式如下:

[存储种类] 数据类型 [存储器类型] 变量名表

在定义格式中除了数据类型和变量名表是必要的,其他都是可选项。存储种类有四种:自动(auto),外部(extern),静态(static)和寄存器(register),默认类型为自动(auto)。

变量存储器类型:51系列单片机将程序存储器(ROM)和数据存储器(RAM)分开,在物理上分为四个存储空间:片内程序存储器空间、片外程序存储器空间、片内数据存储器空间和片外数据存储器空间。

存储器类型的说明就是指定该变量在C51硬件系统中所使用的存储区域,并在编译时准确的定位。表3.1所示为Keil μVision2所能识别的存储器类型。注意,在89C51芯片中RAM只有低128位,位于80H~FFH的高128位则在52芯片中才有用,并和特殊功能寄存器地址重叠。

表3.1 89C51特殊功能寄存器列表

存储器类型	说明
data	直接访问内部数据存储器(128 B),访问速度最快
bdata	可位寻址内部数据存储器(16 B),允许位与字节混合访问
idata	间接访问内部数据存储器(256 B),允许访问全部内部地址
pdata	分页访问外部数据存储器(256 B),用MOVX @Ri指令访问
xdata	外部数据存储器(64 KB),用MOVX @DPTR指令访问
code	程序存储器(64 KB),用MOVC @A+DPTR指令访问

变量的存储器类型可以和数据类型一起使用,例如:

```
Int data i;                          //整形变量定义在内部数据存储器中
```

如果省略存储器类型,系统则会按存储模式SMALL、COMPACT或LARGE所规定的默认存储器类型去指定变量的存储区域。无论什么存储模式都可以声明变量在任何的8051存储区范围,然而把最常用的命令如循环计数器和队列索引放在内部数据区可以显著提高系统性能。还有要指出的就是变量的存储种类与存储器类型是完全无关的。

SMALL存储模式把所有函数变量和局部数据段放在8051系统的内部数据存储区,这使访问数据非常快,但SMALL存储模式的地址空间受限。在写小型的应用程序时,变量和数据放在data内部数据存储器中是很好的,因为访问速度快,但在较大的应用程序中data区最好只存放小的变量、数据或常用的变量(如循环计数、数据索引),而大的数据则放置在其他存储区域。

COMPACT存储模式中所有的函数、程序变量和局部数据段定位在8051系统的外部数据存储区。外部数据存储区可有最多256 B(1页)。在本模式中。外部数据存储区的短地址用@R0/R1

间接寻址。

LARGE 存储模式中所有函数、过程的变量和局部数据段都定位在 8051 系统的外部数据区，外部数据区最多可有 64KB，这要求用 DPTR 数据指针访问数据。

(2) C 语言的数据类型

C51 是一种专门为 51 系列单片机设计的 C 语言编译器，支持 ANSI 标准的 C 语言程序设计，C 语言的数据类型及其分类关系如图 3.6 所示。从图 3.6 中可看到，C 语言的数据类型由基本类型、构造类型、指针类型及空类型共四部分组成。

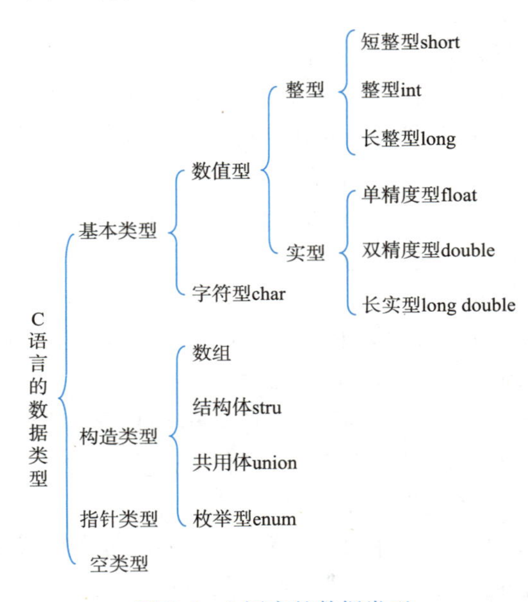

图 3.6　C 语言的数据类型

表 3.2 中列出了 Keil μVision2 C51 编译器所支持的数据类型。在标准 C 语言中基本的数据类型为 char、int、short、long、float 和 double，而在 C51 编译器中，int 和 short 相同，float 和 double 相同，这里就不列出说明了。下面来看看它们的具体定义：

表 3.2　C51 编译器所支持的数据类型

数据类型	长　度	值　域
unsigned char	单字节	0 ~ 255
signed char	单字节	-128 ~ +127
unsigned int	双字节	0 ~ 65 535
signed int	双字节	-32 768 ~ +32 767
unsigned long	四字节	0 ~ 4 294 967 295
signed long	四字节	-2 147 483 648 ~ +2 147 483 647
float	四字节	±1.175 494E-38 ~ ±3.402 823E+38
*	1 ~ 3 字节	对象的地址
bit	位	0 或 1

续表

数据类型	长度	值域
sfr	单字节	0 ~ 255
sfr16	双字节	0 ~ 65 535
sbit	位	0 或 1

①字符型 char。char 类型的长度是 1 字节(8 位),通常用于定义处理字符数据的变量或常量。分无符号字符型 unsigned char 和有符号字符型 signed char,默认值为 signed char 类型。unsigned char 类型用字节中所有的位来表示数值,可以表达的数值范围是 0 ~ 255。signed char 类型用字节中最高位表示数据的符号,“0”表示正数,“1”表示负数,负数用补码表示。所能表示的数值范围是 -128 ~ +127。unsigned char 常用于处理 ASCII 字符或用于处理小于或等于 255 的整型数。

②整型 int。int 类型的长度为 2 字节(16 位),用于存放一个双字节数据。分有符号整型数 signed int 和无符号整型数 unsigned int,默认值为 signed int 类型。signed int 表示的数值范围是 -32 768 ~ +32 767,字节中最高位表示数据的符号,“0”表示正数,“1”表示负数。unsigned int 表示的数值范围是 0 ~ 65 535。

例如:unsigned int i,实际参数的取值范围是 0 ~ 65 535,变量 i 只能在此区间取值。

③长整型 long。long 类型的长度为 4 字节(32 位),用于存放一个四字节数据。分有符号长整型 signed long 和无符号长整型 unsigned long,默认值为 signed long 类型。signed long 表示的数值范围是 -2 147 483 648 ~ +2 147 483 647,字节中最高位表示数据的符号,“0”表示正数,“1”表示负数。unsigned long 表示的数值范围是 0 ~ 4 294 967 295。

④浮点型 float。float 类型在十进制中具有 7 位有效数字,是符合 IEEE 754 标准的单精度浮点型数据,占用 4 字节。许多复杂的数学表达式采用浮点数据类型。

⑤指针类型 *。指针类型本身就是一个变量,在这个变量中存放的指向另一个数据的地址。这个指针变量要占据一定的内存单元,对不同的处理器长度也不尽相同,在 C51 编译器中,它的长度一般为 1 ~ 3 字节。

⑥bit 位标量。bit 位标量是 C51 编译器的一种扩充数据类型,利用它可定义一个位标量,但不能定义位指针,也不能定义位数组。它的值是一个二进制位,不是 0 就是 1,类似一些高级语言中的 Boolean 类型中的 True 和 False。

⑦sfr 特殊功能寄存器。sfr 也是一种扩充数据类型,占用 1 个内存单元(8 位),值域为 0 ~ 255。利用它可以访问 51 单片机内部的所有特殊功能寄存器。例如:sfr P1 = 0x90,定义 P1 口在片内的寄存器,在后面的语句中可以用 P1 = 255(对 P1 端口的所有引脚置高电平)之类的语句来操作特殊功能寄存器。

⑧sfr16 16 位特殊功能寄存器。sfr16 占用 2 个内存单元(16 位),值域为 0 ~ 65 535。sfr16 和 sfr 一样用于操作特殊功能寄存器,所不同的是它用于操作占两个字节的寄存器,如定时器 T0 和 T1。

⑨sbit 可寻址位。sbit 是 C51 中的一种扩充数据类型,利用它可以访问芯片内部的 RAM 中的可寻址位或特殊功能寄存器中的可寻址位。

```
sfr P1 = 0x90;              //因 P1 端口的寄存器是可位寻址的,所以可以定义
sbit P1_1 = P1^1;           //P1_1 为 P1 中的 P1.1 引脚
```

同样可以用 P1.1 的地址去写,如 sbit P1_1 = 0x91;

这样,在以后的程序语句中就可以用 P1_1 对 P1.1 引脚进行读写操作了。通常这些可以直接使用系统提供的预处理文件,里面已定义好各特殊功能寄存器的简单名字,直接引用可以省去一些时间。

(3)C 语言运算符和表达式

C 语言提供丰富的运算符和表达式,这为编程带来了方便和灵活。C 语言运算符的主要作用是与操作数构造表达式,实现某种运算。表达式是 C 语言中用于实现某种操作的算式,通常用表达式加分号组成 C 语言程序中的语句。

运算符可按其操作数的个数分为三类,它们是单目运算符(1 个操作数)、双目运算符(2 个操作数)、三目运算符(3 个操作数)。

运算符按其优先级的高低分为 15 类。优先级最高的为 1 级,其次为 2 级等,具体见附录 C。

运算符按其功能分为算术运算符、关系运算符、逻辑运算符、赋值运算符、逗号运算符、条件运算符等。

①算术运算符和算术表达式。常见的算术运算符有双目运算符(+、-、*、/、%)和单目运算符(正负号)。

运算规则与代数运算基本相同,但有以下不同之处:

a. 除法运算(/)。两个整数相除,则商为整数,小数部分舍弃。

例如:5/2 =2 而 5.0/2 =2.5。

b. 求余数运算(%)。参加运算的两个操作数均应为整数,否则出错。运算结果是整除以后的余数。在 VC++ 6.0 中,运算结果的符号与被除数相同。

例如:9%5 =4, -7%3 = -1,7%-3 =1。

用算术运算符和圆括号将运算对象(又称操作数)连接起来的、符合 C 语言语法的式子,称为算术表达式。运算对象可以是常量、变量、函数等。

算术运算符和圆括号的优先级高低次序如下:

()→+(正号)、-(负号)→ *、/、%→+、-

以上所列的运算符中,只有正负号运算是自右向左的结合性,其余运算符都是自左向右的结合性。

②赋值运算符和赋值表达式。C 语言中,符号“=”是一个运算符,称为赋值运算符,由赋值运算符构成的表达式称为赋值表达式,其基本格式为

```
变量名 = 表达式;
```

赋值运算的功能是先计算右边表达式的值,然后将此值赋给左边的变量,即存入以该变量为标识的存储单元中。

```
例如:i =0xff;        /* 将十六进制数 ffH 赋予变量 i */
     d =m;           /* 将变量 m 的值赋予变量 d */
```

说明:

a. 赋值号的左边必须是一个代表某个存储单元的变量名,右边必须是合法的 C 语言表达式,且数据类型要匹配。当赋值运算符两边数据类型不同时,将由系统自动进行类型转换。转换原则是

先将赋值号右边表达式类型转换为左边变量的类型,然后赋值。

b. 在程序中可以多次给一个变量赋值,每赋一次值,与它相应的存储单元中的数据就被更新一次,内存中当前的数据是最后一次所赋的那个值。

c. 赋值运算符不同于数学上的“等于号”,它没有相等的含义,赋值运算符的优先级仅高于逗号运算符,比其他任何运算符的优先级都低,且具有自右向左的结合性。

d. 赋值运算符右边的表达式也可以是一个赋值表达式。如 x = y = 1,按照自右向左的结合性,先把 1 赋给变量 y,再把变量 y 的值赋给 x。

e. C 语言规定,赋值表达式中最左边变量中所得到的新值就是整个赋值表达式的值。

复合赋值运算:复合赋值的运算符有 5 个,分别是 + =、- =、* =、/ =、%=。

采用复合赋值运算符一是为了简化程序,使程序简练;二是为了提高编译效率。复合赋值运算符的优先级比算术运算符低,是自右向左的结合性(注意看同级运算符)。

构成复合赋值表达式的一般格式为

变量　双目运算符 = 表达式

例如:n + =1　　等价　　n = n +1

n * =m +3　　等价　　n = n * (m +3)

a + =a - =a +a　　等价　　a = a + (a = a - (a + a))

③自增自减运算符和表达式。自增自减运算属于单目运算,自增运算符是 + +,使单个变量的值增 1;自减运算符是 - -,使单个变量的值减 1。其表达式有两种格式:

a. + +i、- -i(前置运算):先自增、自减,再参与运算;

b. i + +、i - -(后置运算):先参与运算, 再自增、自减。

自增、自减运算符只用于变量,而不能用于常量或表达式。

自增、自减运算的结合方向是“自右向左”(与一般算术运算符不同)。运算优先级仅次于圆括号。

例如,有表达式 -i + +,其中 i 的值为 3。由于负号运算符与自增运算符的优先级相同,结合方向是“自右向左”,即相当于 -(i + +)。此时“ + +”属于后缀运算符,表达式的值为 -3,i 的值为 4。

自增、自减运算符常用于循环语句中,使循环变量自动加 1,也用于指针变量,使指针指向下一个地址。

④强制类型转换运算符。在计算算术表达式时,C 语言会自动转换数据类型,使得参加运算的数据类型一致,这样的自动转换称为“隐式转换”。

C 语言还允许编程者按照自己的需要,把指定的数据转换成指定的类型,这样的转换称为“显式转换”或“强制类型转换”。

强制类型转换的一般格式为

(类型标识符)(表达式)

例如:
```
(int)a;
(int)(x+y);
(float)(a+b);
```

说明：

a. 无论是隐式转换还是强制类型转换都是临时转换，不改变数据本身的类型和值。

b. 强制类型转换的结合方向是"自右向左"。运算优先级高于双目运算符，但低于正、负号运算符。

⑤关系运算符和关系表达式。关系运算是逻辑运算中比较简单的一种，"关系运算"就是"比较运算"。即将两个值进行比较，判断是否符合或满足给定的条件。如果符合或满足给定的条件，则称关系运算的结果为"真"，用"1"表示，所有非 0 值都为"真"；如果不符合或不满足给定的条件，则称关系运算的结果为"假"，用"0"表示。

a. 关系运算符。C 语言提供了 6 种关系运算符，它们分别是：

<(小于)　　　　< =(小于或等于)　　　　>(大于)

> =(大于或等于)　　= =(等于)　　　　! =(不等于)

关系运算符是双目运算符，具有自左向右的结合性。

关系运算符的优先级低于算术运算符，但高于赋值运算符。其中，<、< =、>、> = 的优先级相同，= =、! = 的优先级相同，且前四种的优先级高于后两种。

b. 关系表达式。关系表达式就是用关系运算符将合法的表达式用关系运算符连接起来的式子。例如：

c > a + b 等价于 c > (a + b)

a > b = = c 等价于(a > b) = = c

a = b > c 等价于 a = (b > c)

关系表达式的值是一个逻辑值，即"真"或"假"。C 语言没有逻辑型数据，以 1 代表"真"，以 0 代表"假"。

⑥逻辑运算符和逻辑表达式。关系表达式只能描述单一条件，如果需要描述"x > = -9"且"x < =9"，就不能用"-9 < = x < =9"写法，必须借助于逻辑运算符和逻辑表达式。

a. 逻辑运算符。C 语言提供三种逻辑运算符，分别是：

! 逻辑非(相当于"否定"；条件为真，运算后为"假"，条件为假，运算后为"真")。

&& 逻辑与(相当于"并且"，只在两条件同时成立时为"真"；否则为"假")。

|| 逻辑或(相当于"或者"，两个条件只要有一个成立时即为"真"；否则为"假")。

其中，"&&"和"||"是双目运算符；而"!"是单目运算符。逻辑非运算的优先级最高，逻辑与次之，逻辑或最低。逻辑运算符、算术运算符、关系运算符之间运算优先级从高到低的次序是：!(逻辑非)、算术运算符、关系运算符、&&(逻辑与)、(||)逻辑或。

b. 逻辑表达式。由逻辑运算符和任意合法的表达式组成的式子称为逻辑表达式。逻辑运算的结果为逻辑值，即只有 1 和 0 两种可能。也就是说，系统给出的逻辑运算结果不是 0 就是 1，不可能是其他数值。而在逻辑表达式中作为参与逻辑运算的运算对象可以是 0，也可以是任何非 0 的数值(按"真"对待)。事实上，逻辑运算符两侧的对象不但可以是 0 和非 0 的整数，也可以是任何类型的数据(如字符型、实型、指针型)。

例如:假设 a = 5, b = 12, x = 9, y = 9

b&&x > y 等价于(a > b)&&(x > y),其值为0。

a = = b||x = = y 等价于(a = = b)||(x = = y),其值为1。

! a||a > b 等价于(! a)||(a > b),其值为0。

⑦逗号运算符和逗号表达式。“,”为逗号运算符,又称顺序求值运算符。用逗号运算符可以将若干个表达式连接起来构成一个逗号表达式,它的运算优先级是最低的。其基本格式为

表达式1,表达式2,…,表达式n

在执行时,先计算表达式1的值,然后依次计算其后面的各个表达式的值,最后求表达式n的值,并将最后一个表达式的值作为整个逗号表达式的值。

例如:逗号运算符的实例。

2 + 3,5 - 2　逗号表达式的值为3。

a = 1 * 2,a * 4　逗号表达式的值为8,变量a的值为2。

a = 3 * 3,a + 4,a + 6　逗号表达式的值为19,变量a的值为9。

⑧条件运算符和条件表达式。C语言中的条件运算符由问号(?)和冒号(:)组成。它是C语言中唯一的一个三目运算符,要求3个运算对象同时参加运算。条件表达式的基本格式为

表达式1? 表达式2:表达式3

条件表达式的计算过程是:先计算表达式1的值,若表达式1的值为非0,则计算表达式2的值,并将此值作为整个条件表达式的值;若表达式1的值为0,则计算表达式3的值,并将此值作为整个条件表达式的值。

例如:sum = (a > = b + 3? 5:a) = $\begin{cases} 3(\text{当 } a = 3, b = 5 \text{ 时}) \\ 5(\text{当 } a = 3, b = 0 \text{ 时}) \end{cases}$

条件运算符的优先级仅比赋值运算符高,是自右向左的结合性。

例如:y = a * b < 0? a + 1:b > 4? 3:b/5

相当于 y = (a * b < 0)? (a + 1):((b > 4)? 3:(b/5))

即按照自右向左的顺序,首先处理右边的条件表达式,将求得的表达式的值代入,然后再处理左边的条件表达式。

⑨位运算符。C语言能对运算对象进行按位操作,从而使C语言也能具有一定的对硬件直接进行操作的能力。位运算符的作用是按位对变量进行运算,但是并不改变参与运算的变量的值。如果要求按位改变变量的值,则要利用相应的赋值运算。还有就是位运算符是不能用来对浮点型数据进行操作的。C51中共有六种位运算符。位运算一般的表达形式为

变量1 位运算符 变量2

位运算符也有优先级,从高到低依次是:“~”(按位取反)→“<<”(左移)→“>>”(右移)→“&”(按位与)→“^”(按位异或)→“|”(按位或)。位逻辑运算符的真值表见表3.3。

表 3.3　位逻辑运算符的真值表(X 表示变量 1,Y 表示变量 2)

X	Y	~X	~Y	X&Y	X|Y	X^Y
0	0	1	1	0	0	0
0	1	1	0	0	1	1
1	0	0	1	0	1	1
1	1	0	0	1	1	0

在 C 语言中,字符型数据与整型数据可以通用,整型、单精度型和双精度型数据可以混合运算。运算时,不同的数据类型首先要转换成同一种类型,再进行换算。当然,转换遵循一定的规则。

a. 当运算对象数据类型不相同时,字节短的数据类型自动转换成字节长的数据类型。例如,char 型转换成 int 型,short int 型转换成 int 型,float 型转换成 double 型等。

b. 当运算对象数据类型不同时,如果是 int 型转换成 unsigned 型进行运算,将 int 型转换成 unsigned 型,运算结果为 unsigned 型;如果是 int 型与 double 型进行运算,将 int 型直接转换成 double 型,运算结果为 double 型;同理,如果是 int 型与 long 型进行运算,将 int 型直接转换成 long 型,运算结果为 long 型。其实,这些转换都是系统自动完成的,即前面提到的隐式转换。

六、任务小结

通过学习,本任务用单片机 P1 口控制 8 个发光二极管实现闪烁效果,使读者初步了解如何用 C 语言编程控制 51 系列单片机的并行 I/O 端口。在此任务中,当 P1 口的引脚为低电平“0”时,对应的发光二极管点亮;当为高电平“1”时,对应的发光二极管熄灭。通过向 P1 口写入一个 8 位二进制数来改变每个引脚的输出电平状态来控制发光二极管的亮灭。

任务二　流水灯控制

一、任务说明

视频

流水灯控制

通过控制 8 个发光二极管顺序点亮的流水灯控制系统的设计,让读者理解 C 语言的数据类型、常量和变量及 while 循环语句的使用方法,更好地掌握单片机的 C51 语句编程方法。

二、任务分析

使用 8 个发光二极管以各种不同方式点亮或熄灭,模拟霓虹灯的显示效果。首先 P1.0 引脚的发光二极管点亮,延时一定时间后熄灭,再点亮 P1.1 引脚的发光二极管,依次顺序点亮每个发光二极管,循环点亮不停止,实现流水灯的显示效果。

三、电路设计

用单片机的 P1 口控制 8 个发光二极管,芯片 74HC245 为双向驱动芯片,起到缓冲器的作用,保护单片机芯片,提高驱动负载的能力,如图 3.7 所示。

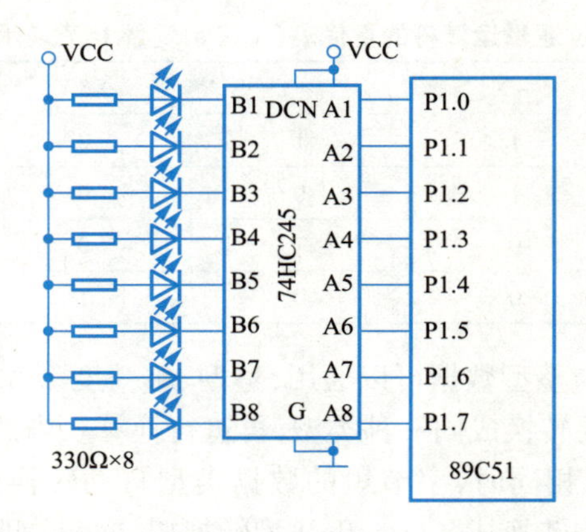

图3.7　单片机控制发光二极管

四、程序设计

流水灯控制的源程序如下:

```
//程序:ex3_2.c
//功能:顺序结构实现的流水灯程序
#include<reg51.h>                //包含单片机寄存器的头文件
sfr x=0xb0;                      //P3 口在存储器中的地址是 b0H,通过 sfr 可定义 8051 内核单片机的
                                 //所有内部 8 位特殊功能寄存器,对地址 x 的操作也就是对 P1 口的操作
void delay(void)
  {
    unsigned char i,j;
      for(i=0;i<250;i++)
        for(j=0;j<250;j++);      //利用循环等待若干机器周期,从而延时一段时间
  }
void main(void)
{
    while(1)
    {
        x=0xfe;                  //第一个发光二极管亮
        delay();                 //调用延时函数
        x=0xfd;                  //第二个发光二极管亮
        delay();                 //调用延时函数
        x=0xfb;                  //第三个发光二极管亮
        delay();                 //调用延时函数
        x=0xf7;                  //第四个发光二极管亮
        delay();                 //调用延时函数
        x=0xef;                  //第五个发光二极管亮
        delay();                 //调用延时函数
        x=0xdf;                  //第六个发光二极管亮
```

```
        delay();                    //调用延时函数
        x = 0xbf;                   //第七个发光二极管亮
        delay();                    //调用延时函数
        x = 0x7f;                   //第八个发光二极管亮
        delay();                    //调用延时函数
    }
}
```

五、相关知识

1. C 语言基本语句

(1)if 语句

在 C 语言中,if 语句是常用的条件判断语句,用来判定是否满足指定的条件(表达式),并根据判断结果来执行给定的操作。C 语言提供了 3 种形式的 if 语句,在使用时可根据具体问题的复杂程度来选择合适的形式。

①基本 if 语句。一般格式如下:

```
if (表达式)
{
    语句组;
}
```

if 语句执行过程:当“表达式”的结果为“真”时,执行其后的“语句组”;否则,跳过该语句组,继续执行下面的语句,如图 3.8 所示。

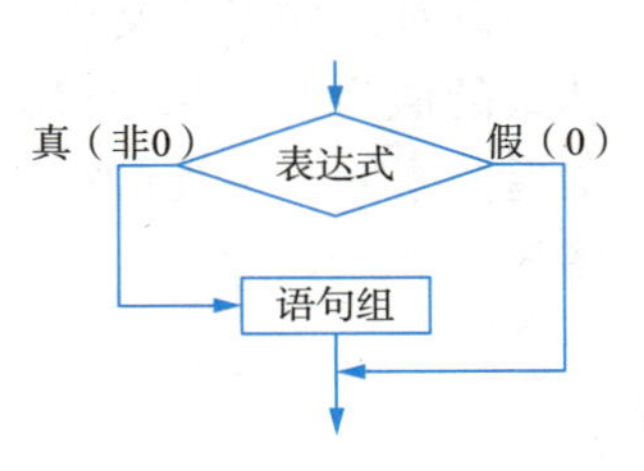

图 3.8 if 程序流程图

例如:
```
if(n<0)
    printf("n 是一个负数");
```

当 n<0 时,输出“n 是一个负数”。

if 语句中的“表达式”通常为逻辑表达式或关系表达式,也可以是任何其他的表达式或类型数据,只要表达式的值非 0 即为“真”。以下语句都是合法的:

```
if(3){…}
if(x=8){…}
if(P3_0){…}
```

在 if 语句中,“表达式”必须用括号括起来。花括号“{ }”里面的语句组如果只有一条语句,可以省略花括号。如“if (P3_0 = =0) P1_0 =0;”语句,但是为了提高程序的可读性和防止程序书写错误,建议读者在任何情况下,都加上花括号。

说明:if 之后的表达式必须用括号括起来,表达式可以是关系表达式、逻辑表达式以及数值等。

如果表达式成立,且其后要执行的语句有多条,则必须采用复合语句形式,即用花括号把要执行的多条语句括起来。

②双分支 if-else 语句。一般格式如下:

```
if(表达式)  语句组1;
else  语句组2;
```

此种语句形式又称 if-else 形式,它的执行过程是:判断表达式的值是否为真,如果表达式的值为真,则执行语句组1,否则执行语句组2。无论表达式的值为真或假,语句组1或语句组2二者必须且只能执行其一,然后接着执行 if 语句的下一条语句。执行流程图如图3.9所示。

例如:
```
if(x>y)  z=x;
else  z=y;
```

说明:if 和 else 语句并不是两个语句,它们属于同一个语句。else 子句不能作为独立语句使用,它必须是 if 语句的一部分,即与 if 语句配对使用。

if 和 else 语句之后的执行语句如果为多条语句,同样需要使用复合语句的形式。

在C语言中,每个 else 前面都有一个分号,整个语句结束后有一个分号。但如果 else 前是一个复合语句,则 else 之前的花括号"}"外面不需要再加分号。

③多分支 if-else-if 语句。一般格式如下:

```
if(表达式1)  语句组1;
else if (表达式2)  语句组2;
    …
else if (表达式n)  语句组n;
else 语句组n+1;
```

此种语句形式又称 if-else-if 形式,它的执行过程是:依次判断 if 后面的表达式的值,如果某个表达式的值为真,则执行其后面对应的语句,不再执行其他语句;如果所有表达式的值均为假,则执行最后一个 else 后面的第 n+1 条语句,然后接着去执行 if 语句的下一条语句。它的执行流程图如图3.10所示。

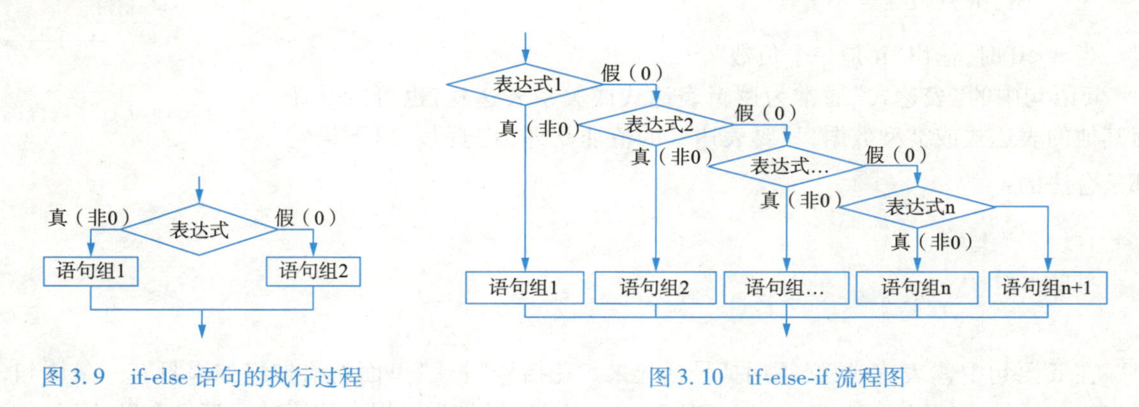

图3.9 if-else 语句的执行过程　　图3.10 if-else-if 流程图

多分支选择结构可以用嵌套的 if 语句(if-else-if)来进行处理,但是如果分支较多,则嵌套的 if 语句层数较多,程序变得冗长,降低了程序的可读性。

在C语言中,还提供了另一种用于多分支选择的语句,即 switch 语句,其一般格式如下:

```
switch(表达式)
{
```

```
        case 常量表达式 1:      语句组 1;break;
        case 常量表达式 2:      语句组 2;break;
        …
        case 常量表达式 n:      语句组 n;break;
        default:               语句组 n+1;
}
```

该语句的执行过程是:首先计算表达式的值,并逐个与 case 后的常量表达式的值相比较,当表达式的值与某个常量表达式的值相等时,则执行对应该常量表达式后的语句组,再执行 break 语句,跳出 switch 语句的执行,继续执行下一条语句;如果表达式的值与所有 case 后的常量表达式均不相同,则执行 default 后的语句组。

例如:根据考试成绩的等级打印出百分制分数段,可用 switch 语句实现。

```
switch(grade)
{
    case'A':printf("90~100\n");break;
    case'B':printf("80~89\n");break;
    case'C':printf("70~79\n");break;
    case'D':printf("60~69\n");break;
    case'E':printf("<60\n");break;
    default: printf("data error!  \n");
}
```

说明:

a. 括号内的表达式可以是整型或字符型。

b. case 后的每个常量表达式必须各不相同。

c. 每个 case 之后的执行语句可多于一个,但不必加{ }。

d. 允许几种 case 情况下执行相同的语句,不必每个都写。

(2) while 语句

一般格式如下:

```
while(循环继续的条件表达式)
        {语句组;}
```

while 语句用来实现“当型”循环。其执行过程:首先判断表达式,当表达式的值为真(非 0)时,反复执行循环体;为假(0)时,执行循环体外面的语句,如图 3.11 所示。

do-while 语句用于实现“直到型”循环结构,其一般格式如下:

```
do
{   语句;}
while(表达式);
```

其中语句是循环体,表达式是循环条件。其执行过程是:先执行循环体语句一次,再判断表达式的值;若为真(非 0)则继续循环;否则,如果表达式为假(值为 0),则结束循环。所以,do-while 循环是先执行一次循环体,再判断是否继续循环。它的执行流程图如图 3.12 所示。

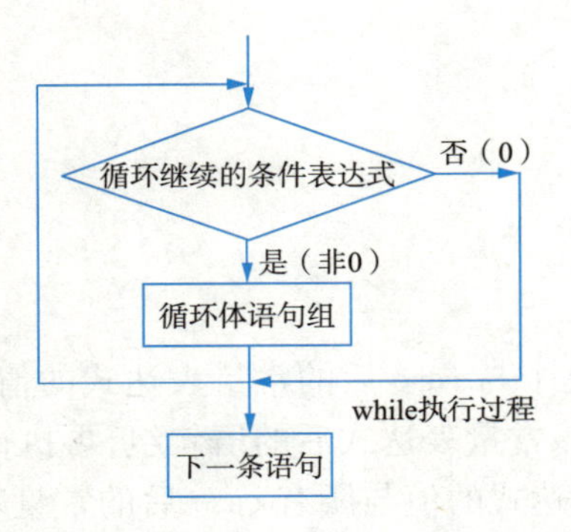

图 3.11　while 语句执行流程图

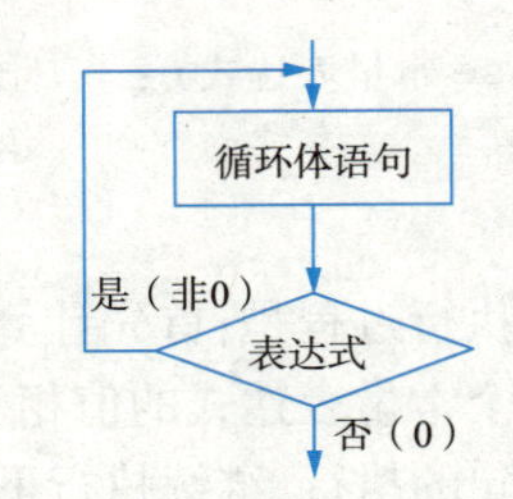

图 3.12　do-while 语句执行流程图

do-while 语句和 while 语句的区别在于：do-while 语句是先执行循环体，后判断条件，因此 do-while 语句至少要执行一次循环体；而 while 语句是先判断条件，后执行循环体，如果条件不满足，则一次循环体语句都不执行。

思考：下述程序实现了什么功能？

```
main( )
{ int i,sum=0;
  do
  {  sum=sum+i;
     i++;
  }while(i<=100);
}
```

(3) for 语句

for 语句是 C 语言中最灵活、功能最强的循环语句。它不仅可以用于循环次数已经确定的情况，而且可以用于循环次数不确定而只给出循环结束条件的情况，完全可以代替 while 语句。for 语句的一般格式如下：

```
for(表达式1;表达式2;表达式3)
{
  循环体
}
```

for 语句的执行过程是：运行之初先求解表达式 1，然后进行表达式 2 的条件判断。若条件成立，则执行循环体；若条件不成立，则退出循环。在执行循环体后，再计算表达式 3，之后转去执行表达式 2 进行条件判断，如果成立，就继续执行循环体；否则，退出循环。进行循环后，依次是按计算表达式 3，判断表达式 2 的步骤执行，直到条件不成立为止，结束循环。它的执行流程图如图 3.13 所示。

总循环次数已确定的情况下，可采用 for 语句。格式如下：

```
for(循环变量赋初值;循环继续条件;循环变量增值)
{
    循环体语句组;
}
```

for 语句不仅可用于循环次数已经确定的情况，也可用于循环次数虽不确定，但给出了循环继续条件的情况，它完全可以代替 while 语句和 do-while 语句。

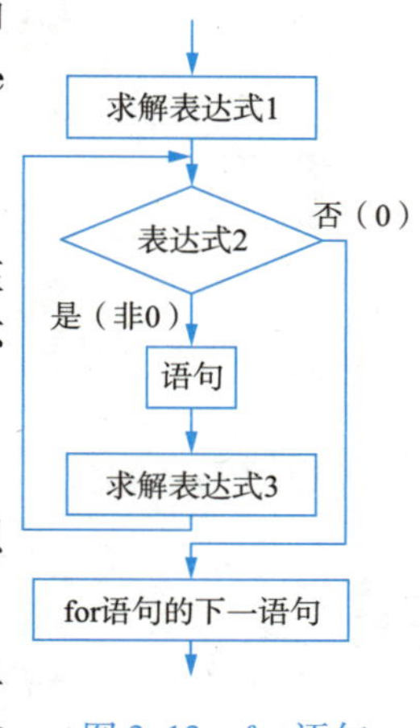

图 3.13　for 语句执行流程图

说明：

①表达式 1，通常用来给循环变量赋初值，一般是赋值表达式。也可以在 for 语句外给循环变量赋初值，此时可以省略该表达式。表达式 1 对整个循环过程来讲，只做一次。

②表达式 2，通常是循环条件，一般为关系表达式或逻辑表达式。

③表达式 3，通常可以用来修改循环变量的值，一般是赋值语句。如果想省略表达式 3，就可以把相应语句放到循环体中完成。

这 3 个表达式都可以是逗号表达式，即每个表达式都可以由多个表达式组成。3 个表达式都是任选项，都可以省略。但要注意，在省略表达式同时，两个分号必须保留，因为语句要求两个分号将 3 个表达式分开。例如以下语句：

```
i =1;
for(;i <5;)
{ printf(" * ");i + +;}
```

逗号运算符的主要应用就在 for 语句中。表达式 1 和表达式 3 常为逗号表达式，求解它们时完成多个表达式（往往为赋值表达式、自增自减表达式）的一次求值。例如：

```
for(i =1,sum =0;i < =100;i + +)
for(i =0,j =100,k =0;i < =j;i + +,j - -)
```

从以上表达方式可以看出，C 语言中的 for 语句功能强大，可以把循环体和一些与循环控制无关的操作也作为表达式 1 或表达式 3 出现，使程序短小简洁。但是，如果过分使用这个特点会使 for 语句显得杂乱，降低程序可读性。建议不要把与循环控制无关的内容放在 for 语句的 3 个表达式中。

2. C 语言函数

(1) 函数的含义

函数的定义一般形式有如下两种：

①函数定义的传统形式：

```
存储类型　数据类型　函数名(形参表)
形参类型说明语句序列
{
  函数体
}
```

②函数定义的现代形式：

```
存储类型 数据类型　函数名(类型 参数 1,类型 参数 2,…)
{
函数体
}
```

例如,一个求和函数可以写成:

```
int sum(x,y)
int x;
int y;
{
 return (x+y);
}
```

也可写成:

```
int sum(int x,int y)
{
   return(x+y);
}
```

这个函数的函数名为 sum,形式参数是整型的 x、y, 函数体是{return(x + y);},完成两个数的求和功能。函数类型为 int 型(函数返回值为 int 型)。

说明:

a. 一个源程序文件由一个或多个函数组成。其中必有一个函数名为 main 的函数,程序的执行是从 main()函数开始,调用其他函数后,流程回到 main()函数,在 main()函数中结束整个程序的运行。

b. 一个 C 语言程序由一个或多个源程序文件组成。

c. 函数类型指出该函数返回值的类型。有 int、float、char 等,若函数无返回值,函数可以定义为空类型 void。默认为 int。

d. 函数名符合标识的定义。一般提倡函数名与函数内容有一定关系,以增强程序的可读性。

e. 函数的形参表可有可无,无形参表的函数称为无参函数。但函数名后的()不能省略。在调用无参函数时,主调函数并不将数据传送给被调函数,一般用来执行指定的一组操作。

f. 有参函数可由一个或多个形参组成,多个参数之间用逗号隔开。在调用该类函数时,主调函数可以将数据传送给被调函数使用。

(2)函数的说明和调用

与变量使用相似,使用前要先定义其类型,然后才能使用。主调函数调用被调函数时,在调用前应先对被调函数进行说明,即先说明、后调用。

C 语言中,函数说明的一般格式如下:

```
类型说明符　函数名( )
```

当函数类型为 int 型,或被调函数定义在主调函数之前时,可以省略对被调函数的说明。

编好一个函数后,要由主调函数来调用才能发挥作用。一个函数(主调函数)在执行过程中去执行另一个函数(被调函数),称为函数调用。当被调函数执行完毕后,返回到主调函数调用处之后继续执行,称为函数调用返回。C 语言中调用函数的一般格式如下:

```
函数名(实参表);
```

函数调用按其在程序中出现的位置来分,可有如下 3 种表示方式。

①函数表示方式。函数出现在一个表达式中,这种表达式称为函数表达式。这种表达式需要函数返回一个确定的值。

例如:求三个任意实数中的最大数。

```
#include <stdio.h>
float x,y;
float f(x,y)
{
  floatz;
  z=x>y? x:y;
  return(z);
}
void main( )
{
  float a,b,c,max;
  printf("请输入任意三个实数:");
  scanf("% f% f% f",&a,&b,&c);
  max=f(a,b);
  max=f(max,c);
  printf("最大数是:% f",max);
  printf("\n");
}
```

被调函数 f( )定义在主调函数 main( )之前,省略了对被调函数 f( )的说明。

②函数参数。把函数调用作为一个函数的实际参数。例如:

```
#include <stdio.h>
float x,y;
float f(x,y)
{
  floatz;
  z=x>y? x:y;
  return(z);
}
void main( )
{
  float a,b,c,max;
  printf("请输入任意三个实数:");
  scanf("% f% f% f",&a,&b,&c);
  max=f(f(a,b),c);
  printf("最大数是:% f",max);
  printf("\n");
}
```

③函数语句。把函数调用作为一语句,不要求函数带回值,只要求函数完成一定的操作。例如:

```
#include <stdio.h>
void  f(x,y,z);
void  main( )
{
  float a,b,c;
  printf("请输入任意三个实数:");
  scanf("% f% f% f",&a,&b,&c);
  f(a,b,c);
  printf(" \n");
}
void  f(x,y,z)
{
  float x,y,z;
  float max;
  if (x>y) max=x;
  else max=y;
  if (max<z) max=z;
  printf("最大数是:% f",max);
}
```

通常,希望通过函数调用使主调函数能得到一个确定的值,这就是函数的返回值。

a. 函数的返回值是通过函数中的 return 语句获得的。return 语句将被调函数中的一个确定值带回主调函数中去。一个函数中可以有一个以上的 return 语句,执行到哪一个 return 语句,哪一个语句就会起作用。

b. 函数的数据类型即为函数返回值的类型。在定义函数时,没有进行数据类型说明,一律自动按 int 型处理。如果函数值的类型和 return 语句中表达式值的类型不一致时,则以函数类型为准。对于数据型数据,可以自动进行类型转换,即函数类型决定返回值的类型。

c. 如果被调函数中没有 return 语句,函数带回一个不确定的值。为了明确表示不带回值,可以用 void 说明无类型(又称"空类型")。为了减少程序出错,保证正确调用,凡不要求带回函数值的函数,一般都定义为 void 类型。

【例 3.1】用移位指令实现本项目任务二的流水灯控制。

程序设计:

```
#include <reg51.h>               //此文件中定义了单片机的一些特殊功能寄存器
void delay(unsigned int i)       //延时子程序
{
   unsigned char j;
   for(i;i>0;i--)
      for(j=100;j>0;j--);
}
```

```
main()
{
    unsigned char LED;
    LED = 0xfe;                 //0xfe =1111 1110,此时发光二极管的最低一位亮
    while(1)
    {
        P2 = LED;
        delay(300);
        LED = LED < < 1;        //循环左移 1 位,点亮下一个发光二极管。" < < "为左移位
        if(P2 = = 0x00)
          {LED = 0xfe;}         //0xfe =1111 1110
    }
}
```

程序中用到移位操作：

(1)左移

C51 中,左移操作符为“ < < ”,每执行一次左移指令,被操作的数据将最高位移入单片机 PSW 寄存器的 CY 位,CY 位中原来的数据丢弃,最低位补 0,其他位依次向左移动 1 位,如图 3. 14 所示。

(2)右移

C51 中,右移操作符为“ > > ”,每执行一次右移指令,被操作的数据将最低位移入单片机 PSW 寄存器的 CY 位,CY 位中原来的数据丢弃,最高位补 0,其他位依次向右移动 1 位,如图 3. 15 所示。

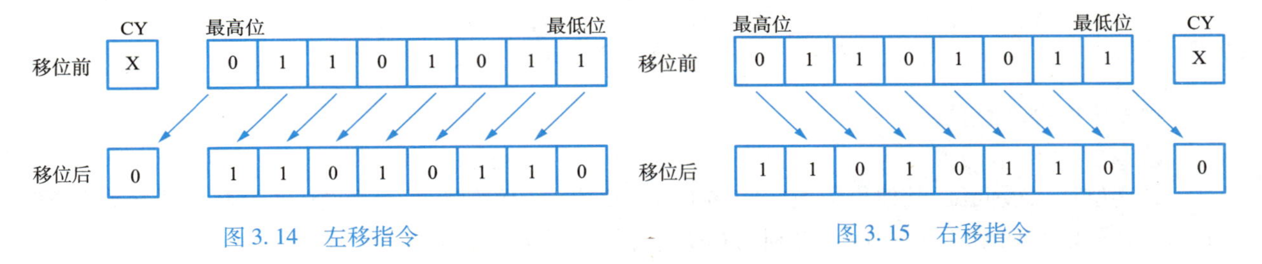

图 3. 14　左移指令　　　　图 3. 15　右移指令

【例 3. 2】用循环移位指令实现本项目任务二的流水灯控制。

程序设计：

```
#include "reg52.h"              //此文件中定义了单片机的一些特殊功能寄存器
#include < intrins.h >          //要用到左右移函数,加入这个头文件
typedef unsigned int u16;       //对数据类型进行声明定义
typedef unsigned char u8;
#define led P0                  //将 P0 口定义为 led,就可以使用 led 代替 P0 口
void delay(u16 i)               //延时函数,i =1 时,大约延时 10 μs
{
    while(i - -);
}
void main()
{
```

```
    u8 i;
    led = 0x01;
    delay(50000);                //大约延时 450 ms
    while(1)
    {
  /* for(i = 0;i < 8;i + +)
    {
        P0 = (0x01 < < i);       //将 00000001 左移 i 位,然后将结果赋值到 P0 口
        delay(50000);            //大约延时 450 ms
    }
*/
    for(i = 0;i < 7;i + +)       //将 led 左移 1 位
    {
        led = _crol_(led,1);
        delay(50000);            //大约延时 450 ms
    }
      for(i = 0;i < 7;i + +)     //将 led 右移 1 位
      {
          led = _cror_(led,1);
          delay(50000);          //大约延时 450 ms
      }
    }
}
```

程序中的循环移位:

(1)循环左移

最高位移入最低位,其他位依次向左移 1 位。C 语言中没有专门的指令,通过移位指令与简单逻辑运算可以实现循环左移,或直接利用 C51 库中自带的函数_crol_实现,如图 3.16 所示。_crol_函数所在的头文件是 <intrins. h>。

(2)循环右移

最低位移入最高位,其他位依次向右移 1 位。C 语言中没有专门的指令,通过移位指令与简单逻辑运算可以实现循环右移,或直接利用 C51 库中自带的函数_cror_实现,如图 3.17 所示。_cror_函数所在的头文件是 <intrins. h>。

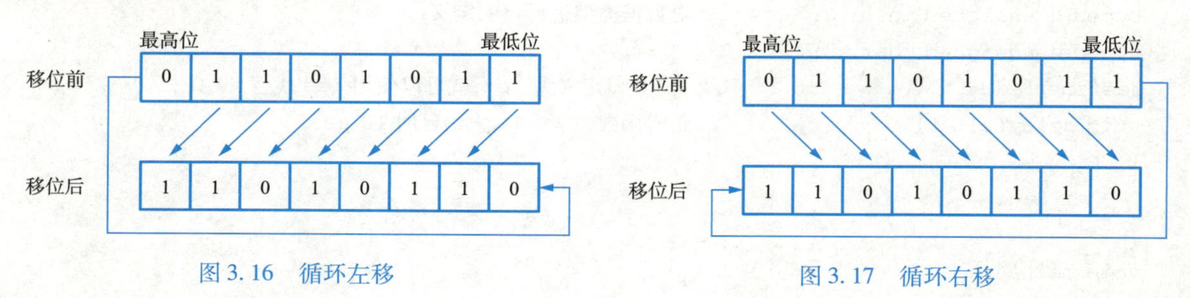

图 3.16 循环左移　　图 3.17 循环右移

六、任务小结

本任务中采用字节控制设计方法实现单片机控制 8 个发光二极管循环点亮，程序编写简单，在以后的程序编写中会经常用到。

项目总结

本项目通过 2 个典型的工作任务对单片机的 I/O 端口技术进行了介绍，重点训练了单片机控制发光二极管闪烁的编程方法。读者在完成本项目内容的学习后，应重点掌握以下知识：

①单片机并行 I/O 端口的结构和操作方法。

②C51 语言结构及编程方法。

③C51 语言对单片机并行 I/O 端口的操作方法。

项目训练

一、问答题

①简述 C51 语言编程的数据类型及特点。

②51 系列单片机有 4 个 8 位 I/O 端口，在应用中，8 位数据信息由哪一个端口传送？P3 口有什么功能？

③简述 while 和 for 编程语句的编程方法。

二、程序设计题

①编写单片机控制 4 个发光二极管闪烁程序，并画出电路图。

②用 if-else 语句编写程序，计算 1 +2 +3 +… +100 的和。

③编写 8 个发光二极管点亮的流水灯控制程序，要求 1、3、5、7 灯先点亮，2、4、6、8 灯再点亮。

项目四 单片机定时器与中断系统

项目导读

本项目以时间间隔为1 s的流水灯控制系统设计入手，让读者能够了解单片机内部定时器的结构、工作方式，能编程实现单片机的定时功能；再通过霓虹灯闪烁控制系统的设计，进一步熟悉定时器的应用，并学习单片机中断系统的结构、有关寄存器的功能和编程技巧，为后续学习单片机控制技术打下良好基础。

学习目标

①了解单片机定时器的结构。

②掌握单片机定时器的工作方式。

③了解单片机中断系统结构。

④掌握单片机中断系统有关寄存器的功能。

⑤掌握定时器和中断系统程序设计方法。

任务一 时间间隔1 s的流水灯控制

一、任务说明

用8个发光二极管模拟流水灯系统，要求用单片机控制8个发光二极管依次顺序点亮，时间间隔为1 s，用定时器T1的工作方式1编制1 s延时程序。

二、任务分析

要实现上述任务，需要了解单片机定时器的结构、工作方式，以及如何用定时器实现一段时间的延时(包括初始值的设置、启动定时器等)。

三、电路设计

流水灯控制系统的硬件电路如图 4.1 所示。单片机 P1 口经过芯片 74LS240(八路反相器)分别连接了 8 个发光二极管的阳极。当 P1 口输出为低电平“0”时,经反相后输出高电平,相应的发光二极管被点亮。

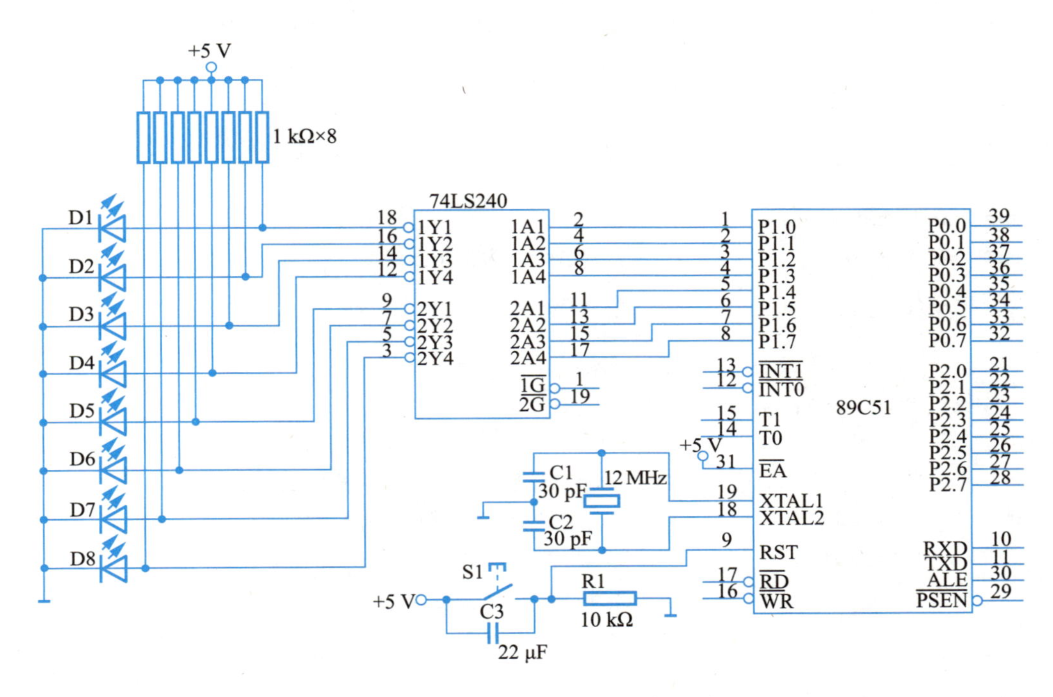

图 4.1　流水灯控制系统的硬件电路

四、程序设计

假定系统采用 12 MHz 晶振,T1 的工作方式 1 定时时间为 50 ms,再循环 20 次即可定时到 1 s。据此设计的流水灯源程序如下:

```
//程序:ex4_1.c
//功能:间隔显示时间为 1 s 的流水灯程序
#include <reg51.h>                //包含头文件 reg51.h,定义了 51 系列单片机的特殊功能寄存器
//函数名:delay1s
//函数功能:用 T1 在工作方式 1 下的 1 s 延时函数,采用查询方式实现
//形式参数:无
//返回值:无
void delay1s()
{
```

```
    unsigned char i;
    for(i=0;i<0x14;i++)                  //设置20次循环次数
    {
      TH1=0x3c;                          //设置定时器初值为3CB0H
      TL1=0xb0;
      TR1=1;                             //启动T1
      while(!TF1);                       //查询计数是否溢出,即定时50 ms时间到,TF1=1
      TF1=0;                             //50 ms定时时间到,将T1溢出标志位TF1清0
    }
}
void main()                              //主函数
{
    unsigned char i,w;
    TMOD=0x10;                           //设置T1为工作方式1
    while(1)
    {
        w=0x01;                          //显示码初值为01H
        for(i=0;i<8;i++)
        {
            P1=~w;                       //w取反后送P1口,点亮相应发光二极管
            w<<=1;                       //点亮发光二极管的位置移动
            delay1s();                   //调用1 s延时函数
        }
    }
}
```

对编写好的源程序进行编译、连接,将二进制文档ex4_1.hex下载到单片机的程序存储器中,接通电路板电源即可观察运行结果是否符合要求。8个发光二极管顺序依次点亮,时间间隔为1 s。

五、相关知识

1. 定时/计数器结构及工作过程

视频

定时/计数器的控制

8051单片机内部共有2个16位可编程的定时/计数器,即定时器T0和定时器T1。它们既有定时功能又有计数功能,通过设置与它们相关的特殊功能寄存器可以选择启用定时功能或计数功能。

定时/计数器的实质是加1计数器(16位),由高8位和低8位两个寄存器组成。TMOD是定时/计数器的工作方式寄存器,确定工作方式和功能;TCON是控制寄存器,控制T0、T1的启动、停止及设置溢出标志。其逻辑结构图如图4.2所示。

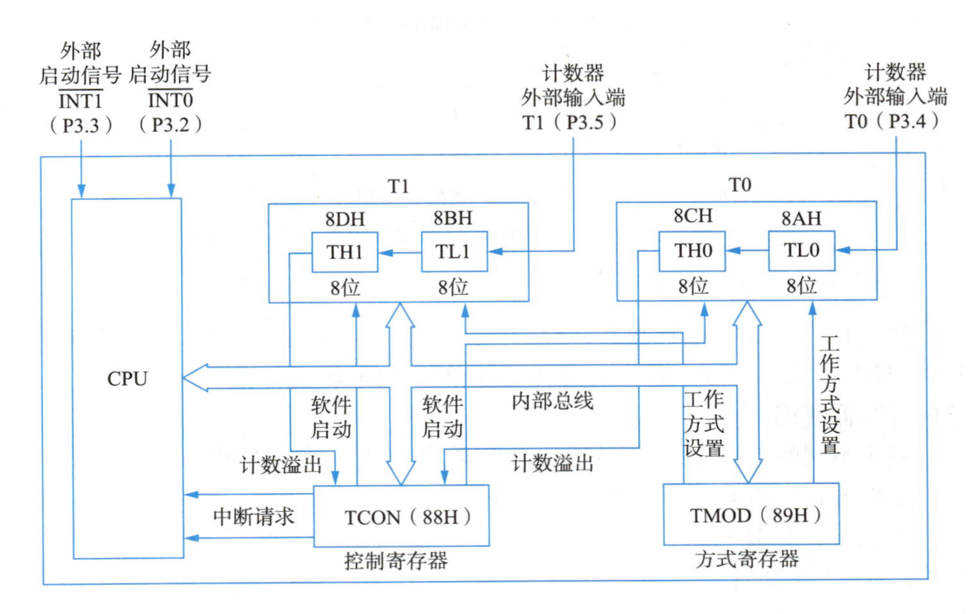

图 4.2 定时/计数器逻辑结构图

定时/计数器的工作过程如下:

(1)设置定时/计数器的工作方式

通过对工作方式寄存器 TMOD 的设置,确定相应的定时/计数器是定时功能还是计数功能、工作方式以及启动方法。

定时/计数器工作方式寄存器在特殊功能寄存器中,字节地址为 89H,不能位寻址,单片机复位时 TMOD 全部被清 0,其格式见表 4.1。

表 4.1 工作方式寄存器 TMOD

TMOD	D7	D6	D5	D4	D3	D2	D1	D0
位名称	GATE	$C/\overline{T}$	M1	M0	GATE	$C/\overline{T}$	M1	M0
	←定时器 T1→				←定时器 T0→			

由表 4.1 可知,TMOD 的高 4 位用于设置定时器 T1,低 4 位用于设置定时器 T0,对应 4 位的含义如下:

GATE:门控制位。

GATE =0,软件启动方式,定时/计数器启动与停止仅受 TCON 寄存器中 TRX(X =0,1)来控制;GATE =1,软硬件共同启动方式,定时/计数器启动与停止由 TCON 寄存器中 TRX(X =0,1)和外部中断引脚(INT0 或 INT1)上的电平状态来共同控制。

$C/\overline{T}$:定时器模式和计数器模式选择位。$C/\overline{T}=1$,为计数器模式;$C/\overline{T}=0$,为定时器模式。

M1、M0:工作方式选择位。

每个定时/计数器都有 4 种工作方式,它们由 M1、M0 设定,对应关系见表 4.2。

表 4.2 定时/计数器工作方式

M1 M0	工作方式	说明
0 0	方式 0	13 位定时/计数器
0 1	方式 1	16 位定时/计数器
1 0	方式 2	8 位初值自动重装的 8 位定时/计数器
1 1	方式 3	T0 分成两个 8 位定时/计数器,T1 停止计数

(2)设置计数初值

视频

计数初值的计算

T0、T1 是 16 位加法计数器,分别由 2 个 8 位专用寄存器组成,T0 由 TH0 和 TL0 组成,T1 由 TH1 和 TL1 组成。每个寄存器可被单独访问,因此,可以被设置为 8 位、13 位或 16 位的计数器使用。

对于不同的工作方式,计数器位数不同,故最大计数值 M 也不同。

工作方式 0,$M = 2^{13} = 8\ 192$;

工作方式 1,$M = 2^{16} = 65\ 536$;

工作方式 2,$M = 2^{8} = 256$;

工作方式 3,$M = 2^{8} = 256$。

因为定时/计数器是做加 1 计数,并在计满溢出时产生中断,因此初值 X 的计算如下:

$$X = M - \text{计数值}$$

计算出来的结果 X 转换为十六进制数后分别写入 TL0(TL1)、TH0(TH1)。

视频

(3)启动定时/计数器

TCON寄存器

根据定时/计数器的启动方式,如果采用软件启动,则需要把控制寄存器中的 TR0 或 TR1 置 1,如果采用软硬件共同启动方式,不仅需要把控制寄存器中的 TR0 或 TR1 置 1,还需要相应外部启动信号为高电平。

定时/计数器控制寄存器 TCON 的作用是控制定时器的启动、停止,标识定时器的溢出和中断情况。定时/计数器控制寄存器在特殊功能寄存器中,字节地址为 88H,位地址分别是 88H ~ 8FH,该寄存器可进行位寻址。单片机复位时,TCON 全部被清 0。其中,TF1、TR1、TF0 和 TR0 位用于定时/计数器,IE1、IT1、IE0 和 IT0 位用于外部中断,其格式见表 4.3。

表 4.3 定时/计数器控制寄存器 TCON 格式

TCON	D7	D6	D5	D4	D3	D2	D1	D0
位名称	TF1	TR1	TF0	TR0	IE1	IT1	IE0	IT0
位地址	8FH	8EH	8DH	8CH	8BH	8AH	89H	88H

TF1:定时器 T1 溢出标志位。当定时器 T1 计满溢出时,由硬件使 TF1 置 1,并且申请中断;进入中断服务程序后,由硬件自动清 0;在中断屏蔽时,TF1 可做查询测试用,此时只能用软件清 0。

TR1:定时器 T1 运行控制位。由软件清 0 或置 1 来关闭或启动定时器 T1。当 GATE = 1,且 $\overline{\text{INT1}}$ 为高电平时,TR1 置 1 启动定时器 T1;当 GATE = 0 时,TR1 置 1 启动定时器 T1。

TF0:定时器 T0 溢出标志位,其功能及操作方法同 TF1。

TR0:定时器 T0 运行控制位,其功能及操作方法同 TR1。

IE1:外部中断 1($\overline{\text{INT1}}$)请求标志。

IT1:外部中断 1 触发方式选择位。

IE0:外部中断 0($\overline{INT0}$)请求标志。

IT0:外部中断 0 触发方式选择位。

(4)计数溢出

计数溢出标志位在控制寄存器 TCON 的 TF1 或 TF0 中,用于通知用户定时/计数器已经计满,用户可以采用查询方式或中断方式进行操作。

2. 定时/计数器工作方式

工作方式寄存器 TMOD 中的 M1 和 M0 位用于选择 4 种工作方式。具体如下:

(1)工作方式 0

M1M0 = 00 时,选择工作方式 0,T0 在工作方式 0 时的逻辑电路结构如图 4.3 所示,T1 的结构和操作与 T0 相同。

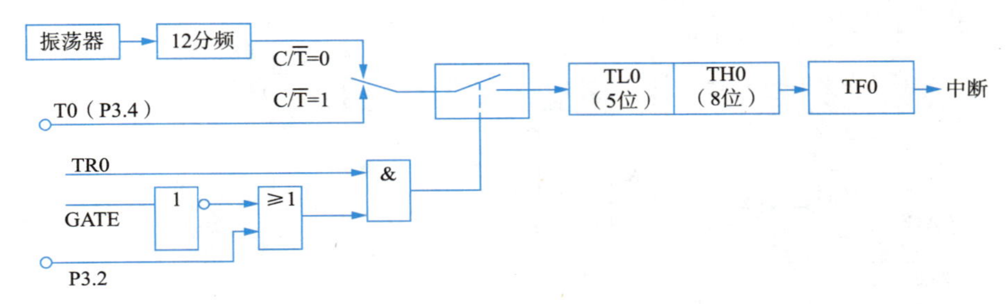

图 4.3　T0 在工作方式 0 时的逻辑电路结构

T0 在工作方式 0 构成一个 13 位定时/计数器,由 TH0 的 8 位、TL0 的低 5 位构成(高 3 位未用),其最大计数值 $M = 2^{13} = 8\ 192$。若振荡器的时钟频率 $f_{osc} = 12$ MHz 时,机器周期为 1 μs,则工作方式 0 最大的定时时间为 8 192 μs。

若 TL0 的低 5 位计数满时,直接向 TH0 进位,13 位定时/计数器溢出时,中断位 TF0 置 1(硬件自动置位),并申请中断。

【例 4.1】利用 T0 工作方式 0 定时,由 P1.0 输出频率为 500 Hz 的方波信号,晶振频率为 12 MHz。计算 TH0 和 TL0 的初始值。

分析:已知信号的频率为 500 Hz,则周期为 2 ms,由于输出的是方波信号,定时时间为半个周期,即 1 000 μs。则计数初值为 $2^{13} - t/T_{机器} = 8\ 192 - 1\ 000/1 = 7\ 192$。

故 TH0 = 7 192/32 = 0xe0;TL0 = 7 192% 32 = 0x18。

C 语言源程序如下:

```
#include <reg51.h>                //头文件
sbit P1_0 = P1^0;
void main( )                      //主程序
{
    TMOD = 0x00;                  //设定 T0 为工作方式 0 定时
    TH0 = 0xe0;                   //设定 1 ms 定时初值
    TL0 = 0x18;
    TR0 = 1;                      //启动 T0
```

```
    while(1)                        //死循环
    {
        while(! TF0);               //等待定时器溢出
        TF0 =0;                     //清除溢出标志位
        P1_0  =! P1_0;              //端口取反
        TH0 =0xe0;                  //重赋初值
        TL0 =0x18;
    }
}
```

(2)工作方式 1

M1M0 =01 时,选择工作方式 1,T0 在工作方式 1 时的逻辑电路结构如图 4.4 所示。

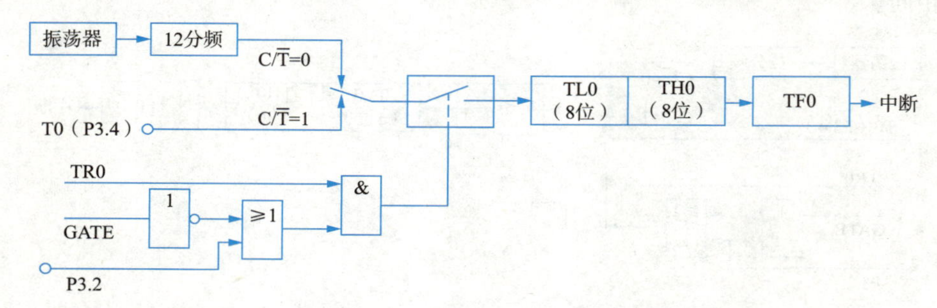

图 4.4　T0 在工作方式 1 时的逻辑电路结构

T0 在工作方式 1 时是 16 位定时/计数器,其最大计数值 $M=2^{16}=65\ 536$,其他特性与工作方式 0 相同。用作定时器时,定时时间为(65 536 - 定时初值) × 机器周期。TL0 存放计数初值的低 8 位,TH0 存放计数初值的高 8 位。

工作过程:当 TL0 计满时,向 TH0 进 1;当 TH0 计满时,溢出,使 TF0 =1,向 CPU 申请中断。

视 频

T0实现1 s 延时函数

【例 4.2】设主频频率为 6 MHz,用 T0 的工作方式 1 实现 1 s 的延时函数。计算 TH0 和 TL0 的初始值。

分析:由于主频频率为 6 MHz,可求得 T0 的最大定时时间为

$$T_{max}=2^{16}\times 2\ \mu s=131.072\ ms$$

用定时器获得 100 ms 的定时时间再加 10 次循环,得到 1 s 的延时,可算得 100 ms 定时的定时初值:

$$(2^{16}-T_c)\times 2\ \mu s=100\ ms=100\ 000\ \mu s$$

$$T_c=2^{16}-50\ 000=15\ 536$$

$$TH0=15\ 536/256=0X3C$$

$$TL0=15\ 536\%\ 256=0XB0$$

C 语言源程序如下:

```
void delay1s( )
{
    unsignedint i;
    TMOD =0x01;                 //设定 T0 为工作方式 1
```

```
    TH0 =0x3C;                //设定100 ms定时初值
    TL0 =0xB0;
    for(i =0;i <10;i + +)     //设置10次循环次数
    {
        TR0 =1;               //启动T0
        while(! TF0);         //等待定时器溢出
        TF0 =0;               //清除溢出标志位
    }
}
```

(3)工作方式2

M1M0 =10时,选择工作方式2,T0在工作方式2时的逻辑电路结构如图4.5所示。

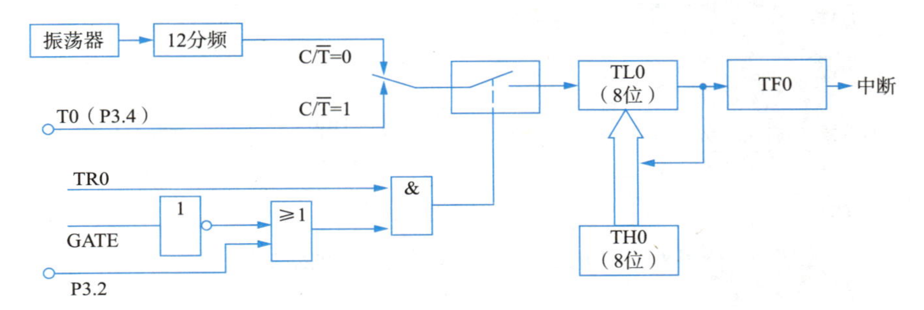

图4.5　T0在工作方式2时的逻辑电路结构

T0在工作方式2时是一个8位自动重装定时/计数器,低8位TL0用作计数(最大计数值$M = 2^8 = 256$),高8位TH0用于保存计数初值。若TL0计数已满,发生溢出,TF0置1的同时,TH0中的初值将自动装入TL0。定时时间为(256 - 计数初值) × 机器周期。

【例4.3】用T1的工作方式2实现1 s的延时函数,晶振频率为12 MHz。计算TH1和TL1的初始值。

分析:因工作方式2是8位计数器,其最大定时时间为256 ×1 μs =256 μs。为实现1 s延时,可选择定时时间为250 μs,再循环4 000次。定时时间选定后,可确定计数值为250,则T1的初值为256 - 计数值 =256 - 250 =6。因此有TH1 =6;TL1 =6。

C语言源程序如下:

```
void delay1s()
{
    unsigned int  i;          //i取值范围为0 ~4 000,因此不能定义成unsigned char
    TMOD = 0x20;              //设置T1为工作方式2
    TH1 = 6;                  //设置定时器初值,放在for循环之外
    TL1 = 6;
for(i =0;i <4000;i + +)       //设置循环次数为4 000次
{
    TR1 =1;                   //启动T1
    while(! TF1);             //查询计数是否溢出,即定时250 μs时间到,TF1 =1
```

```
        TF1 = 0;                    //250 μs 定时时间到,将定时器溢出标志位 TF1 清 0
    }
}
```

(4)工作方式3

M1M0 = 11 时,选择工作方式3,T0在工作方式3时的逻辑电路结构如图4.6所示。

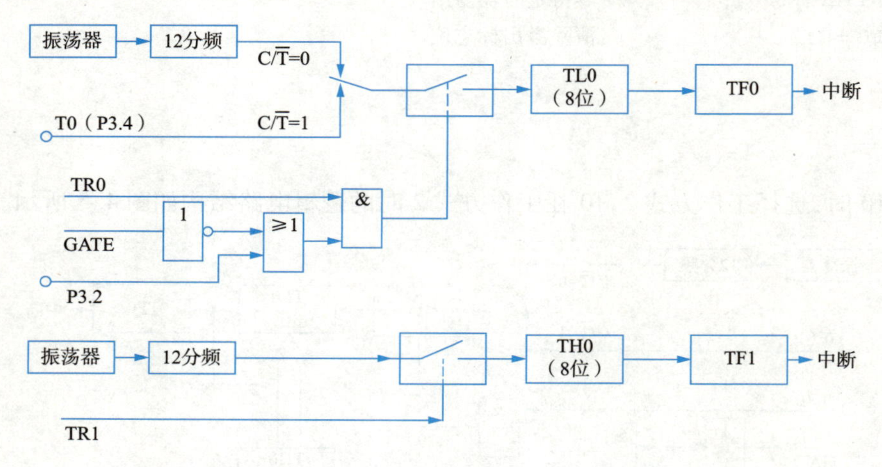

图4.6　T0在工作方式3时的逻辑电路结构

只有T0可以设置为工作方式3,T1设置为工作方式3时不工作。在这种工作方式下,T0被拆为两个独立的定时/计数器来用,其中TL0使用T0原有资源(包括 $C/\overline{T}$、GATE、TR0、TF0、T0、$\overline{INT0}$引脚),可以作为8位定时/计数器;TH0使用T1的TR1和TF1,还占用T1中断源,因此只能对内部脉冲计数,作为计数器使用。TL0和TH0定时时间为(256 - 计数初值)×机器周期。

当T0在工作方式3时,T1仍可设置为工作方式0、工作方式1或工作方式2,此时T1由定时/计数器方式选择位 $C/\overline{T}$ 切换其定时或计数功能,当计数器计满溢出时,将输出送往串行口。在这种情况下,T1一般用作串行口波特率发生器或不需要中断的场合。

六、任务小结

用单片机控制8个发光二极管依次顺序点亮,精确控制时间间隔为1 s,重点掌握定时器的结构和编程方法。

任务二　霓虹灯闪烁控制

一、任务说明

在任务一电路的基础上,增加一个按键改变霓虹灯的显示方式,实现8个霓虹灯按时间间隔为1 s依次循环点亮。按下按键后,8个霓虹灯同时亮灭一次,时间间隔为1 s。按键动作采用外部中断INT0实现。

二、任务分析

上述任务中，按键动作可以看作单片机的一个外部中断，因此要实现霓虹灯闪烁控制任务，需要了解单片机中断系统的结构、与中断有关的寄存器、中断的开放与禁止、中断程序的编写技巧等知识。

三、电路设计

霓虹灯闪烁控制的硬件电路如图 4.7 所示。

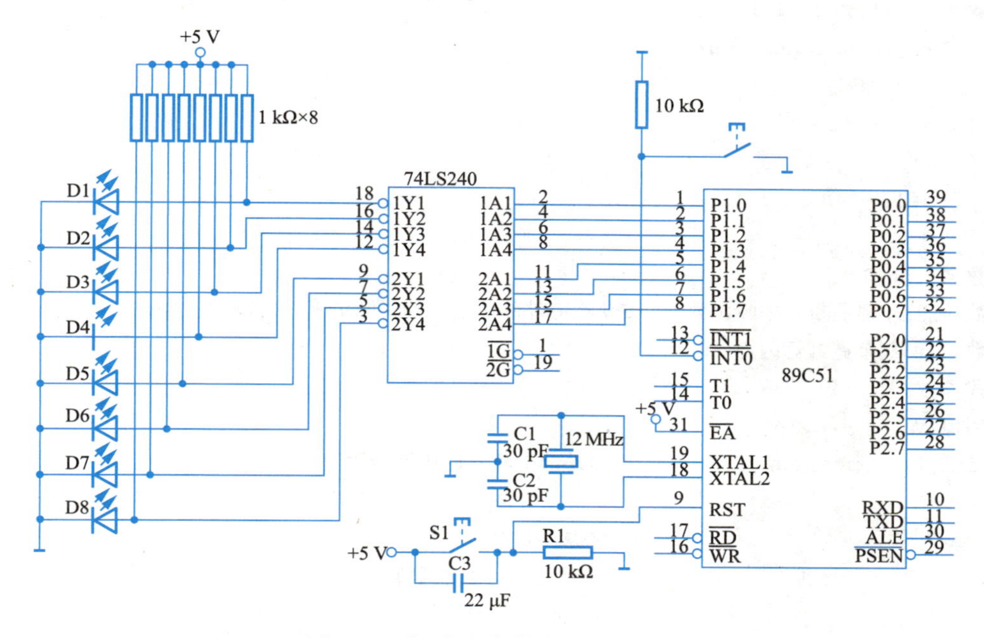

图 4.7　霓虹灯闪烁控制的硬件电路

四、程序设计

采用 T0、工作方式 1 实现 1 s 延时函数 delay1s( )，作为基本延时时间，再通过调用该函数实现 1 s 或任意时间延时。按键采用中断处理，在中断函数中实现 P1 口的 8 个霓虹灯全部亮灭一次。霓虹灯闪烁控制源程序如下：

```
//程序:ex4_3.c
//功能:可控信号灯程序
#include <reg51.h>
//函数名:delay1s
void delay1s()
{
  unsigned char  i;
  for(i = 0;i < 0x14;i + + )             //设置循环次数为 20 次
  {
```

```
    TH0 = 0x3c;                        //设置定时器初值
    TL0 = 0xb0;
    TR0 = 1;                           //启动 T0
    while(! TF0);                      //查询计数是否溢出,即定时 50 ms 时间到,TF0 = 0
    TF0 = 0;                           //50 ms 定时时间到,将定时器溢出标志位 TF0 清 0
    }
}
//函数名:delay_t
//函数功能:实现 0.5 ~128 s 延时
void delay_t(unsigned char t)
{
  unsigned char i;
  for(i = 0;i < t;i + +)
  delay1s();
}
//函数名:int_0
//函数功能:外部中断 0 中断函数,当 CPU 响应外部中断 0 的中断请求时,自动执行该
//函数,实现 8 个霓虹灯闪烁
//形式参数:无
//返回值:无
void int_0() interrupt 0               //外部中断 0 的中断号为 0
{
  P1 = 0x00;                           //熄灭 8 个霓虹灯
  delay1s();                           //调用 1 s 延时函数
  P1 = 0xff;                           //点亮 8 个霓虹灯
  delay1s();                           //调用 1 s 延时函数
}
void main()                            //主函数
{
  unsigned char i,w;
  EA = 1;                              //打开中断总允许位
  EX0 = 1;                             //打开外部中断 0 允许位
  IT0 = 1;                             //设置外部中断为边沿(下降沿)触发方式
  TMOD = 0x01;                         //设置 T0 为工作方式 1
  while(1)
  {
    w = 0x01;                          //显示码初值为 01H
    for(i = 0;i < 8;i + +)
    {
        P1 = ~w;                       //w 取反后送 P1 口,点亮相应霓虹灯
        w < < = 1;                     //点亮霓虹灯的位置移动
```

```
        delay1s();                  //调用延时函数 delay1s(),延时 1 s
      }
    }
  }
```

对编写好的源程序进行编译、连接,将二进制文档 ex4_3. hex 下载到单片机的程序存储器中,接通电路板电源即可以看到 8 个霓虹灯顺序依次点亮。当按下按键后,8 个霓虹灯同时亮灭一次,时间间隔为 1 s。

五、相关知识

1. 中断基础知识

视频 中断的概念

(1)中断的定义

CPU 在处理某一事件 A 时,发生了另一事件 B,请求 CPU 迅速去处理(中断发生);CPU 暂时中断当前的工作,转去处理事件 B(中断响应和中断服务);待 CPU 将事件 B 处理完毕后,再回到原来事件 A 被中断的地方继续处理事件 A(中断返回),这一过程称为中断。

单片机中断过程流程图如图 4.8 所示。

中断是为使单片机具有对外部或内部随机发生的事件实时处理而设置的。中断功能的存在,很大程度上提高了单片机处理外部或内部事件的能力。它也是单片机最重要的功能之一,是学习单片机必须要掌握的。

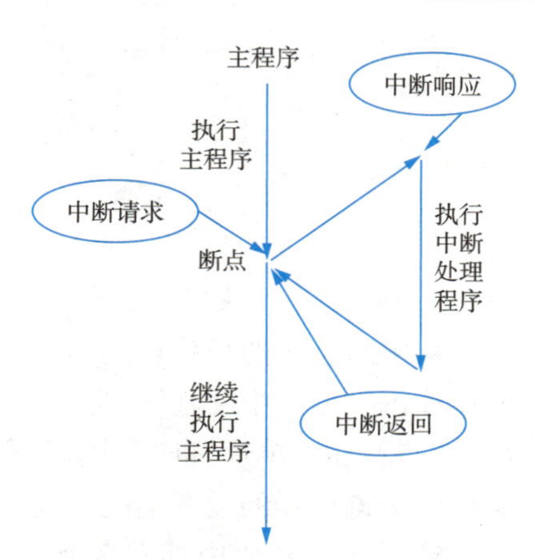

图 4.8　单片机中断过程流程图

(2)中断的相关概念

根据中断过程流程图,给出几个与中断相关的概念。

①主程序:原来正常运行的程序称为主程序。

②中断服务程序:CPU 响应中断后,转去执行相应的处理程序,该处理程序通常称为中断服务程序。

③断点:主程序被断开的位置(或地址)称为断点。

④中断源:引起中断的原因,或能发出中断申请的来源,称为中断源。如本任务中的中断源是外部中断 0,按键通过该中断源向 CPU 申请中断。

⑤中断请求:中断源要求服务的请求称为中断请求(或中断申请)。如本任务中,当按键被按下时,在 $\overline{\text{INT0}}$ 引脚产生一个下降沿信号,向 CPU 申请中断。

(3)51 系列单片机中断的优点

随着计算机技术的应用,人们发现中断技术不仅解决了快速主机与慢速 I/O 设备的数据传送问题,而且还具有如下优点:

①分时操作:CPU 可以分时为多个 I/O 设备服务,提高了计算机的利用率。

②实时响应:CPU 能够及时处理应用系统的随机事件,系统的实时性大大增强。

③可靠性高:CPU 具有处理设备故障及掉电等突发性事件的能力,从而使系统可靠性提高。

视频

单片机中断系统结构

2. 中断系统的结构和寄存器

(1)中断系统的结构

由图4.9可知,中断系统主要包括以下各功能部件:4个寄存器,即中断标志寄存器TCON和SCON、中断允许控制寄存器IE和中断优先级控制寄存器IP;五个中断源,即外部中断请求INT0和INT1、定时器T0和T1溢出中断请求、串行口中断请求RI或TI。

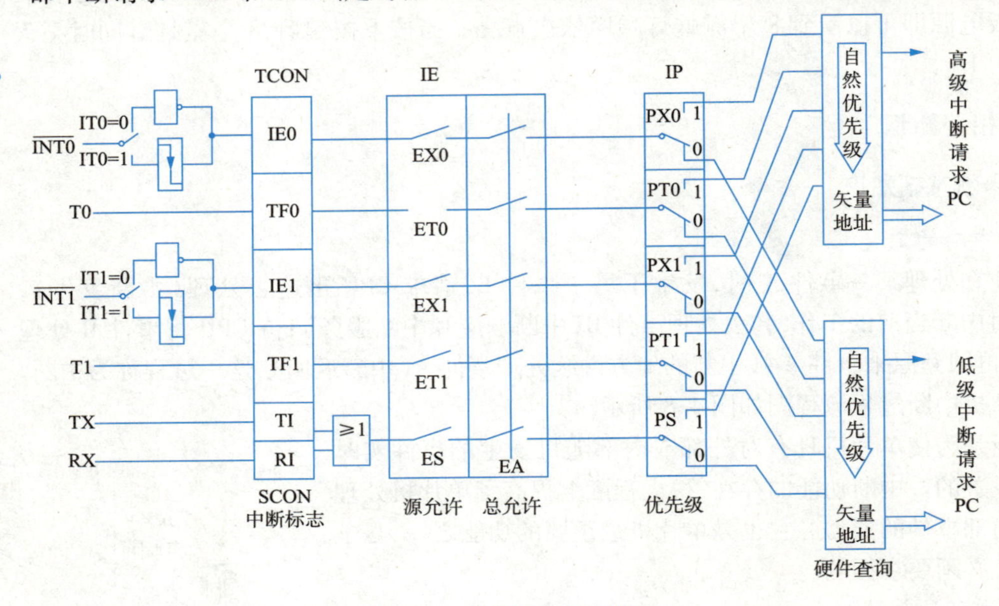

图4.9 中断系统结构图

(2)中断系统的寄存器

从中断系统的结构可知,51系列单片机内部共有5个中断源,也就是说有5种情况发生时,会使单片机去处理中断程序,那么这就涉及一个重要的关键词——中断优先级。若同一时刻发生了两个中断,那么单片机该先执行哪个中断呢?这取决于单片机内部的一个特殊功能寄存器——中断优先级寄存器的设置情况。通过设置中断优先级寄存器,可以告诉单片机优先执行哪个中断。

51系列单片机内部有5个中断源,它们默认的中断级别见表4.4。

$\overline{\text{INT0}}$:外部中断0,由P3.2口引入,低电平或下降沿有效。

$\overline{\text{INT1}}$:外部中断1,由P3.3口引入,低电平或下降沿有效。

TF0:定时器T0中断,T0产生溢出时,T0溢出中断标志位TF0置位,请求中断处理。

TF1:定时器T1中断,T1产生溢出时,T1溢出中断标志位TF1置位,请求中断处理。

TI或RI:串行口中断,串行口完成一帧字符发送或接收时,内部串行口中断请求标志位TI或RI置位,请求中断处理。

表4.4 51系列单片机中断级别

中断源	默认中断级别
$\overline{\text{INT0}}$(外部中断0)	最高
TF0(定时器T0中断)	第二
$\overline{\text{INT1}}$(外部中断1)	第三

续表

中断源	默认中断级别
TF1(定时器 T1 中断)	第四
TI 或 RI(串行口中断)	最低

①中断优先级寄存器 IP。单片机的中断源还可以通过设置中断优先级寄存器 IP 确定为高优先级中断或低优先级中断。高优先级中断能够打断低优先级中断以形成中断嵌套，同优先级中断之间，在没有设置中断优先级情况下，按照默认中断级别响应中断，在设置中断优先级后，则按设置顺序确定响应的先后顺序。

中断优先级寄存器 IP 在特殊功能寄存器中，字节地址为 B8H，位地址分别是 B8H ~ BFH。该寄存器可进行位寻址，单片机复位时 IP 全部被清 0，其格式见表 4.5。

表 4.5 中断优先级寄存器 IP 格式

IP	D7	D6	D5	D4	D3	D2	D1	D0
位名称	—	—	—	PS	PT1	PX1	PT0	PX0
位地址	—	—	—	BCH	BBH	BAH	B9H	B8H

—:无效位。

PS:串行口中断优先级控制位。PS =1,串行口中断定义为高优先级中断;PS =0,串行口中断定义为低优先级中断。

PT1:定时/计数器 T1 中断优先级控制位。PT1 =1,定时/计数器 T1 中断定义为高优先级中断;PT1 =0,定时/计数器 T1 中断定义为低优先级中断。

PX1:外部中断 1 中断优先级控制位。PX1 =1,外部中断 1 定义为高优先级中断;PX1 =0,外部中断 1 定义为低优先级中断。

PT0:定时/计数器 T0 中断优先级控制位。PT0 =1,定时/计数器 T0 中断定义为高优先级中断;PT0 =0,定时/计数器 T0 中断定义为低优先级中断。

PX0:外部中断 0 中断优先级控制位。PX0 =1,外部中断 0 定义为高优先级中断;PX0 =0,外部中断 0 定义为低优先级中断。

②中断允许寄存器 IE。中断允许控制寄存器用来设定各个中断源的打开和关闭，IE 在特殊功能寄存器中，字节地址为 A8H，位地址分别是 A8H ~ AFH，该寄存器可进行位寻址，单片机复位时 IE 全部被清 0，其格式见表 4.6。

表 4.6 中断允许寄存器 IE 格式

IE	D7	D6	D5	D4	D3	D2	D1	D0
位名称	EA	—	—	ES	ET1	EX1	ET0	EX0
位地址	AFH	—	—	ACH	ABH	AAH	A9H	A8H

EA:CPU 中断允许位。EA =1,打开全局中断控制，在此条件下，由各个中断控制位确定相应中断的打开或关闭;EA =0,关闭全部中断。

—:无效位。

ES:串行口中断允许位。ES =1,打开串行口中断;ES =0,关闭串行口中断。

ET1:定时/计数器 T1 中断允许位。ET1 =1,打开 T1 中断;ET1 =0,关闭 T1 中断。

EX1:外部中断 1 中断允许位。EX1 =1,打开$\overline{INT1}$外部中断; EX1 =0,关闭$\overline{INT1}$外部中断。

ET0:定时/计数器 T0 中断允许位。ET0 =1,打开 T0 中断; ET0 =0,关闭 T0 中断。

EX0:外部中断 0 中断允许位。EX0 =1,打开$\overline{INT0}$外部中断;EX0 =0,关闭$\overline{INT0}$外部中断。

视 频

中断处理过程

(3) 中断处理过程

中断处理过程包括 3 个阶段:中断响应、中断处理、中断返回。不同的计算机因中断系统的硬件结构不完全相同,因而中断响应的方式也不同。

①中断响应。中断响应是指 CPU 对中断源中断请求的响应。CPU 并非任何时刻都能响应中断请求,而是在满足所有中断响应条件,且不存在任何一种中断阻断情况时才会响应。

CPU 响应中断的条件有:有中断源发出中断请求;中断总允许位 EA 置 1;申请中断的中断源允许位置 1。

CPU 响应中断的阻断情况有: CPU 正在响应同级或更高优先级的中断;当前指令未执行完;正在执行中断返回或访问寄存器 IE 和 IP。

视 频

中断响应的过程

中断响应过程就是自动调用并执行中断函数的过程。

CPU 响应中断的过程如下:

a. 先置位相应的"优先级状态"触发器(该触发器指出 CPU 当前处理的中断优先级别),以阻断同级或低级中断申请;

b. 自动清除相应的中断标志(TI 或 RI 除外);

c. 自动保护断点,将现行程序计数器 PC 内容压入堆栈,并根据中断源把相应的矢量单元地址装入 PC 中。

C51 编译器支持在 C 源程序中直接以函数形式编写中断服务程序。常用的中断函数定义语法如下:

```
void 函数名()    interrupt  n
```

其中,n 为中断类型号,C51 编译器允许 0~31 个中断,n 取值范围为 0~31。下面给出了 8051 控制器所提供的 5 个中断源所对应的中断类型号和中断服务程序入口地址:

中断源	n	入口地址
外部中断 0	0	0003H
定时/计数器 T0	1	000BH
外部中断 1	2	0013H
定时/计数器 T1	3	001BH
串行口	4	0023H

②中断处理。中断处理就是执行中断服务函数。中断服务函数从中断入口地址开始执行,直到函数结束为止。中断处理一般包括三部分内容:一是保护现场,二是完成中断源请求的服务,三是恢复现场。通常,主程序和中断服务函数都会用到累加器 A、状态寄存器 PSW 及其他一些寄存器。在 CPU 执行中断服务函数时,若用到上述寄存器,会破坏原先存储在这些寄存器中的内容,一旦中断返回,将会造成主程序的混乱。因此,在进入中断服务函数后,一般要先保护现场,然后再执行中断服务函数,在返回主程序之前,恢复现场。

③中断返回。中断返回是指中断服务函数执行完之后,CPU 返回到原来程序的断点(即原来断开的位置),继续执行原来的程序。

六、任务小结

设计按键控制 8 个霓虹灯同时亮灭一次,按键动作采用外部中断 INT0 实现,重点掌握中断的控制方法。

任务三　单片机控制 LED 数码管

一、任务说明

用单片机控制 2 个 LED 数码管,采用静态连接方式,要求 2 个 LED 数码管显示 00 ~ 99 计数,时间间隔为 1 s。

二、任务分析

本任务采用 51 系列单片机控制 2 个 LED 数码管,实现 0 ~ 99 s 的秒表。1 s 定时采用定时器 T1 实现,计数溢出采用查询的中断方式。

三、电路设计

单片机与 2 个共阳极数码管采用静态连接方式,数码管的段码分别由 P1 和 P2 控制,公共端接高电平,硬件电路图如图 4.10 所示。

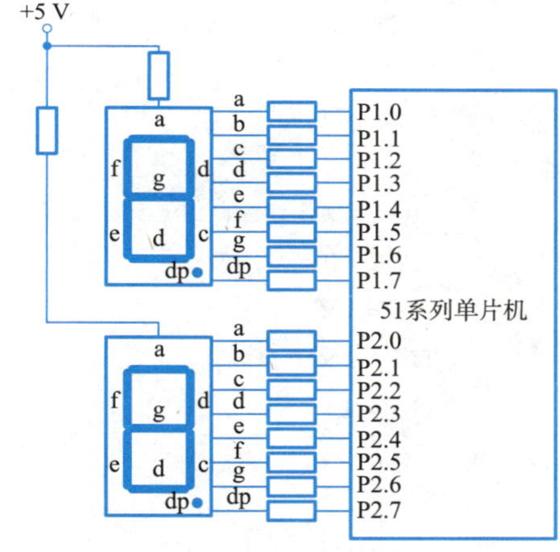

图 4.10　单片机控制数码管硬件电路图

四、程序设计

用单片机定时器 T1 的工作方式 1 编制 1 s 延时程序,假定系统采用 12 MHz 晶振,T1 的工作方式 1 定时时间为 50 ms,再循环 20 次即可定时到 1 s。0 ~ 99 s 秒表的控制程序如下:

```
//程序:ex4_2.c
//功能:0 ~99 s 的简易秒表设计,2 个静态数码管,定时器采用查询方式
#include <reg51.h>    //包含头文件 reg51.h,定义了 51 系列单片机的特殊功能寄存器
//函数名:delay1s
//函数功能:用 T1 在工作方式 1 下的 1 s 延时函数,采用查询方式实现
//形式参数:无
//返回值:无
void delay1s()
{
  unsigned char i;
```

```
    for(i = 0;i < 0x14;i + + )              //设置循环次数为20次
      {
        TH1 = 0x3c;                         //设置定时器初值为3CB0H
        TL1 = 0xb0;
        TR1 = 1;                            //启动T1
        while(! TF1);                       //查询计数是否溢出,即定时50 ms时间到,TF1 = 1
        TF1 = 0;                            //50 ms定时时间到,将T1溢出标志位TF1清0
      }
  }
//函数名:disp
//函数功能:将i的值显示在两个静态连接的数码管上
//形式参数:i,取值范围为0 ~99
//返回值:无
void disp (unsigned char i)
{
    unsigned char LED[ ] = {0xc0,0xf9,0xa4,0xb0,0x99,0x92,0x82,0xf8,0x80,0x90};
                                            //定义0 ~9显示的数码,共阳极数码管
    P1 = LED[i//10];                        //显示i高位
    P2 = LED[i% 10];                        //显示i低位
}
void main()                                 //主函数
{
    unsigned char second = 0;               //秒计数器定义
    TMOD = 0x10;                            //设置T1为工作方式1
    TH1 = 0x3c;                             //设置定时器初值为3CB0H
    TL1 = 0xb0;
    TR1 = 1;                                //启动定时器开始计数
    while(1)
    {
        disp (second);                      //显示秒计数器值
        delay1s();                          //调用1 s延时函数
        second + +;
        if(second = = 100)
        second = 0;
    }
}
```

对编写好的源程序进行编译、连接,将二进制文档 ex4_2. hex 下载到单片机的程序存储器中,接通电路板电源即可观察运行结果是否符合要求。两个 LED 数码管从 00 到 99 循环显示,时间间隔为 1 s。

五、相关知识

1. 数码管简介

数码管是一种半导体发光器件,其基本单元是发光二极管,数码管又称 LED 数码管。数码管按段数可分为七段数码管和八段数码管,八段数码管比七段数码管多一个发光二极管单元,即多一个小数点(DP),这个小数点可以更精确地表示数码管需要显示的内容。

按发光二极管的连接方式可分为共阳极数码管和共阴极数码管。

共阳极数码管是将所有发光二极管的阳极接到一起形成公共阳极(COM)的数码管,共阳极数码管在应用时应将公共极 COM 接到 +5V;当某一字段发光二极管的阴极为低电平时,相应字段就点亮,当某一字段的阴极为高电平时,相应字段不亮。

共阴极数码管是将所有发光二极管的阴极接到一起形成公共阴极(COM)的数码管,共阴极数码管在应用时应将公共极 COM 接到地线 GND 上;当某一字段发光二极管的阳极为高电平时,相应字段就点亮,当某一字段的阳极为低电平时,相应字段不亮。

2. 数码管静态显示原理

数码管静态显示的特点是每个数码管的段选必须接一个 8 位数据线来保持显示的字形码。当送入一次字形码后,显示字形可以一直保持,直到送入新字形码为止。这种方法的优点是占用 CPU 时间少,显示便于监测和控制,缺点是硬件电路比较复杂,成本较高,比如单片机控制 2 个静态数码管,就需要占用单片机 16 个 I/O 口。

六、任务小结

通过时间间隔 1 s 的流水灯控制系统和 0 ~ 99 s 秒表计时器系统的设计制作,熟悉单片机定时/计数器的编程控制方法,包括定时器工作方式设定、初始值设置、计数溢出查询方式的应用等。

任务四　交通灯控制系统设计

一、任务说明

通过任务一、任务二和任务三的学习已经掌握了定时器和中断系统的基础知识,本任务通过交通灯控制系统的设计,进行定时/计数器和中断系统的综合运用。

二、任务分析

本任务要求设计交通灯控制系统,实现以下 3 种情况下的交通灯控制。

①正常情况下,双向轮流点亮交通灯,交通灯的状态见表 4.7。

②特殊情况时,A 方向放行。

③有紧急情况时,A、B 方向均为红灯。紧急情况优先级高于特殊情况。

表 4.7 交通灯显示状态

东西方向(简称 A 方向)			南北方向(简称 B 方向)			说 明
红灯	黄灯	绿灯	红灯	黄灯	绿灯	
熄灭	熄灭	点亮	点亮	熄灭	熄灭	A 方向通行,B 方向禁行
熄灭	熄灭	闪烁	点亮	熄灭	熄灭	A 方向警告,B 方向禁行
熄灭	点亮	熄灭	点亮	熄灭	熄灭	A 方向警告,B 方向禁行
点亮	熄灭	熄灭	熄灭	熄灭	点亮	A 方向禁行,B 方向通行
点亮	熄灭	熄灭	熄灭	熄灭	闪烁	A 方向禁行,B 方向警告
点亮	熄灭	熄灭	熄灭	点亮	熄灭	A 方向禁行,B 方向警告

三、电路设计

本任务涉及定时东、南、西、北四个方向上的 12 盏交通灯,且出现特殊和紧急情况时,能及时调整交通灯的指示状态。

采用 12 个发光二极管模拟红、黄、绿交通灯,用单片机的 P2 口控制发光二极管的亮灭状态;而单片机的 P2 口只有 8 个控制端,如何控制 12 个发光二极管的亮灭呢?

观察表 4.7 发现,在不考虑左转弯行驶车辆的情况下,东、西两个方向的信号灯显示状态是一样的,所以,对应两个方向上的 6 个发光二极管只用 P2 口的 3 根 I/O 端口线控制即可。同理,南、北方向上的 6 个发光二极管可用 P2 口的另外 3 根 I/O 端口线控制。当 I/O 端口线输出高电平时,对应的交通灯熄灭;反之,当 I/O 端口线输出低电平时,对应的交通灯点亮。各控制端口线的分配及控制状态见表 4.8。

表 4.8 各控制端口线的分配及控制状态

P2.5	P2.4	P2.3	P2.2	P2.1	P2.0	P2 口数据	状 态 说 明
A 方向红灯	A 方向黄灯	A 方向绿色	B 方向红灯	B 方向黄灯	B 方向绿灯		
1	1	0	0	1	1	0xf3	状态 1:A 方向通行,B 方向禁行
1	1	0、1 交替变换	0	1	1		状态 2:A 方向警告,B 方向禁行
1	0	1	0	1	1	0xeb	状态 3:A 方向警告,B 方向禁行
0	1	1	1	1	0	0xde	状态 4:A 方向禁行,B 方向通行
0	1	1	1	1	0、1 交替变换		状态 5:A 方向禁行,B 方向警告
0	1	1	1	0	1	0xdd	状态 6:A 方向禁行,B 方向警告

按键 S1、S2 模拟紧急情况和特殊情况的发生。当 S1、S2 为高电平(不按按键)时,表示正常情况。当 S1 为低电平(按下按键)时,表示紧急情况,当 S1 信号接至 INT0 脚(P3.2)即可实现外部中断 0 中断申请。当 S2 为低电平(按下按键)时,表示特殊情况,将 S2 信号接至 INT1 脚(P3.3)即可实现外部中断 1 中断申请。单片机控制交通灯的硬件电路图如图 4.11 所示。

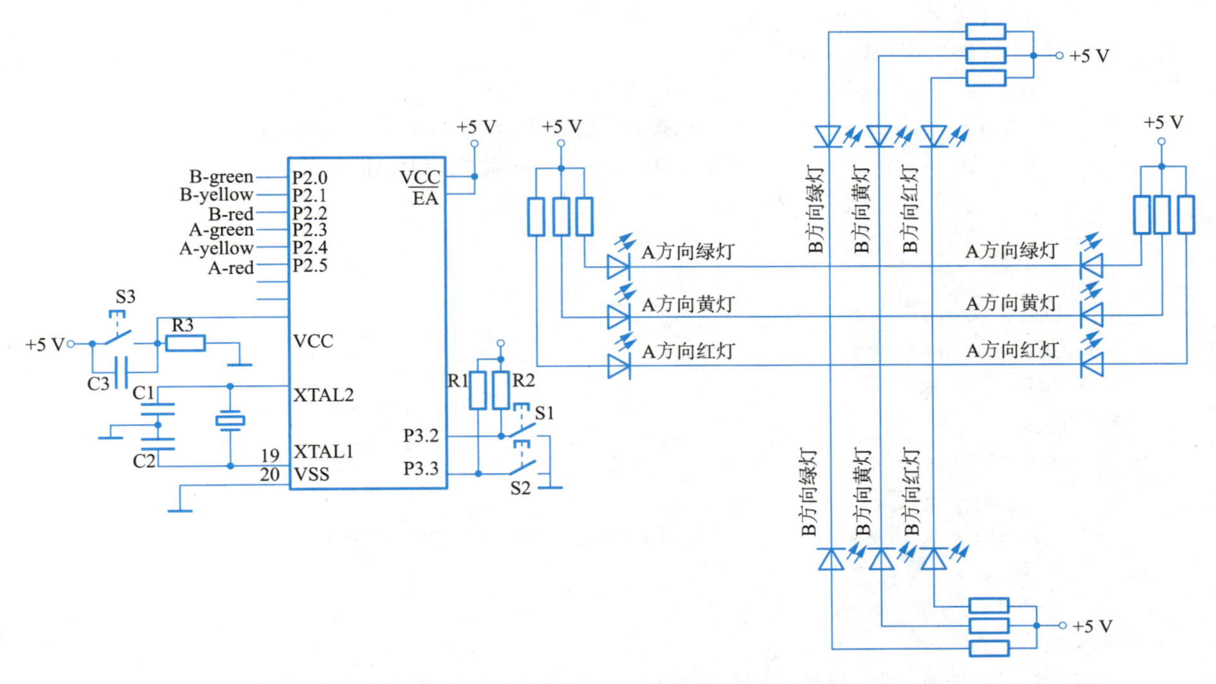

图 4.11　单片机控制交通灯的硬件电路图

四、程序设计

特殊情况时，采用外部中断 1 方式进入与其相应的中断服务程序，并设置该中断为低优先级中断；紧急情况时，采用外部中断 0 方式进入与其相应的中断服务程序，并设置该中断为高优先级中断（在自然优先级中，外部中断 0 高于外部中断 1，因此可以省略优先级设置），实现中断嵌套。

从表 4.7 可以看出，程序需要多个不同的延时时间：2 s、5 s、10 s、55 s 等，假定交通灯闪烁时亮灭时间各为 0.5 s，那么，可以把 0.5 s 延时作为基本延时时间。通过上述分析，交通灯控制源程序如下：

```
//程序:ex4_4.c
//功能:交通灯控制程序
#include <reg51.h>                //包含头文件 reg51.h,定义了 51 单片机的专用寄存器
unsigned char t0,t1;              //定义全局变量,用来保存延时时间循环次数
//函数名:delay0_5s1
//函数功能:用 T1 的工作方式 1 编制 0.5 s 延时程序,假定系统采用 12 MHz 晶振,定时器 T1,
//          工作方式 1 定时 50 ms,再循环 10 次即可定时到 0.5 s
//形式参数:无
//返回值:无
void delay0_5s1()
{
    for(t0 =0;t0 <10;t0 + +)      //采用全局变量 t0 作为循环控制变量
    {
```

```
        TH1 = (65536 - 50000) /256;    //设置定时器初值
        TL1 = (65536 - 50000) % 256;
        TR1 = 1;                       //启动 T1
        while(! TF1);                  //查询计数是否溢出,即 50 ms 定时时间到,TF1 = 1
        TF1 = 0;                       //50 ms 定时时间到,将定时器溢出标志位 TF1 清 0
    }
}
//函数名:delay_t1
//函数功能:实现 0.5 ~128s 延时
//形式参数:unsigned char t;
//延时时间为 0.5s ×t
//返回值:无
void delay_t1(unsigned char t)
{
  for(t1 = 0;t1 < t;t1 + +)            //采用全局变量 t1 作为循环控制变量
  delay0_5s1();
}
//函数名:int_0
//函数功能:外部中断 0 中断函数,紧急情况处理,当 CPU 响应外部中断 0 的中断请求时,
//          自动执行该函数,实现两个方向红灯同时亮 10 s
void int_0() interrupt 0               //紧急情况中断
{
  unsigned char i,j,k,l,m;
  i = P2;                              //保护现场,暂存 P2 口、t0、t1、TH1、TL1
  j = t0;
  k = t1;
  l = TH1;
  m = TL1;
  P2 = 0xdb;                           //两个方向都是红灯
  delay_t1(20);                        //延时 10 s
  P2 = i;                              //恢复现场,恢复进入中断前 P2 口、t0、t1、TH1、TL1
  t0 = j;
  t1 = k;
  TH1 = l;
  TL1 = m;
}
//函数名:int_1
//函数功能:外部中断 1 中断函数,特殊情况处理,当 CPU 响应外部中断 1 的中断请求时,
//          自动执行该函数,实现 A 方向放行 5 s
void int_1() interrupt 2               //特殊情况中断
{
  unsigned char i,j,k,l,m;
```

```
    EA = 0;                         //关中断
    i = P2;                         //保护现场,暂存 P2 口、t0、t1、TH1、TL1
    j = t0;
    k = t1;
    l = TH1;
    m = TL1;
    EA = 1;                         //开中断
    P2 = 0xf3;                      //A 方向放行
    delay_t1(10);                   //延时 5 s
    EA = 0;                         //关中断
    P2 = i;                         //恢复现场,恢复进入中断前 P2 口、t0、t1、TH1、TL1
    t0 = j;
    t1 = k;
    TH1 = l;
    TL1 = m;
    EA = 1;                         //开中断
}
void main()                         //主函数
{
    unsigned char k;
    TMOD = 0x10;                    //T1 设置为工作方式 1
    EA = 1;                         //开总中断允许位
    EX0 = 1;                        //开外部中断 0 中断允许位
    IT0 = 1;                        //设置外部中断 0 为下降沿触发
    EX1 = 1;                        //开外部中断 1 中断允许位
    IT1 = 1;                        //设置外部中断 1 为下降沿触发
    while(1)
    {
        P2 = 0xf3;                  //A 方向绿灯,B 方向红灯,延时 55 s
        delay_t1(110);
        for(k = 0;k < 3;k + +)      //A 方向绿灯闪烁 3 次
        {
          P2 = 0xf3;
          delay0_5s1();             //延时 0.5 s
          P2 = 0xfb;
          delay0_5s1();             //延时 0.5 s
        }
      P2 = 0xeb;                    //A 方向黄灯,B 方向红灯,延时 2 s
      delay_t1(4);
      P2 = 0xde;                    //A 方向红灯,B 方向绿灯,延时 55 s
      delay_t1(110);
      for(k = 0;k < 3;k + +)        //B 方向绿灯闪烁 3 次
```

```
        {
          P2 =0xde;
          delay0_5s1();                  //延时 0.5 s
          P2 =0xdf;
          delay0_5s1();                  //延时 0.5 s
        }
      P2 =0xdd;                          //A 方向红灯,B 方向黄灯,延时 2 s
      delay_t1(4);
    }
}
```

对编写好的源程序进行编译、连接,将二进制文档 ex4_4.hex 下载到单片机的程序存储器中,接通电路板电源即可观察运行结果是否符合要求。

五、相关知识

1. 发光二极管的工作原理

发光二极管简称 LED,是一种常用的发光器件,通过电子与空穴复合释放能量发光,当电子与空穴复合时能辐射出可见光,因而可以用来制成发光二极管。

发光二极管与普通二极管一样是由一个 PN 结组成,发光二极管的核心部分是由 P 型半导体和 N 型半导体组成的晶片,在 P 型半导体和 N 型半导体之间有一个过渡层,称为 PN 结,具有单向导电性。当给发光二极管加上正向电压后,从 P 区注入 N 区的空穴和由 N 区注入 P 区的电子,在 PN 结附近分别与 N 区的电子和 P 区的空穴复合,产生自发辐射的荧光。不同的半导体材料中电子和空穴所处的能量状态不同,当电子和空穴复合时释放出的能量越多,则发出的光的波长越短。常用的是发红光、绿光或黄光的二极管,发光二极管使用时必须串联限流电阻以控制通过二极管的电流。

2. 发光二极管的分类

(1)普通单色发光二极管

普通单色发光二极管具有体积小、工作电压低、工作电流小、发光均匀稳定、响应速度快和寿命长等优点,可用各种直流、交流、脉冲等电源驱动点亮。它属于电流控制型半导体器件,使用时需串联合适的限流电阻。

(2)变色发光二极管

变色发光二极管是能变换发光颜色的发光二极管。变色发光二极管发光颜色种类可分为双色发光二极管、三色发光二极管和多色(有红、蓝、绿、白 4 种颜色)发光二极管。变色发光二极管按引脚数量可分为二端变色发光二极管、三端变色发光二极管、四端变色发光二极管和六端变色发光二极管。

(3)闪烁发光二极管

闪烁发光二极管(BTS)是一种由 CMOS 集成电路和发光二极管组成的特殊发光器件,可用于报警、欠电压、过电压指示。闪烁发光二极管在使用时,无须外接其他元件,只要在其引脚两端加上适当的直流工作电压(5 V)即可闪烁发光。

(4)红外发光二极管

红外发光二极管又称红外线发射二极管,它将电能直接转换成红外光(不可见光)并能辐射出去的发光器件,主要应用于各种光控及遥控发射电路中。红外发光二极管的结构、原理与普通发光二极管相近,只是使用的半导体材料不同。

3. 发光二极管的应用

发光二极管具有高效、节能、长寿命和易控制等优点,因此被广泛应用于不同的场合。

①照明领域:发光二极管照明能够提供更加节能、环保和低耗能的照明方案,发光二极管照明可以用于室内照明、外部景观照明和道路照明等。

②电子显示领域:发光二极管可以用于制作各种类型的电子显示器件,如数字显示器、计时器、计数器和数字时钟等。

③信号指示灯领域:发光二极管可用于制作各种指示灯,如电源指示灯、警告指示灯和交通信号指示灯等。

④汽车照明领域:发光二极管可用于汽车照明系统,如前照灯、尾灯和制动灯等。

⑤安防领域:发光二极管可用于制作安防监控设备,如红外夜视仪、图像采集器等。

六、任务小结

采用不同的控制方式,模拟交通灯控制系统的设计进行定时/计数器和中断系统的综合运用,对交通灯控制系统进行设计。

项目总结

本项目对单片机的定时器和中断系统进行了介绍,任务一到任务三,重点学习了定时/计数器和中断的编程方法和步骤。任务四通过交通灯控制系统的设计,进一步提高了程序综合分析与调试能力。读者在完成本项目内容的学习后,应重点掌握以下知识:

①单片机定时器的工作方式。

②单片机中断概念和中断结构。

③单片机中断程序的编写。

④C 语言中断函数的设计。

项目训练

一、填空题

①51 系列单片机有________个中断源,有________个中断优先级。

②51 系列单片机的定时/计数器,若只用软件启动,与外部中断无关,应使 TMOD 中的________。

③51 系列单片机的中断系统由________、________、________、________等寄存器组成。

④单片机复位后,执行 PX1 = 1;PT0 = 1;,此时 5 个中断源中________优先级最高。

⑤若只需要开串行口中断,则 IE 的值应设置为________;若需要将外部中断 0 设置为下降沿触发,则执行的语句为________。

二、问答题

①51 系列单片机的定时/计数器在什么情况下是定时器?什么情况下是计数器?

②说明8051定时/计数器4种工作方式的特点。

③什么叫中断?中断有什么特点?

④51系列单片机有哪几个中断源?如何设定它们的优先级?

⑤外部中断有哪两种触发方式?如何选择和设定?

⑥软件定时与硬件定时的原理有何异同?

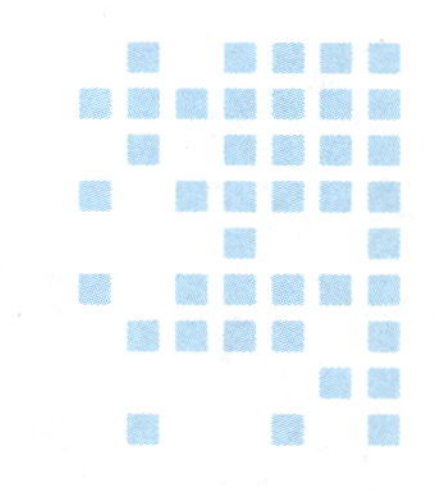

项目五

单片机显示和接口技术

项目导读

单片机应用系统设计中，必须要有输入和输出设备，其中键盘和显示器是构成人机对话的基本方式。本项目将重点介绍显示器件和键盘的工作原理及设计方法，单片机与键盘和显示器的接口技术。

学习目标

①能用 LED 数码管进行计数器设计。
②掌握点阵 LED 显示汉字的设计方法。
③掌握 LCD 液晶显示字符及程序设计方法。
④能设计制作矩阵式按键。

任务一 LED 数码管简易计数器设计

一、任务说明

视频

LED数码管简易计数器设计

通过对 1 个 LED 数码管控制显示 0 ~ 5 的简易计数器制作，熟悉 LED 数码管的工作原理、显示方式和控制方法，能正确设计出单片机控制 LED 数码管的电路并编写程序。

二、任务分析

用单片机控制 1 个 LED 数码管，计数范围是 0 ~ 5，并在数码管上循环显示出来。

三、电路设计

LED 数码管简易计数器的控制电路如图 5.1 所示，用 P1 口控制 LED 数码管，图 5.1 中采用共阳极数码管。

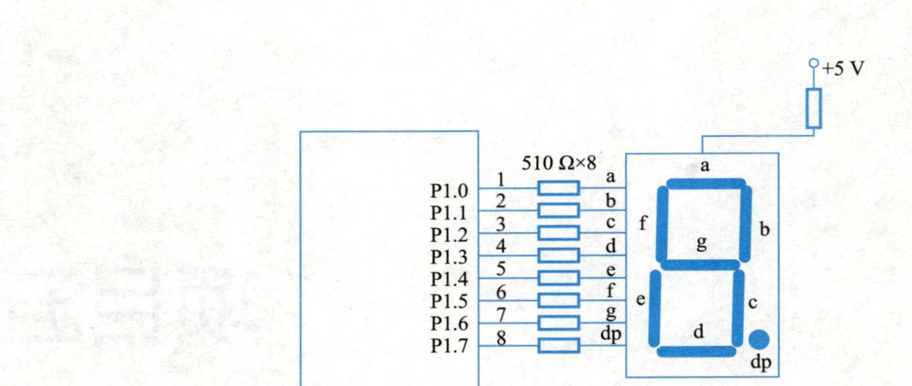

图 5.1 LED 数码管简易计数器的控制电路

四、程序设计

```
//程序:ex5_1.c
//功能:0~5 简易秒表
#include <reg51.h>
unsigned char led[7] = {0xc0,0xf9,0xa4,0xb0,0x99,0x92};//定义数组 led 存
                                                        //放数字 0~5 的字形码
void delay1s();                 //采用定时器 T1 实现 1 s 延时
{
  unsigned char i;
  for(i=0;i<0x14;i++)           //设置 20 次循环次数
  {
    TH1=0x3c;                   //设置定时器初值为 3CB0H
    TL1=0xb0;
    TR1=1;                      //启动 T1
    while(!TF1);                //查询计数是否溢出,即定时 50 ms 时间到,TF1=1
    TF1=0;                      //50 ms 定时时间到,将 T1 溢出标志位 TF1 清 0
  }
}
void  main()                    //主函数
{
  unsigned char i;
  TMOD=0x10;
  while(1)
  {
    for(i=1;i<7;i++)
    {
```

```
        P1 = led[i];               //字形码送段控制口 P1
        delay1s();                 //延时 1 s
      }
    }
}
```

五、相关知识

1. LED 数码管结构及工作原理

数码管在仪器仪表上的应用主要是显示单片机的输出数据、状态等，因而，作为外围典型显示器件，数码管是反映系统输出和操纵输入的有效器件。

视 频

LED数码管显示原理

(1) LED 数码管的结构

LED 数码管(LED segment display)是按照一定的图形及排列封装在一起的显示器件。它由 8 个 LED 构成，其中 7 个 LED 构成 7 笔字形，1 个 LED 构成小数点(固有时成为八段数码管)。显示器件主要包括：发光二极管(light emitting diode，LED)显示器、液晶(liquid crystal display，LCD)显示器、阴极射线管(Cathode ray tube，CRT)显示器等。其中，LED、LCD 显示器有两种显示结构：段显示(七段、米字形等)和点阵显示(5×8、8×8 点阵等)。

为了显示数字或字符，必须对数字或字符进行编码。七段数码管加上一个小数点，共计八段。因此为 LED 显示器提供的编码正好是 1 字节。LED 数码管有两大类：一类是共阴极接法，共阴极就是七段的显示字码共用一个电源的负极，是高电平点亮；另一类是共阳极接法，共阳极就是七段的显示字码共用一个电源的正极，是低电平点亮。只要控制其中各段 LED 的亮灭即可显示相应的数字、字母或符号。

八段 LED 显示器由 8 个 LED 组成，它能显示各种数字及部分英文字母。其中 7 个长条形的 LED 排列成“日”字形，另一个黑点形的 LED 在显示器的右下角作为显示小数点用，LED 显示器有两种不同的形式：一种是 8 个 LED 的阳极都连在一起的，称为共阳极 LED 显示器；另一种是 8 个 LED 的阴极都连在一起的，称为共阴极 LED 显示器，如图 5.2 所示。

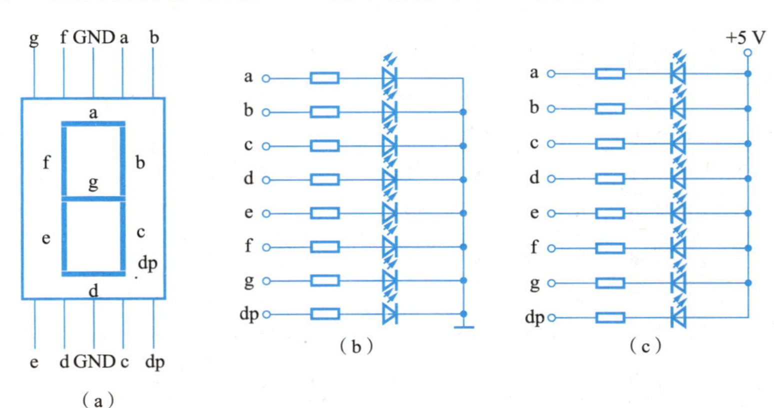

图 5.2　LED 数码管内部结构

共阴极和共阳极结构的 LED 显示器各笔画段名和安排位置是相同的。当 LED 导通时，相应的笔画段发光,由发光的笔画段组合而显示各种字符。8个笔画段hgfedcba对应于1字节(8位)的D7 D6 D5 D4 D3 D2 D1 D0,于是用8位二进制码就可以表示显示字符的字形码。例如,对于共阴极LED显示器,当公共阴极接地(为零电平),而阳极hgfedcba各段为0111011时,LED显示器显示P字符,即对于共阴极LED显示器,P字符的字形码是73H。如果是共阳极LED显示器,公共阳极接高电平,显示P字符的字形码应为10001100(8CH)。这里必须注意的是,很多产品为方便接线,常不按规则的方法去对应字段与位的关系,这时字形码就必须根据接线来自行设计了。

(2)LED数码管的工作原理

共阳极LED显示器的8个LED的阳极连接在一起。通常,公共阳极接高电平(一般接电源),其他引脚接段驱动电路输出端。当某段驱动电路的输出端为低电平时,则该端所连接的字段导通并点亮,根据发光字段的不同组合可显示出各种数字或字符。此时,要求段驱动电路能吸收额定字段导通电流。额定字段导通电流一般为5~20 mA,还需根据外接电源及额定字段导通电流来确定相应的限流电阻。

共阴极LED显示器的8个LED的阴极连接在一起。通常,公共阴极接低电平(一般接地),其他引脚接段驱动电路输出端。当某段驱动电路的输出端为高电平时,则该端所连接的字段导通并点亮,根据发光字段的不同组合可显示出各种数字或字符。此时,要求段驱动电路能提供额定字段导通电流,还需根据外接电源及额定字段导通电流来确定相应的限流电阻。

表5.1中列出了共阳极、共阴极LED显示器显示的字形码。对于同一个字符,共阳极和共阴极的字形码为取反关系。

表5.1　共阳极、共阴极LED显示器显示的字形码

显示字符	共阳极									共阴极								
	dp	g	f	e	d	c	b	a	字形码	dp	g	f	e	d	c	b	a	字形码
0	1	1	0	0	0	0	0	0	C0H	0	0	1	1	1	1	1	1	3FH
1	1	1	1	1	1	0	0	1	F9H	0	0	0	0	0	1	1	0	06H
2	1	0	1	0	0	1	0	0	A4H	0	1	0	1	1	0	1	1	5BH
3	1	0	1	1	0	0	0	0	B0H	0	1	0	0	1	1	1	1	4FH
4	1	0	0	1	1	0	0	1	99H	0	1	1	0	0	1	1	0	66H
5	1	0	0	1	0	0	1	0	92H	0	1	1	0	1	1	0	1	6DH
6	1	0	0	0	0	0	1	0	82H	0	1	1	1	1	1	0	1	7DH
7	1	1	1	1	1	0	0	0	F8H	0	0	0	0	0	1	1	1	07H
8	1	0	0	0	0	0	0	0	80H	0	1	1	1	1	1	1	1	7FH
9	1	0	0	1	0	0	0	0	90H	0	1	1	0	1	1	1	1	6FH
A	1	0	0	0	1	0	0	0	88H	0	1	1	1	0	1	1	1	77H
B	1	0	0	0	0	0	1	1	83H	0	1	1	1	1	1	0	0	7CH
C	1	1	0	0	0	1	1	0	C6H	0	0	1	1	1	0	0	1	39H
D	1	0	1	0	0	0	0	1	A1H	0	1	0	1	1	1	1	0	5EH
E	1	0	0	0	0	1	1	0	86H	0	1	1	1	1	0	0	1	79H
F	1	0	0	0	1	1	1	0	8EH	0	1	1	1	0	0	0	1	71H

续表

显示字符	共阳极									共阴极								
	dp	g	f	e	d	c	b	a	字形码	dp	g	f	e	d	c	b	a	字形码
P	1	0	0	0	1	1	0	0	8CH	0	1	1	1	0	0	1	1	73H
U	1	1	0	0	0	0	0	1	C1H	0	0	1	1	1	1	1	0	3EH
Y	1	0	0	1	0	0	0	1	91H	0	1	1	0	1	1	1	0	6EH
.	0	1	1	1	1	1	1	1	7FH	1	0	0	0	0	0	0	0	80H
灭	1	1	1	1	1	1	1	1	FFH	0	0	0	0	0	0	0	0	00H

若将数值0送至单片机的P1口，数码管上不会显示数字“0”。显然，要使数码管显示数字或字符，直接将相应的数字或字符送至数码管的段控制端是不行的，必须使段控制端输出相应的字形码。

将单片机P1口的P1.0～P1.7这8个引脚依次与数码管的a～f、dp这8个段控制引脚相连接。如果使用的是共阳极LED显示器，COM端接+5 V，要显示数字“0”，则数码管的a、b、c、d、e、f这6个段应点亮，其他段熄灭，需要向P1口传送数据11000000B(C0H)，该数据就是与字符“0”相对应的共阳极字形编码。如果使用的是共阴极LED显示器，COM端接地，要显示数字“1”，则数码管的b、c两段点亮，其他段熄灭，需要向P1口传送数据00000110(06H)，这就是字符“1”的共阴极字形码。

2. LED数码管显示

LED数码管(简称“数码管”)要正常显示，就要用驱动电路来驱动数码管的各个段码，从而显示出需要的数位。在单片机应用系统中，显示器显示常用两种方法：静态显示和动态显示。根据数码管驱动方式的不同，可以分为静态式和动态式两类。

(1)LED数码管静态显示

所谓静态显示，就是每一个显示器都要占用单独的具有锁存功能的I/O端口用于笔画段字形码。静态显示是指数码管显示某一字符时，相应的LED恒定导通或恒定截止。单片机把要显示的字形码发送到接口电路，直到要显示新的数据时，再发送新的字形码，因此，使用这种方法的单片机中，CPU的开销小，可以提供单独锁存的I/O端口电路很多。这种显示方式的各位数码管的公共端恒定接地(共阴极)或+5 V(共阳极)。每个数码管的8个段控制引脚分别与一个8位I/O端口相连。只要I/O端口有显示字形码输出，数码管就显示给定字符，并保持不变，直到I/O端口输出新的段码。

静态驱动又称直流驱动。静态驱动是指每个数码管的每一个段码都由一个单片机的I/O端口进行驱动，或者使用如BCD码二-十进制转换器进行驱动。静态驱动的优点是编程简单、显示亮度高，缺点是占用I/O端口多，如驱动5个数码管静态显示，则需要5×8=40个I/O端口来驱动(一个89C51单片机芯片可用的I/O端口才32个)。故实际应用时，必须增加驱动器进行驱动，增加了硬件电路的复杂性，如图5.3所示。

(2)LED数码管动态显示

动态显示的特点是将所有位数码管的段选线并联在一起，由位选线控制是哪一位数码管有效。选亮数码管采用动态显示，如图5.4所示。动态显示即轮流向各位数码管送出字形码和相应的位选，利用LED的余辉效应和人眼视觉暂留作用，使人的感觉好像各位数码管同时都在显示。动态显示的亮度比静态显示要差一些，所以在选择限流电阻时应略小于静态显示电路中的电阻。

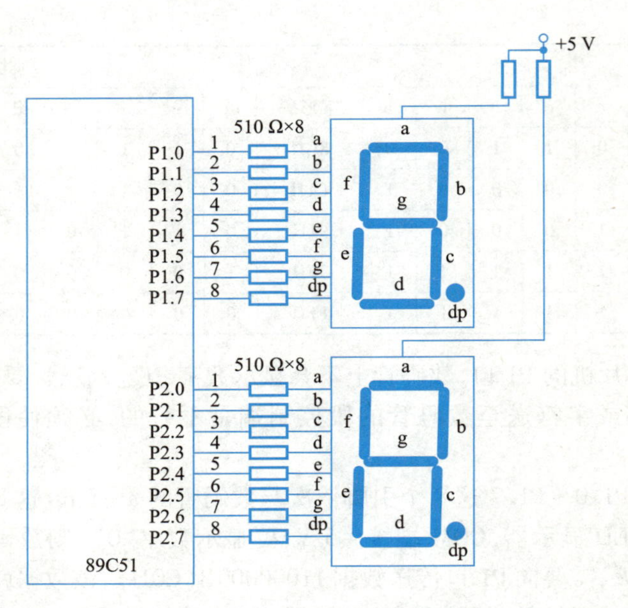

图 5.3 2 位 LED 数码管静态显示接口电路

通过分时轮流控制各个数码管的 COM 端,就使各个数码管轮流受控显示,这就是动态驱动。在轮流显示过程中,每位数码管的点亮时间为 1 ~ 2 ms,尽管实际上各位数码管并非同时点亮,但只要扫描的速度足够快,给人的感觉就是一组稳定的显示效果,不会有闪烁感,动态显示的效果和静态显示是一样的,但能够节省大量的 I/O 端口,而且功耗更低。

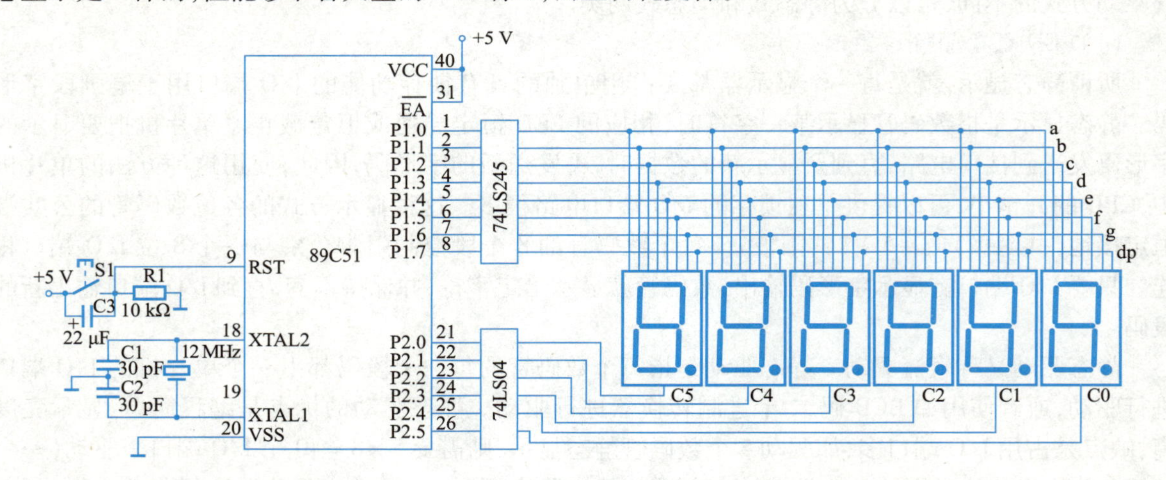

图 5.4 6 个数码管动态显示电路

例如:在 6 个数码管上实现“123456”6 个字符的动态显示。

动态驱动是将所有数码管的 8 个显示笔画 a,b,c,d,e,f,g,dp 的公共端连在一起,另外为每个数码管的公共极 COM 增加位选通控制电路,位选通由各自独立的 I/O 端口控制。当单片机输出字形码时,所有数码管都接收到相同的字形码,但究竟是哪个数码管会显示出字形,取决于单片机对位选通 COM 端电路的控制,所以只要将需要显示的数码管的选通控制打开,该位就显示出字形,没有选通的数码管就不会亮。即在某一时段，只让其中一位数码管"位选端"有效，其他位的数码管"位选端"无效而处于熄灭状态；下一时段按顺序选通另外一位数码管，并送出相应的字形码，按此规律循环下去，各位数码管分别间断地显示出相应的字符。

6 个数码管上稳定显示"123456"6 个字符的程序如下：

```
//程序:ex5_2.c
//功能:6 个数码管动态显示"123456"
#include <reg51.h>
void delay50ms()
{
    TH1 =0x3c;                          //置定时器初值
    TL1 =0xb0;
    TR1 =1;                             //启动定时器 T1
    while(! TF1);                       //查询计数是否溢出,即定时时间到,TF1 =1
    TF1 =0;                             //50 ms 定时时间到,将定时器溢出标志位 TF1 清 0
}

void main()                             //主函数
{
    unsigned char led[] ={0xf9,0xa4,0xb0,0x99,0x92,0x02}; //设置数字 1 ~6 字形码
    unsigned char i,w;
    TMOD =0x10;                         //设置定时器 T1 为工作方式 1
    while(1) {
      w =0x01;                          //位选码初值为 01H
      for(i =0;i <6;i ++)
      {
        P2 = ~w;                        //位选码取反后送位控制口 P2
        w<<=1;                          //位选码左移 1 位,选中下一位 LED
        P1 =led[i];                     //显示字形码送 P1 口
        delay50ms();                    //延时 50 ms
      }
    }
}
```

从上面分析可以看出，和静态显示相比，动态显示的程序稍有些复杂，不过，这是值得的。当显示位数较多时，动态显示方式可节省 I/O 端口资源，硬件电路简单；但显示亮度低于静态显示方式；由于 CPU 不断运行扫描程序，占用 CPU 更多的时间，若显示位数较少，采用静态显示方式更加简便。

六、任务小结

若只控制一个数码管，选择静态显示方式，这种显示方式可在较小电流驱动下获得较高的显示亮度，占用 CPU 时间少，编程简单；其中的编程语句 P1 = led[i]是将显示字形码通过 P1 口送到 LED

段控制端,显示相应的数字,用数组元素下标作为循环控制变量是数组常见的应用方法,相关知识中介绍了数码管动态显示设计方法,这在实际中应用广泛。

任务二 LED点阵式广告牌设计

无论是单个LED还是七段LED数码管,都不能显示字符(含汉字)及更为复杂的图像信息,这主要是因为它们没有足够的信息显示单位。LED点阵显示是把很多的LED按矩阵方式排列在一起,通过对各个LED发光与不发光的控制来完成各种字符或图形的显示。

一、任务说明

利用单片机设计一个8×8 LED点阵式广告牌,实现显示文字或数字的功能。

二、任务分析

掌握LED点阵工作原理,会运用单片机进行电子广告牌设计,循环显示0~4。

三、电路设计

8×8 LED点阵式广告牌的硬件电路如图5.5所示,采用单片机的P1口控制8条行线,P0口控制8条列线。8×8 LED点阵式广告牌有8行8列,共16个引脚。注意:实际应用中,8×8 LED每条列线上需要串联1个300 Ω左右的限流电阻,P1口通过74LS245与LED连接,提高了P1口负载驱动电流,保证了LED亮度。

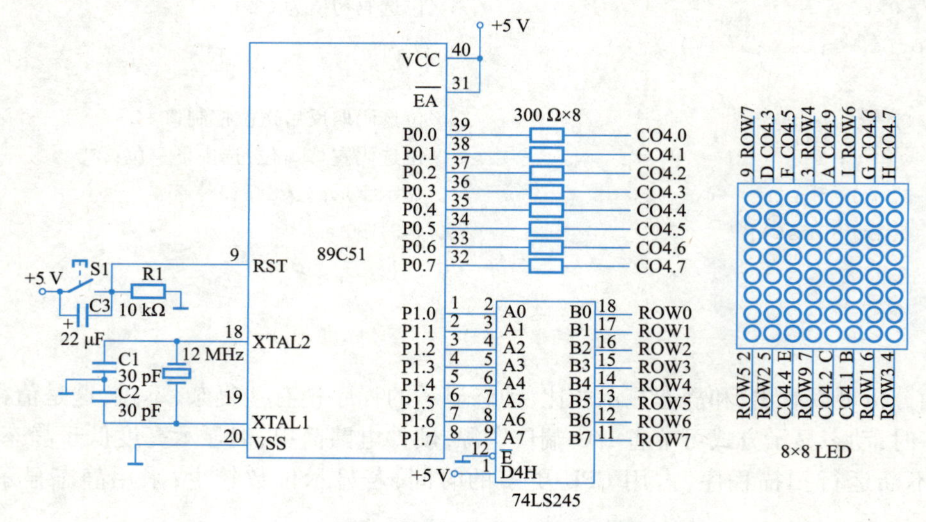

图5.5 8×8 LED点阵式广告牌的硬件电路

四、程序设计

程序设计思路:首先选中8×8 LED的第1行,然后将要点亮状态对应的字形码送到列控制端口,延时约 1 ms 后,选中下一行,直至 8 行均显示一遍,既完成一遍扫描显示,然后再从第一行开始循环扫描显示,在 LED 上就会看到稳定的显示效果,延时时间不同,效果会有不同,读者可自己调试程序。

```
//程序:ex5_2.c
//功能:在 8×8 LED 点阵上循环显示数字 0~4
#include <reg51.H>
void delay1ms();                              //延时约 1 ms 函数声明
void main()
{
unsigned char code led[] = {0x18,0x24,0x24,0x24,0x24,0x24,0x24,0x18,//0
                      0x00,0x18,0x1c,0x18,0x18,0x18,0x18,0x18,//1
                      0x00,0x1e,0x30,0x30,0x1c,0x06,0x06,0x3e,//2
                      0x00,0x1e,0x30,0x30,0x1c,0x30,0x30,0x1e,//3
                      0x00,0x30,0x38,0x34,0x32,0x3e,0x30,0x30,//4
  unsigned char w;
  unsigned int i,j,k,m;
  while(1) {
    for(k=0;k<5;k++)                      //字符个数控制变量
    {
      for(m=0;m<400;m++)                  //每个字符扫描显示 400 次,控制每个字符显示时间
      {
        w=0x01;                           //行变量 w 指向第 1 行
        j=k*8;                            //指向数组 led 的第 k 个字符第一个显示码下标
        for(i=0;i<8;i++)
        {
            P1 =w;                        //行数据送 P1 口
            P0 =led[j];                   //列数据送 P0 口
            Delay2ms();
            w<<=1;                        //行变量左移指向下一行
            j++;                          //指向数组中下一个显示码
        }
      }
    }
          }
}
//延时函数 delay1ms()参考程序 ex5_1.c
```

五、相关知识

1. LED 点阵原理

常见的 LED 点阵模块有 5×7(5 列 7 行)、7×9、8×8 结构,前两种主要用于显示各种西文字符,后一种可用于大型电子显示屏的基本组件单元,如图 5.6 所示。

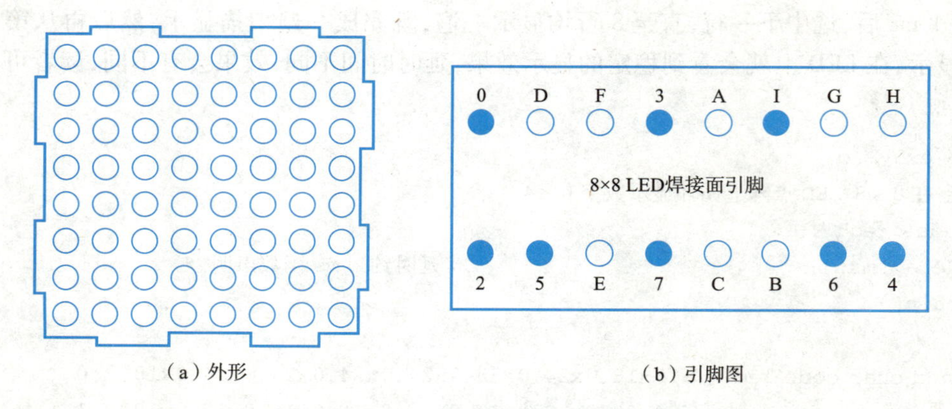

图5.6 8×8 LED点阵的外形及引脚图

(1)8×8 LED点阵简介

8×8 LED点阵的等效电路如图5.7所示。图5.7中只要各LED处于正偏(Y方向为1,X方向为0),则对应的LED发光。当Y7(0)=1,X7(H)=0时,其对应右下角的LED会发光。各LED需要接限流电阻,实际应用时,限流电阻可接在X轴,也可接在Y轴。

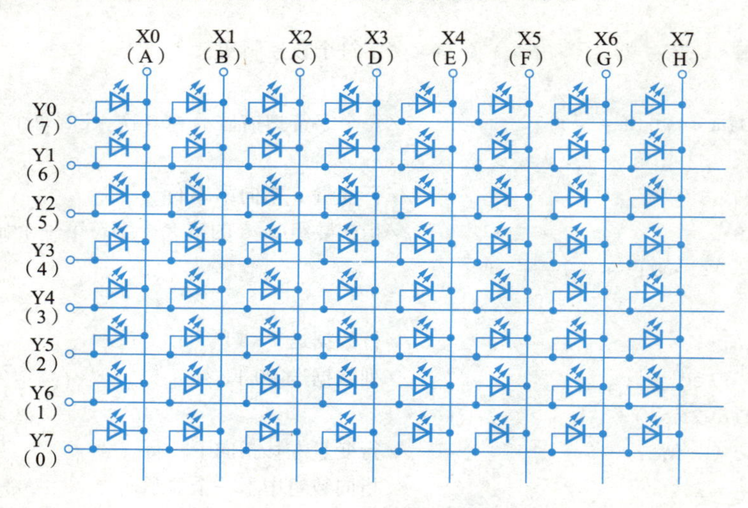

图5.7 8×8 LED点阵的等效电路

(2)LED点阵的显示方式

LED点阵显示可分为静态显示和动态显示两种。

静态显示每一个像素需要一套驱动电路,如果显示屏为 $n \times m$ 个像素,则需要 $n \times m$ 套驱动电路;动态显示则采用多路复用技术,如果是 P 路复用,则每 P 个像素需要一套驱动电路,$n \times m$ 个像素仅需 $n \times m/P$ 套驱动电路。对动态显示而言,P 越大,所需驱动电路就越少,成本也就越低,引线也越少,更有利于高密度显示屏的制造。在实际使用的LED大屏幕显示器中,很少采用静态驱动。

(3)LED点阵显示汉字的原理

显示字符“大”的过程如下:先给第1行送高电平(行高电平有效),同时给8列送11110111(列低电平有效)；然后给第 2 行送高电平，同时给 8 列送 11110111……最后给第 8 行送高电平，同时给 8 列送 11111111。每行点亮延时时间为 1 ms，第 8 行结束后再从第 1 行开始循环显示。利用视觉暂留现象，人们看到的就是一个稳定的图形，如图 5.8 所示。

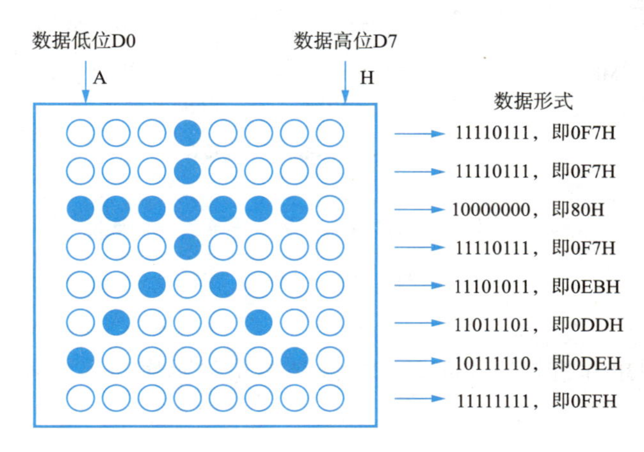

图 5.8　8×8 LED 点阵显示的等效电路

注意：现在有很多现成的汉字字模生成软件，通过这些软件，可直接得到各种编码的字模。

六、任务小结

本任务主要介绍了 LED 点阵式广告牌静态显示的基本工作原理及单片机控制方法，加强了读者对单片机并行 I/O 端口和数组应用的能力，其中数组知识在后续项目中将详细介绍。

任务三　字符型 LCD 液晶显示

一、任务说明

通过对 DM12232B 型液晶显示广告牌制作，了解 LCD 显示器工作原理及与单片机的接口控制方法，了解 LCD 显示程序的设计思路。

二、任务分析

用单片机控制 DM12232B 液晶模块，掌握单片机控制液晶模块的设计方法并能在液晶显示器上显示出字符。

三、电路设计

图 5.9 所示为 DM12232B 液晶模块与单片机之间进行并口通信的典型接法。在图 5.9 中，单片机的 P0 口与液晶模块的 8 条数据线相连，P2.7 接 D/I 口。

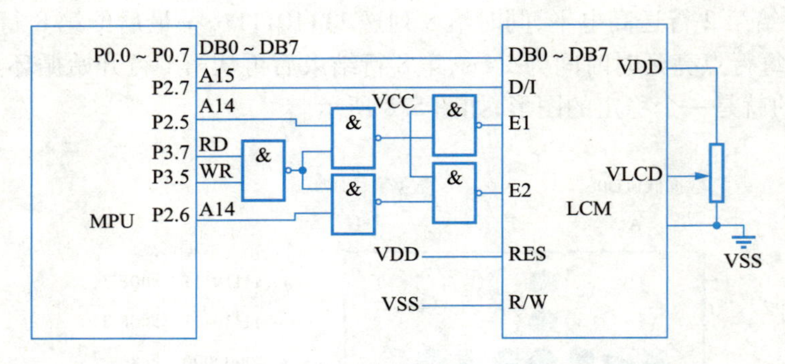

图 5.9　DM12232B 液晶模块与单片机并口通信

四、程序设计

程序的功能是使用单片机控制 DM12232B 液晶模块显示字符。本程序多个功能函数,分别如下:

```
//程序:ex5_3.c
DM12232B 液晶模块处理相关函数:
extern void LCDPort_Init(void);                                            //液晶端口初始化
extern void LCD_Init(void);                                                //液晶显示器初始化
extern void WriteCommand(unsigned char chip_select,unsigned char cmd);    //写命令
extern void WriteData(unsigned char chip_select,unsigned char data);      //写数据
extern void clear_lcd(void);                        //清屏
extern void tex_Write(unsigned char *pt);           //写字符
extern void WriteCharacter(unsigned char *pt);      //写汉字
extern void Drawing_Map(unsigned char *pt);         //绘图
```

延时相关函数:

```
void Delayus(unsigned int lus);                     //us 延时函数
void Delayms(unsigned int lms);                     //ms 延时函数
```

程序代码:由于本程序代码比较长,所以在此只列出与控制液晶模块 DM12232B 相关的部分代码。

```
//端口初始化
void LCDPort_Init()
{
    //LCD 数据端口设置
    PORTB = 0xff;
    DDRB = 0xFF;                        //配置端口 PB 全部为输出口,LCD 数据输出端口
    //LCD 控制端口设置
    SET_RES;
    SET_A0;
```

```
    SET_RW;
    SET_E1;
    SET_E2;
    DDRA = 0xff;
    Delayms(15);
}

//LCD初始化
void LCD_Init()
{
    WriteCommand(0x01,0xe2);          //复位
    WriteCommand(0x02,0xe2);
    //WriteCommand(0x01,0xae);        //关显示
    //WriteCommand(0x02,0xae);
    //WriteCommand(0x01,0xa4);        //关静态驱动
    //WriteCommand(0x02,0xa4);
    WriteCommand(0x01,0xa9);          //占空比为1/32
    WriteCommand(0x02,0xa9);
    //WriteCommand(0x01,0xa0);        //ADC选择,顺时针还是逆时针读取RAM数据
    //WriteCommand(0x02,0xa0);
    //WriteCommand(0x01,0xee);        //关闭读修改写,无论读或写操作后,列地址都加1
    //WriteCommand(0x02,0xee);
    //WriteCommand(0x01,0x00);        //行地址设置,设置显示RAM的行地址(Y地址)
    //WriteCommand(0x02,0x00);
    //WriteCommand(0x01,0xc0);        //显示起始行设置。指定显示器从显示RAM中的那一行
                                      //开始显示

    //WriteCommand(0x02,0xc0);
    WriteCommand(0x01,0xaf);          //开显示
    WriteCommand(0x02,0xaf);
}
//LCD写指令
void WriteCommand(unsigned char chip_select,unsigned char cmd)
{
    if(chip_select & 1)               //判断对左页还是右页进行操作
    {
        SET_E1;                       //如果是左页,E1使能
    }
    else if(chip_select & 2)
    {
        SET_E2;                       //如果是右页,E2使能
```

```
    }
    CLR_A0;                              //A0 =0,写命令
    CLR_RW;                              //RW =0,写操作
    PORTB = cmd;                         //写命令数据到数据端口
    if(chip_select & 1)
    {
        CLR_E1;                          //关闭左右页使能
    }
        else if(chip_select & 2)
    {
        CLR_E2;
    }
        SET_A0;
        SET_RW;
}
//写数据
void WriteData(unsigned char chip_select,unsigned char data)
{
    if(chip_select & 1)                  //判断左右页
    {
        SET_E1;
    }
        else if(chip_select & 2)
    {
        SET_E2;
    }
    SET_A0;                              //A0 =1,写数据
    CLR_RW;                              //RW =0,写操作
    PORTB = data;                        //写数据到数据端口
    if(chip_select & 1)
    {
        CLR_E1;                          //结束使能
    }
    else if(chip_select & 2)
    {
        CLR_E2;
    }
    CLR_A0;
    SET_RW;
}
 //清屏
```

```
void clear_lcd(void)
{
    unsigned char a,b,c;
    for(a = 0xb8;a < 0xbc;a + +)      //清屏 0 ~3 页,指令分别是 b8,b9,ba,bb(X 地址)
    {
        b = 0;
        WriteCommand(0x01,a);             //左,第 0 页开始
        WriteCommand(0x02,a);             //右,第 0 页开始
        WriteCommand(0x02,b);             //右,第 0 行开始(Y 地址)
        WriteCommand(0x01,b);             //左,第 0 行开始

        for(c = 0;c < 61;c + +)           //总共 122 列,左右各 61 列
        {
            WriteData(0x01,0x00);         //左,每列均填充 0
            WriteData(0x02,0x00);         //右,每列均填充 0
        }
    }
}
//写字符
void tex_Write(unsigned char *pt)
{
    unsigned char a,b;
    if(SEL_E1)                            //左选中
    {
        WriteCommand(0x01,0xb8);          //页设置,第 0 页(X 地址)
        WriteCommand(0x01,Add1);          //第 0 行开始(Y)地址
        for(a = 8;a < 16;a + +)
        {
            WriteData(0x01,*(pt + a));    //上半部分 8 ~16,总高度 16
        }

        WriteCommand(0x01,0xb9);          //第 1 页
        WriteCommand(0x01,Add1);
        for(b = 0;b < 8;b + +)
        {
            WriteData(0x01,*(pt + b));    //下半部分
        }
    }
    else if(SEL_E1 = = 0)                 //若为 0,写右半边
    {
        WriteCommand(0x02,0xb8);
```

```
        WriteCommand(0x02,Add1);
        for(a = 8;a < 16;a + +)
        {
        WriteData(0x02, * (pt + a));
        }
        WriteCommand(0x02,0xb9);
        WriteCommand(0x02,Add1);
        for(b = 0;b < 8;b + +)                    //循环显示 8 次
        {
            WriteData(0x02, * (pt + b));          //写下半部分数据
        }
    }
    if((Add1 + 8) < 61)
    Add1 + = 8;                                   //如果不超过 61 列,则列地址 +8
    else
    {
        Add1 = 0;                                 //如果超过 61 列,则列地址置 0,写右半边
        WriteCommand(0x02,0xb8);
        WriteCommand(0x02,Add1);
        for(a = 12;a < 16;a + +)                  //1 个字符占 8 列,所以在 61 列之后还要写 4 列
        WriteData(0x02, * (pt + a));
        WriteCommand(0x02,0xb9);
        WriteCommand(0x02,Add1);
        for(b = 4;b < 8;b + +)
        WriteData(0x02, * (pt + b));
        Add1 + = 4;
        SEL_E1 = 0;
    }
}
//写汉字
void WriteCharacter(unsigned char * pt)
{
    unsigned char a,b;
    if(SEL_E2)
    {
        WriteCommand(0x01,0xba);
        WriteCommand(0x01,Add2);
        for(a =16;a <32;a + +)
        {
            WriteData(0x01, * (pt +a));
        }
```

```
        WriteCommand(0x01,0xbb);
        WriteCommand(0x01,Add2);
        for(b=0;b<16;b++)
        {
            WriteData(0x01,*(pt+b));
        }
    }
    else if(SEL_E2==0)
    {
        WriteCommand(0x02,0xba);
        WriteCommand(0x02,Add2);
        for(a=16;a<32;a++)
        {
            WriteData(0x02,*(pt+a));
        }
        WriteCommand(0x02,0xbb);
        WriteCommand(0x02,Add2);
        for(b=0;b<16;b++)
        {
            WriteData(0x02,*(pt+b));
        }
    }
    if((Add2+16)<61)
    Add2+=16;
    else
    {
        Add2=0;
        WriteCommand(0x02,0xba);
        WriteCommand(0x02,Add2);
        for(a=29;a<32;a++)
        WriteData(0x02,*(pt+a));          //1 个汉字占 16 列,写完 61 列之后还要写 3 列
        WriteCommand(0x02,0xbb);
        WriteCommand(0x02,Add2);
        for(b=13;b<16;b++)
        WriteData(0x02,*(pt+b));
        Add2+=3;
        SEL_E2=0;
    }
}
```

五、相关知识

LCD 显示器是一种功耗极低的显示器件,它广泛应用于便携式电子产品中,不仅省电,而且能

够显示大量的信息,如文字、曲线、图形等,其显示界面比数码管有了质的提高。

1. LCD显示器

(1)LCD显示器简介

LCD显示器由于类型、用途不同,其性能、结构也不相同,但其基本形态和结构却大同小异。LCD显示器作为输出器件具有以下优点:

①低压微功耗:工作电压只有3~5 V,工作电流只有几微安,可作为便携式和手持仪器仪表的显示屏幕。

②体积小、质量小:LCD显示器通过显示屏上的电极控制液晶分子状态达到显示目的,在质量上比相同显示面积的传统器件要轻得多。

③被动显示:液晶本身不发光,而是靠调节外界光进行显示,适合人的视觉习惯,不会使人眼疲劳。

④显示信息量大:LCD显示器其像素可以做得很小,相同面积上可容纳更多信息。

⑤易于彩色化。

⑥没有电磁辐射:在其显示期内不会产生电磁辐射,对环境无污染,无害于人体健康。

⑦寿命长:LCD显示器本身无老化问题,使用寿命极长。

(2)LCD显示器的分类

通常可将LCD显示器分为笔段型、字符型和点阵图形型。

①笔段型。笔段型是以长条状显示像素组成1位显示。该类型主要用于数字显示,也可用于显示西文字母或某些字符。这种段型显示通常有六段、七段、八段、十四段和十六段等,在形状上总是围绕数字8的结构变化,其中以七段显示最常用。它广泛应用于电子表、数字仪表中。

②字符型。字符型液晶显示模块是专门用来显示字母、数字、符号等的点阵型液晶显示模块。在电极图形设计上,它是由若干个5×8或5×11点阵组成,每一个点阵显示1个字符。这类模块广泛应用于手机、笔记本计算机等电子设备中。

③点阵图形型。点阵图形型是在一平板上排列多行和多列,形成矩阵形式的晶格点,点的大小可根据显示的清晰度来设计。这类液晶显示器可广泛应用于图形显示,如游戏机、笔记本计算机和彩色电视机等设备中。

LCD显示器还有一些其他的分类方法。按采光方式可分为自然采光的LCD和背光源采光的LCD;按LCD的显示驱动方式可分为静态驱动、动态驱动、双频驱动;按控制的安装方式可分为含有控制器的LCD和不含控制器的LCD。含有控制器的LCD又称内置式LCD。内置式LCD把控制器和驱动器用厚膜电路制作在液晶显示模块印制底板上,只需要通过控制器接口外接数字信号或模拟信号即可驱动LCD显示。因内置式LCD使用方便,在字符型LCD和点阵图形型LCD中得到了广泛应用。不含控制器的LCD还需另外选配相应的控制器和驱动器才能工作。

(3)图形LCD显示器

图形LCD显示器可显示汉字及复杂图形。图形LCD显示器一般都需要与专用LCD显示控制器配套使用,属于内置式LCD。常用的图形LCD显示控制器有SED1520、HD61202、T6963C、HD61830A/B、SED1330/1335/1336/E1330、MSM6255、CL-GD6245等。各类LCD显示控制器的结构各异,指令系统也不同,但其控制过程基本相同。

2. DM12232B 液晶模块的引脚排列

DM12232B 液晶模块的引脚排列及说明见表 5.2。引脚功能如下：

①VLCD 为 LCD 电源，要求电压可调节，一般用 20 kΩ 的可调电阻取中间抽头电压供电。

②RES 为复位信号，一般应用中直接接到高电平即可。

③E1，E2 为控制器选择线，高电平时为选中。

④R/W = 0 时为写选通，R/W = 1 时为读选通，一般只是向液晶模块发送数据，不读液晶模块内部的数据，所以该引脚可以直接接地（低电平）。

⑤A0 = 1 时，表示所发的数据是显示数据；A0 = 0 时，表示所发的数据是指令（instruction）。

⑥DB0 ~ DB7 为数据线。

⑦VLED -、VLED + 为背光灯电源，一个接正，一个接地。

表 5.2　DM12232B 液晶模块的引脚排列及说明

引脚号	引脚名称	引脚功能含义
1	VDD	+5 V 电源引脚
2	VSS	地引脚（GND）
3	VLCD	LCD 外接驱动负电压，当 VDD = +3 V 时，VLCD 接 0 ~ -5 V 负电压
4	RES	复位信号（低电平有效）
5	E1、E2	读写使能信号
6	R/W	读写选择信号
7	A0	D/I = “H”，表示 DB7 ~ DB0 显示数据；D/I = “L”，表示 DB7 ~ DB0 显示指令数据
8	DB0 ~ DB7	数据线
9	VLED +	LED（+5 V）或 EL 背光源
10	VLED -	LED（0 V）或 EL 背光源

应用中主要有两种读写时序：写指令和写数据。分别描述如下：

写指令：E 选通—A0 = 0—读写使能（直接接地就不用设置了）—数据的发送—状态释放。

写数据：E 选通—A0 = 1—读写使能（直接接地就不用设置了）—数据的发送—状态释放。

DM12232B 液晶模块的指令见表 5.3。

表 5.3　DM12232B 液晶模块的指令

<table>
<tr><th rowspan="2">指　令</th><th colspan="10">指令</th><th rowspan="2">功　　能</th></tr>
<tr><th>R/W</th><th>D/I</th><th>D7</th><th>D6</th><th>D5</th><th>D4</th><th>D3</th><th>D2</th><th>D1</th><th>D0</th></tr>
<tr><td>显示器开/关</td><td>0</td><td>0</td><td>1</td><td>0</td><td>1</td><td>0</td><td>1</td><td>1</td><td>1</td><td>1/0</td><td>1 表示开;0 表示关</td></tr>
<tr><td>显示起始行设置</td><td>0</td><td>0</td><td>1</td><td>1</td><td>0</td><td colspan="5">显示起始行
（0 ~ 31）</td><td>指定显示器从 RAM 中的哪一行显示数据（起始行 = 0）</td></tr>
<tr><td>页地址设置</td><td>0</td><td>0</td><td>1</td><td>0</td><td>1</td><td>1</td><td>1</td><td>0</td><td colspan="2">页（0 ~ 3）</td><td>设置显示 RAM 中页的地址（X 地址）</td></tr>
</table>

续表

指令	指令										功能
	R/W	D/I	D7	D6	D5	D4	D3	D2	D1	D0	
行地址设置	0	0	0	列地址(0~79)							设置显示 RAM 的行地址(Y 地址)
读状态字	0	1	BUSY	ADC	ON/OFF	RST	0	0	0	0	读状态位: BUSY:1 表示忙状态,0 表示就绪状态; ADC:1 表示右向输出,0 表示左向输出; RST:1 表示复位状态,0 表示正常状态
写显示数据	1	0	写数据								从数据总线写数据进入内部显示 RAM
读显示数据	1	1	读数据								从显示 RAM 读数据到数据总线
ADC 选择	0	0	1	0	1	0	0	0	0	0/1	确定顺时针/逆时针方向读入 RAM 数据: 0 表示顺时针方向; 1 表示逆时针方向
静态驱动开/关	0	0	1	0	1	0	0	1	0	0/1	动态或静态驱动选择: 1 表示静态驱动; 0 表示动态驱动
改写方式设置	0	0	1	1	1	0	0	0	0	0	写数据后列地址自动加 1,读数据后列地址保持原值不变
改写方式结束	0	0	1	1	1	0	1	1	1	0	结束改写方式,无论读或写数据后,列地址都加 1
复位	0	0	1	1	1	0	0	0	1	0	显示起始行置第 0 行,列地址置 0,页地址为 3
电源保存命令	0	0	1	0	1	0	1	1	1	0	设置电源保存模式为选择显示器关和静态驱动开
	0	0	1	0	1	0	1	0	1	1	

六、任务小结

本任务通过对 DM12232B 液晶模块显示控制,让读者理解 LCD 液晶显示工作原理,掌握单片机控制 LCD 的硬件设计方法和程序编写方法。

任务四 独立式按键设计

一、任务说明

独立式按键在单片机系统中应用广泛,通过对独立式按键的制作,掌握独立式按键与单片机的接口设计方法,理解独立式按键程序设计思路。

二、任务分析

用单片机控制多个按键,实现独立式按键的设计。

三、电路设计

在图 5.10 所示电路中,8 只按键分别接在单片机的 P2.0 ~ P2.7 I/O 端口线上。无按键按下时,P2.0 ~ P2.7I/O 端口线上均输入高电平。当某键按下时,与其相连的 I/O 端口线将得到低电平输入。

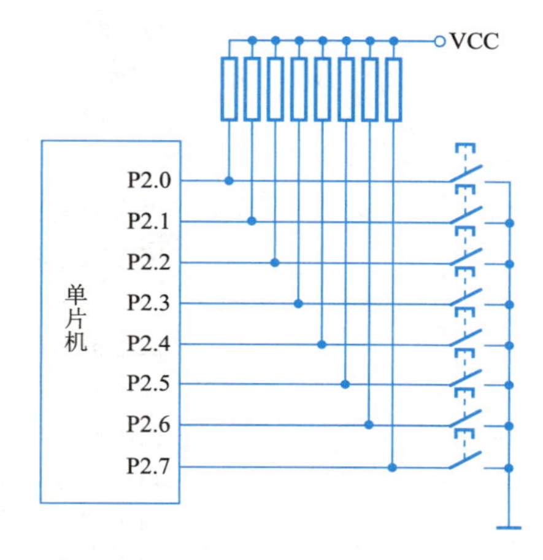

图 5.10　独立式按键电路

四、程序设计

独立式按键程序设计一般采用查询方式,逐位查询每根 I/O 端口线的输入状态。如果某一根 I/O 端口线的输入为低电平,则该端口线对应的按键已按下,然后再转向该键的功能处理程序。图 5.10 所示的独立式按键电路参考程序如下:

```
//程序:ex5_4.c
//功能:独立式按键程序
#include  "REG51.H"
//函数名:delay10ms
//函数功能:采用定时器 T1 实现延时 10 ms
void delay()                          //定时 10 ms,采用定时器 T1,工作方式 1 实现
{
    TH1 =0xd8;                        //设置 10 ms 定时初值
    TL1 =0xf0;
    TR1 =1;                           //启动定时器 T1
    while(! TF1);                     //判断 10 ms 定时时间到
    TF1 =0;
}
void main()                           //主函数
```

```
{
    unsigned char i;
    TMOD = 0x10;                    //设置定时器 T1 为工作方式 1
    P2 = 0xff;                      //P2 口作为输入口,置全 1
    i = 0;
    while(1) {
      while(i = = 0)                //循环判断是否有键按下
      {
        i = P2;                     //读按键状态
        i = ~i;                     //按键状态取反
      }
      delay();                      //有键按下,延时 10 ms 去抖
      do {
          i = P2;                   //再次读按键状态
          i = ~i;                   //按键状态取反
      } while(i = = 0);
      switch(i)                     //根据键值调用不同的处理函数
      {
        case 0x01: key1();break;    //调用按键 1 子函数,该函数此处省略
        case 0x02: key2();break;    //调用按键 2 子函数,该函数此处省略
        case 0x04: key3();break;    //调用按键 3 子函数,该函数此处省略
        case 0x08: key4();break;    //调用按键 4 子函数,该函数此处省略
        case 0x10: key5();break;    //调用按键 5 子函数,该函数此处省略
        case 0x20: key6();break;    //调用按键 6 子函数,该函数此处省略
        case 0x40: key7();break;    //调用按键 7 子函数,该函数此处省略
        case 0x80: key8();break;    //调用按键 8 子函数,该函数此处省略
        default:break;
      }
    }
}
```

五、相关知识

1. 键盘的分类

(1)编码键盘和非编码键盘

键盘上闭合键的识别由专用的硬件编码器实现,产生键编码号或键值的称为编码键盘,如计算机键盘,而靠软件编程来识别的称为非编码键盘。在单片机组成的各种系统中,用得最多的是非编码键盘。

非编码键盘分为独立键盘和行列式(又称矩阵式)键盘。键盘是由若干按键组成的开关矩阵,它是微型计算机最常用的输入设备,用户可以通过键盘向计算机输入指令、地址和数据。一般单片机系统中采用非编码键盘,它具有结构简单、使用灵活等特点,因此被广泛应用于单片机系统。

(2)按键的结构与特点

计算机的键盘通常使用机械触点式按键开关,其主要功能是把机械上的通断转换成电气上的逻辑关系。也就是说,它能提供标准的 TTL 逻辑电平,以便与通用数字系统的逻辑电平相容。

机械触点式按键在按下或释放时,由于机械弹性作用的影响,通常伴随有一定时间的触点机械抖动,然后其触点才稳定下来。抖动时间的长短与开关的机械特性有关,一般为 5~10 ms。在触点机械抖动期间检测按键的通与断状态,会导致判断出错,即按键做一次按下或释放被错误地认为是多次操作,这种情况是不允许出现的。为了克服按键的触点机械抖动所致的检测误判,必须采取去抖动措施,这一点可从硬件、软件两方面予以考虑。在键数较少时,可采用硬件去抖动,而当键数较多时,采用软件去抖动。

硬件上可采用在键输出端加 RS 触发器(双稳态触发器)或单稳态触发器构成去抖动电路。图 5.11 是一种由 RS 触发器构成的去抖动电路,当触发器一旦翻转,触点的抖动不会对其产生任何影响。

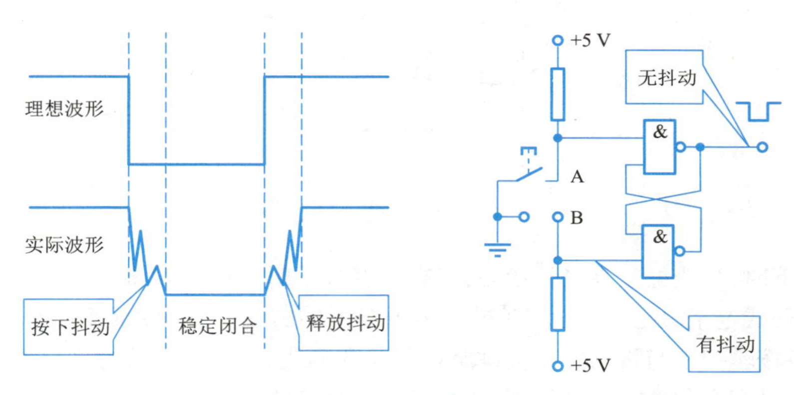

图 5.11 RS 触发器构成的按键去抖电路

2. 独立式按键

在单片机控制系统中,常常只需要几个功能键,此时可采用独立式按键结构。

(1)独立式按键结构

独立式按键是直接用 I/O 端口线构成的单个按键电路,其特点是每个按键单独占用一根 I/O 端口线,每个按键的工作不会影响其他 I/O 端口线的状态。

独立式按键电路配置灵活,软件结构简单,但每个按键必须占用一根 I/O 端口线,因此,按键较多时,I/O 端口线浪费较大,不宜采用。

(2)独立式按键的软件结构

独立式按键的软件设计常采用查询式结构,先逐位查询每根 I/O 端口线的输入状态,如果一根 I/O 端口线输入为低电平,则可确认该 I/O 端口线所对应的按键已按下,然后再转向该按键的功能处理程序。

3. 矩阵式键盘

在单片机系统中,若使用按键较多时,通常采用矩阵式(又称行列式)键盘。键盘中按键数量较多时,为了减少 I/O 端口的占用,通常将按键排列成矩阵形式。在矩阵式键盘中,每条水平线和垂直线在交叉处不直接连通,而是通过一个按键加以连接。一个端口(如P1口)就可以构成4×4=16个按键,比之直接将端口线用于键盘多出了一倍,而且线数越多。再多加一条线,就可以构成20键的键盘,而直接用端口线则只能多出一键(9键)。由此可见,在需要的键数比较多时,采用矩阵式键盘是合理的。

(1)矩阵式键盘的结构及原理

矩阵式键盘由行线和列线组成,按键位于行、列的交叉点上,其结构如图5.12所示。由图5.12可知,一个4×4的行、列结构可以构成一个含有16个按键的键盘,显然,在按键数量较多时,矩阵式键盘较之独立式键盘要节省很多I/O端口。矩阵式键盘中,行、列线分别连接到按键开关的两端,行线通过上拉电阻接到+5 V电源上。

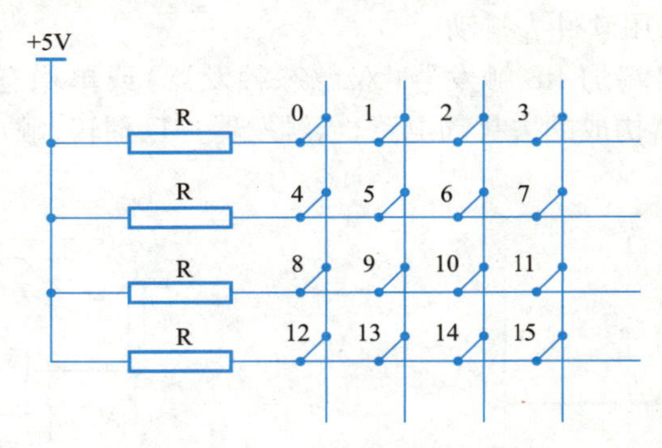

图5.12 矩阵式键盘

当无按键按下时,行线处于高电平状态;当有按键按下时,行、列线将导通,此时,行线电平将由与此行线相连的列线电平决定,这是识别按键是否按下的关键。然而,矩阵式键盘中的行线、列线和多个键相连,各按键按下与否均影响该键所在行线和列线的电平,各按键间将相互影响,因此,必须将行线、列线信号配合起来做适当处理,才能确定闭合键的位置。

视频

矩阵式键盘按键的识别

(2)矩阵式键盘按键的识别

识别按键的方法很多,其中,最常见的方法是扫描法。下面以图5.13中8号键的识别为例来说明扫描法识别按键的过程。

按键按下时,与此按键相连的行线与列线导通,行线在无按键按下时处于高电平。显然,如果让所有的列线也处在高电平,那么,按键按下与否不会引起行线电平的变化,因此必须使所有列线处在低电平。只有这样,当有按键按下时,该按键所在的行线电平才会由高电平变为低电平,CPU根据行线电平的变化,便能判定相应的行有键按下。

8号键按下时,第3行一定为低电平。然而,第3行为低电平时,能否肯定是8号键按下呢?回答是否定的。因为9、10、11号键按下,同样会使第3行为低电平。为进一步确定具体键,不能使所有列线在同一时刻处于低电平,可在某一时刻只让一条列线处于低电平,其余列线均处于高电平;另一时刻,让下一列处在低电平,依次循环,这种依次轮流每次选通一列的工作方式称为键盘扫描。

采用键盘扫描后,再来观察8号键按下时的工作过程,当第0列处于低电平时,第3行处于低电平,而第1、2、4行处在高电平,由此可判定按下的键应是第3行与第0列的交叉点,即8号键。

(3)键盘的编码

对于独立式键盘,因按键数量少,可根据实际需要灵活编码。对于矩阵式键盘,按键的位置由行号和列号唯一确定，因此可分别对行号和列号进行二进制编码，然后将两值合成1字节，高4位是行号，低4位是列号。如图5.13中的8号键，它位于第3行，第0列，因此，其键盘编码应为30H。采用上述编码对于不同行的键离散性较大，不利于按键处理，因此，可采用依次排列键号的方式对按键进行编码。以图5.13中的4×4键盘为例，可将键号编码为01H、02H、03H、…、0EH、0FH、10H等16个键号。编码的相互转换可通过计算或查表的方法实现。

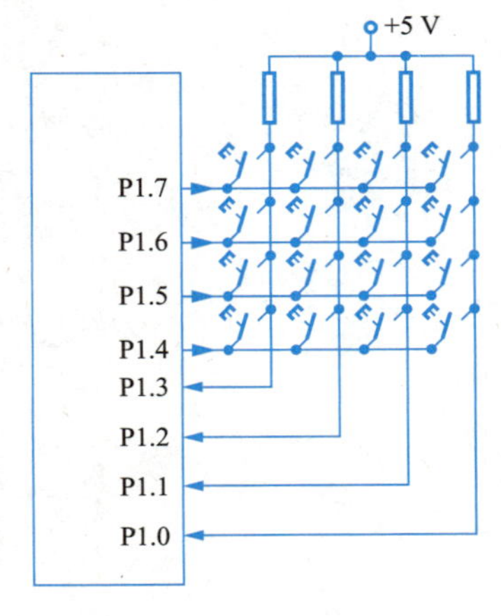

图5.13　矩阵键盘设计

(4)编程扫描方式

编程扫描方式是利用CPU完成其他工作的空余时间，调用键盘扫描子程序来响应键盘输入的要求。在执行功能程序时，CPU不再响应按键的输入要求，直到CPU重新扫描键盘为止。

键盘扫描程序一般应包括以下内容：

①判别有无按键按下。

②键盘扫描取得闭合键的行、列值。

③用计算法或查表法得到键值。

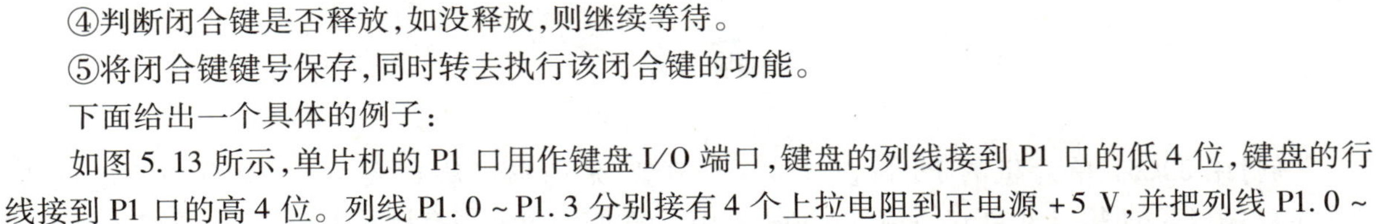

④判断闭合键是否释放，如没释放，则继续等待。

⑤将闭合键键号保存，同时转去执行该闭合键的功能。

下面给出一个具体的例子：

如图5.13所示，单片机的P1口用作键盘I/O端口，键盘的列线接到P1口的低4位，键盘的行线接到P1口的高4位。列线P1.0～P1.3分别接有4个上拉电阻到正电源+5 V，并把列线P1.0～P1.3设置为输入线，行线P1.4～P1.7设置为输出线，4根行线和4根列线形成16个相交点。

检测当前是否有键被按下。检测的方法是P1.4～P1.7输出全“0”，读取P1.0～P1.3的状态，若P1.0～P1.3为全“1”，则无键被按下，否则有键被按下。

去除键抖动。当检测到有键被按下后，延时一段时间再做下一步的检测判断。

若有键被按下，应识别出是哪一个键被按下。方法是对键盘的行线进行扫描。P1.4～P1.7按下述4种组合依次输出：

P1.7　1 1 1 0

P1.6　1 1 0 1

P1.5　1 0 1 1

P1.4　0 1 1 1

在每组行输出时读取P1.0～P1.3，若全为“1”，则表示为“0”这一行没有键被按下，否则有键被按下。由此得到被按下键的行值和列值，然后可采用计算法或查表法将被按下键的行值和列值转换成所定义的键值

为了保证键每被按下一次CPU仅做一次处理，必须去除键释放时的抖动。矩阵式键盘去抖动程序流程图如图5.14所示。

(5)矩阵式键盘举例

矩阵式键盘又称行列式键盘，用I/O端口线组成行、列结构，按键设置在行列的交点上。在按键较多时多用矩阵式键盘，可以节省I/O端口线。

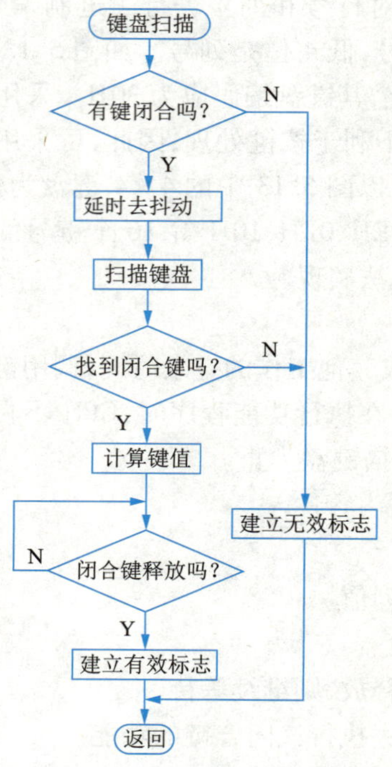

图 5.14 矩阵式键盘去抖动程序流程图

【例】用 89C51 单片机的 P0 口设计 4×4 键盘,采用扫描法获取 4×4 键盘的按键键值。8 个 I/O 端口线的 4×4 矩阵式结构,可以构成 16 个键的键盘。当有键按下时,要逐行或逐列扫描来判断是哪个按键按下。通常的扫描方式有扫描法和反转法。本程序用单片机 P0 口的低 4 位接矩阵式键盘的行线,P0 口的高 4 位接矩阵式键盘的列线,如图 5.15 所示。

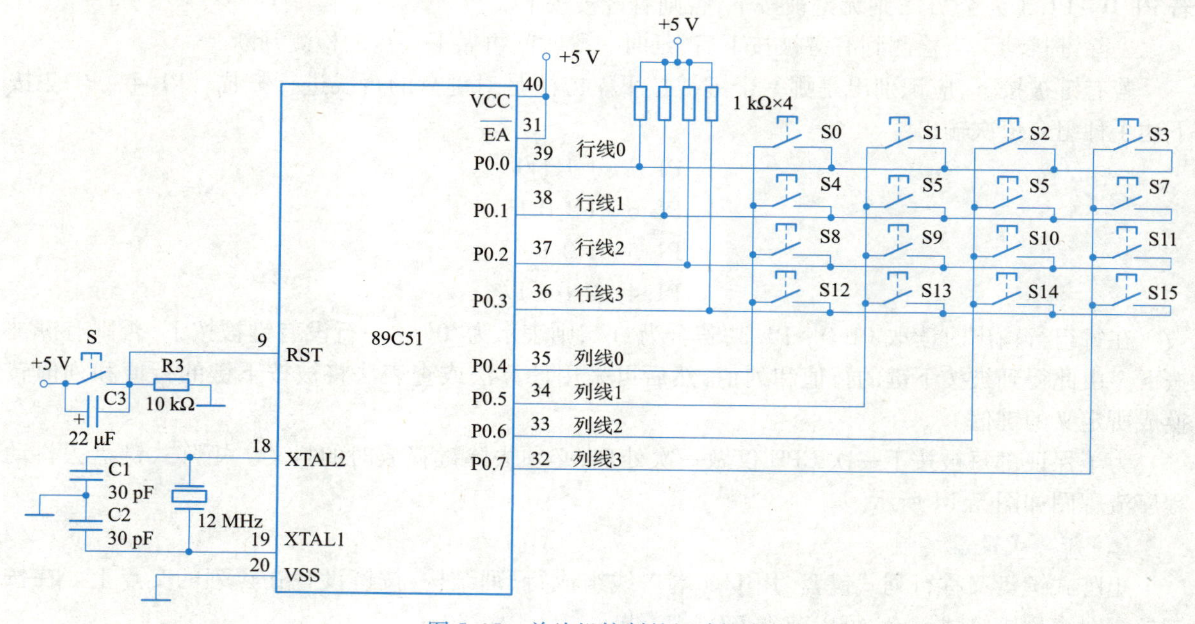

图 5.15 单片机控制的矩阵键盘

4×4 矩阵式键盘程序如下：

```
//程序:ex5_5.c
//功能:采用单片机 P0 口设计 4×4 键盘程序
#include <reg51.h>
#define uchar unsigned char
#define uint unsigned int
void delay(void);                  //用于键盘去抖的延时函数
uchar  keyscan(void);              //扫描键盘。当有键按下时,返回按键值;无键按下时,返回 0
void main(void)                    //主函数
{
        uchar key;
        while(1)
        {
            key = keyscan();
            delay();
        }
}
void delay(void)
{uchar i;
for(i = 200;i > 0;i - - ){}
}

uchar keyscan(void)
{
    uchar sccode,recode;
    P0 = 0xf0;
    if((P0&0xf0)!  = 0xf0)                           //判断是否有键按下
    {
      delay();                                       //延时去抖
      if((P0&0xf0)!  = 0xf0)
      {
        sccode = 0xfe;
        while((sccode&0x10)!  = 0)                   //判断行扫描是否结束
        {
            P0 = sccode;
            if((P0&0xf0)!  = 0xf0)
            {
                recode = (P0&0xf0)|0x0f;
                recode = (P0&0xf0) |0x0f;
                return((~sccode) + (~recode));       //返回按键特征码
            }
            else
              sccode = (sccode < <1 |0x01);
```

```
            }
          }
        }
    return(0);
  }
```

六、任务小结

本任务通过独立式按键的设计让读者理解独立式按键的设计原理,并掌握单片机并行 I/O 端口控制按键的方法。

任务五 锯齿波形发生器设计

一、任务说明

通过 D/A(数/模)简易波形发生器的制作,学习 D/A 转换芯片的工作原理,掌握单片机的硬件接口技术和编程方法,能进行简单的单片机应用系统设计。

二、任务分析

利用 89C51 单片机控制 D/A 转换芯片 DAC0832 设计简易波形发生器,编写程序产生锯齿波信号,通过示波器了解锯齿波输出波形的幅值、周期及频率变化。

三、电路设计

利用单片机的 P0 口和 P2 口控制 DAC0832 的单缓冲连接方式,采用两级运算放大器实现将 DAC0832 输出的电流转换为电压,输出电压范围为 0 ~ 5 V。电路如图 5.16 所示。

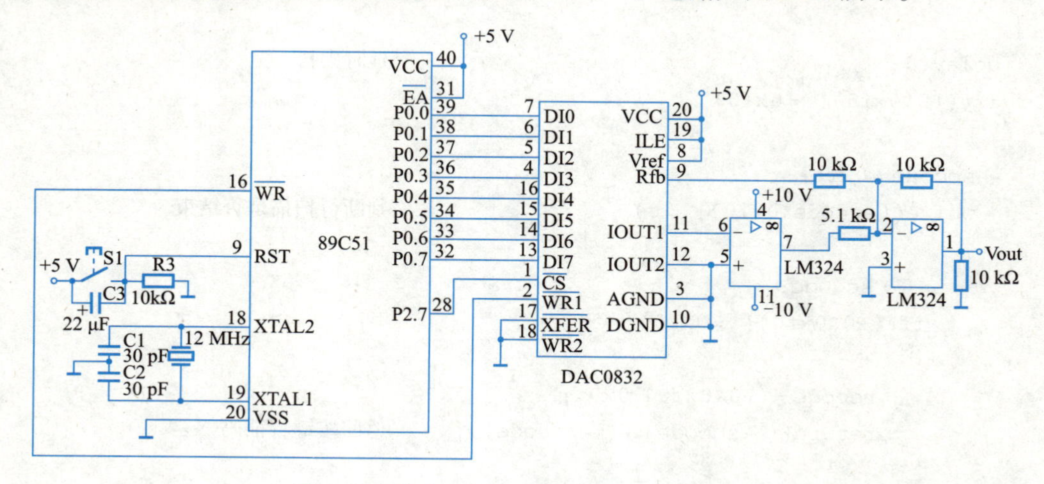

图 5.16 单片机与 DAC0832 单缓冲连接电路

四、程序设计

编程思路：先输出8位二进制最小值0，然后按加1规律递增。当输出数据达到最大值255时，再回0重新开始。

锯齿波程序如下：

```
//程序:ex5_6.c
//功能:采用DAC0832产生锯齿波程序
#include <absacc.h>                    //绝对地址访问头文件
#include <reg51.h>
#define uchar unsigned char
#define uint unsigned int
#define DA0832 XBYTE[0x7fff]           //DAC0832地址
//函数名:delay0_5ms
void delay0_5ms()
{
Unsigned char I;
for(i=0;i<0x0a;i++)
{  TH0=0x3c;                           //置定时器初值
   TL0=0xb0;
   TR0=1;                              //启动定时器T1
   while(! TF0);                       //查询计数是否溢出,即定时1 ms时间到,TF1=0
   TF0=0;                              //1 ms时间到,将定时器溢出标志位TF0清0
}
void main()                            //主函数
{
  uchar i;
  TMOD=0x10;                           //置定时器T1为工作方式1
  while(1)
  {
     for(i=0;i<=255;i++)               //形成锯齿波输出值,最大255
     {
       DA0832=i;                       //D/A转换输出
       Delay0_5ms();
     }
  }
}
```

五、相关知识

1. A/D 转换器

A/D转换器是实现模拟量向数字量转换的器件，按转换原理可分为四种：计数式A/D

转换器、双积分式 A/D 转换器、逐次逼近式 A/D 转换器和并行式 A/D 转换器。目前最常用的 A/D 转换器是双积分式 A/D 转换器和逐次逼近式 A/D 转换器,前者的主要优点是转换精度高、抗干扰性能好、价格便宜,但转换速度较慢,一般用于速度要求不高的场合;后者是一种速度较快、精度较高的转换器,其转换时间在几微秒到几百微秒之间。ADC0809 结构图如图 5.17 所示。

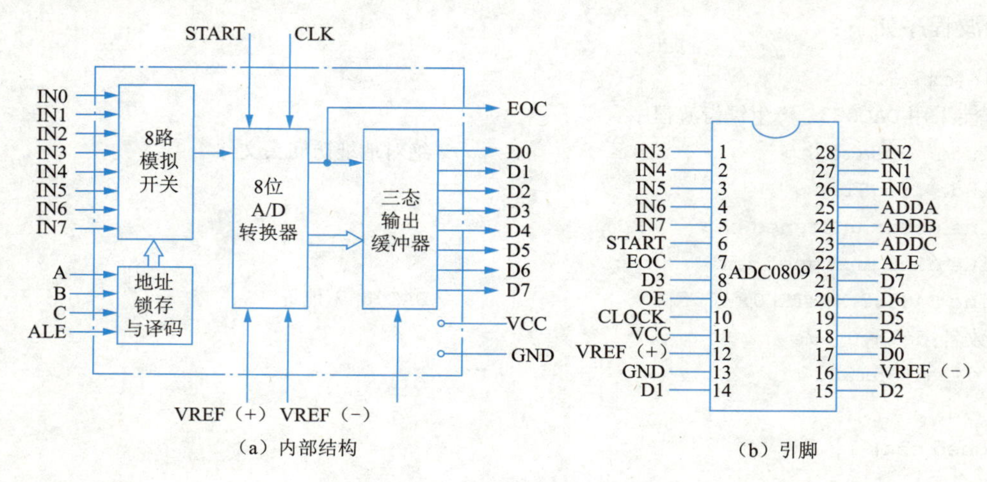

（a）内部结构　　（b）引脚

图 5.17　ADC0809 结构图

(1)A/D 转换器(ADC)的主要性能参数

①分辨率。它表明 A/D 转换器对模拟信号的分辨能力,由它确定能被 A/D 转换器辨别的最小模拟量变化。一般来说,A/D 转换器的位数越多,其分辨率则越高。实际的 A/D 转换器,通常为 8 位、10 位、12 位、16 位等。

②量化误差。在 A/D 转换中由于量化产生的固有误差称为量化误差。量化误差在 ±(1/2) LSB(最低有效位)之间。

例如:一个 8 位的 A/D 转换器,它把输入电压信号分成 28 ~256 层,若它的量程为 0 ~5 V,那么,量化单位 q 为

$$q=\frac{5\ \text{V}}{256}\approx 0.019\ 5\ \text{V}=19.5\ \text{mV}$$

q 正好是 A/D 转换器输出的数字量中最低位 LSB =1 时所对应的电压值。因而,这个量化误差的绝对值是 A/D 转换器的分辨率和满量程范围的函数。

③转换时间。转换时间是 A/D 转换器完成一次转换所需要的时间。一般转换速度越快越好,常见的有高速(转换时间 <1 μs)、中速(转换时间 <1 ms)和低速(转换时间 <1 s)等。

④绝对精度。对于 A/D 转换器,绝对精度指的是对应于一个给定量,A/D 转换器的误差。其误差大小由实际模拟量输入值与理论值之差来度量。

⑤相对精度。对于 A/D 转换器,相对精度指的是满度值校准以后,任一数字输出所对应的实际模拟输入值(中间值)与理论值(中间值)之差。例如,对于一个 8 位 0 ~ +5 V 的 A/D 转换器,如果其相对误差为 1LSB,则其绝对误差为 19.5 mV,相对误差为 0.39%。

(2)ADC0809 的内部结构与引脚图

ADC0809 是一种普遍使用且成本较低的、由 National 半导体公司生产的 CMOS 材料 A/D 转换

器。它具有 8 个模拟量输入通道,可在程序控制下对任意通道进行 A/D 转换,得到 8 位二进制数字量。它是一个 8 位 8 通道的逐次逼近式 A/D 转换器。

其主要技术指标如下:

电源电压:5 V。

分辨率:8 位。

时钟频率:640 kHz。

转换时间:100 μs。

未经调整误差:(1/2)LSB 和 1LSB。

模拟量输入电压范围:0 ~5 V。

功耗:15 mW。

图 5.18 所示为 ADC0809 的内部结构图。

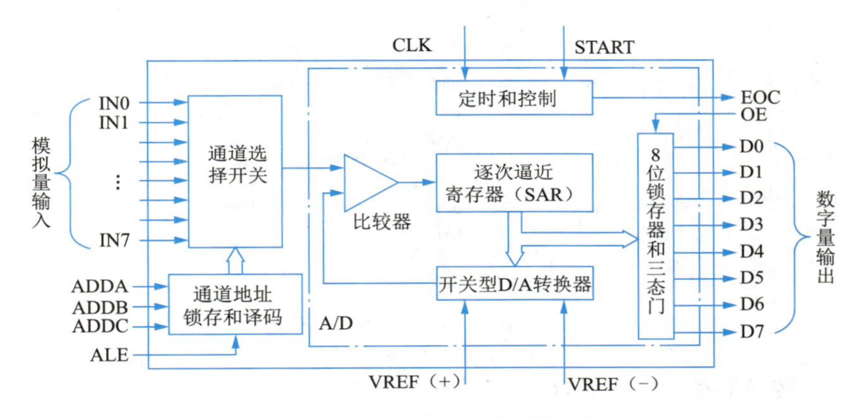

图 5.18　ADC0809 的内部结构图

ADC0809 内部各单元的功能如下:

①通道选择开关。8 选 1 模拟开关,实现分时采样 8 路模拟信号。

②通道地址锁存和译码。通过 ADDA、ADDB、ADDC 三个地址选择端及译码作用控制通道选择开关。

③逐次逼近 A/D 转换器。包括比较器、8 位开关型 D/A 转换器、逐次逼近寄存器等。转换的数据从逐次逼近寄存器传送到 8 位锁存器后,经三态门输出。

④8 位锁存器和三态门。当输入允许信号 OE 有效时,打开三态门,将锁存器中的数字量经数据总线送到 CPU。由于 ADC0809 具有三态输出,因而数据线可直接挂在 CPU 数据总线上。引脚功能如下:

IN0 ~ IN7:8 路模拟量输入端。

D0 ~ D7:8 位数字量输出端。

START:启动转换命令输入端,由 1 变 0 时启动 A/D 转换器,要求信号宽度大于 100 ns。

OE:输出使能端,高电平有效。

ADDA、ADDB、ADDC:地址输入线,用于选通 8 路模拟输入中的 1 路进入 A/D 转换器。其中,ADDA 是 LSB 位,这三个引脚上所加电平的编码为 000 ~ 111,分别对应 IN0 ~ IN7,例如,当 ADDC = 0,ADDB = 1,ADDA = 1 时,选中 IN3 通道。

ALE:地址锁存允许信号。用于将 ADDA ~ ADDC 三条地址输入线送入地址锁存器中。

EOC:转换结束信号输出。转换完成时,EOC 的正跳变可用于向 CPU 申请中断,其高电平也可供 CPU 查询。

CLK:时钟脉冲输入端,要求时钟频率不高于 640 kHz。

VREF(+)、VREF(-):基准电压。一般与微机接口时,VREF(-)接 0 V 或 -5 V,VREF(+)接 +5 V 或 0 V。

ADC0809 与单片机连接图如图 5.19 所示。

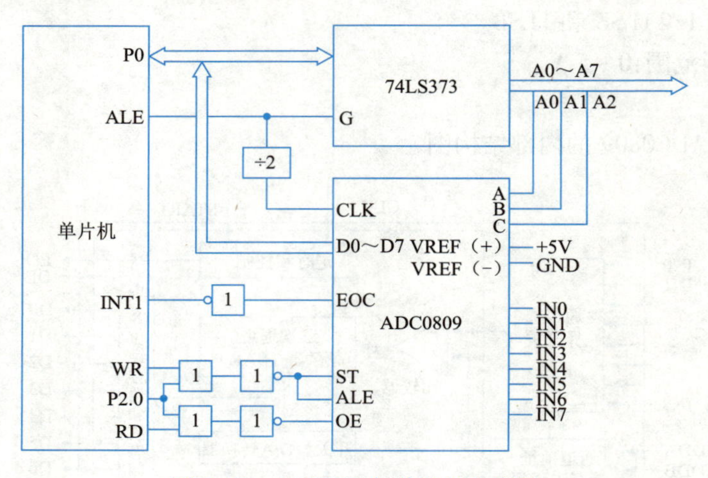

图 5.19 ADC0809 与单片机连接图

单片机与 A/D 转换器接口程序设计,有以下四个步骤。

①启动 A/D 转换器,START 引脚得到下降沿信号。

②查询 EOC 引脚状态,EOC 引脚由 0 变 1,表示 A/D 转换过程结束。

③允许读数,将 OE 引脚设置为 1 状态。

④读取 A/D 转换结果。

采用查询方式控制 ADC0809。程序设计如下:

```
//程序:ex5_7.c
//功能:单片机控制的巡回检测系统,对 8 路模拟输入信号巡回检测并加以处理。
//并依次将采样数据存放在数组 ad 中。
#include <absacc.h>                //该头文件中定义 XBYTE 关键字
#include <reg51.h>
#define uchar unsigned char
#define IN0 XBYTE[0xfef8]          //设置 ADC0809 的通道 0 地址
sbit ad_busy = P3^3;               //定义 EOC 状态
//函数名:ad0809
//函数功能:8 路通道循环检测函数
//形式参数:指针 x,采样结果存放到指针 x 所指的地址中
//返回值:无返回值,但转换结果已经存放在指针 x 所指的地址中
void ad0809(uchar idata *x)
```

```
{
  uchar i;
  uchar xdata *ad_adr;                 //定义指向外部 RAM 的指针
  ad_adr = &IN0;                       //通道 0 的地址送 ad_adr
  for(i = 0;i < 8;i + +)               //处理 8 通道
  {
     *ad_adr = 0;                      //写外部 I/O 地址操作,启动转换,只需要写操作
     i = i;                            //延时等待 EOC 变低
     i = i;
     while(ad_busy = = 0);             //查询等待转换结束
     x[i] = *ad_adr;                   //读操作,输出允许信号有效,存转换结果
     ad_adr + +;                       //地址增 1,指向下一通道
  }
}
void main(void)                        //主函数
{
  static uchar idata ad[10];           //static 是静态变量的类型说明符
  ad0809(ad);                          //采样 ADC0809 通道的值
}
```

2. D/A 转换器

D/A 转换器输入的是数字量,经转换后输出的是模拟量。数字量输入的位数有 8 位、12 位和 16 位等,输出的模拟量有电流和电压两种。DAC0832 是一个 8 位 D/A 转换器。单电源供电,在 5 ~ 15 V 范围内均可正常工作。基准电压的范围为 ±10 V;电流建立时间为 1 μs;CMOS 工艺,低功耗(仅为 20 mW)。

(1)D/A 转换器的主要性能参数

①分辨率。分辨率表明 D/A 转换器对模拟量的分辨能力,它是最低有效位(LSB)所对应的模拟量,它确定了能由 D/A 转换器产生的最小模拟量的变化。通常用二进制数的位数表示 D/A 转换器的分辨率,如分辨率为 8 位的 D/A 转换器能给出满量程电压的 1/28 的分辨能力,显然 D/A 转换器的位数越多,则分辨率越高。

②线性误差。D/A 转换器的实际转换值偏离理想转换特性的最大偏差与满量程之间的百分比称为线性误差。

③建立时间。这是 D/A 转换器的一个重要性能参数,定义为:在数字输入端发生满量程码的变化以后,D/A 转换器的模拟输出稳定到最终值 ±(1/2)LSB 时所需要的时间。

④温度灵敏度。它是指数字输入不变的情况下,模拟输出信号随温度的变化。一般 D/A 转换器的温度灵敏度为 $\pm 50 \times 10^{-6}/℃$。

⑤输出电平。不同型号的 D/A 转换器的输出电平相差较大,一般为 5 ~ 10 V,有的高压输出型的输出电平高达 24 ~ 30 V。

(2)DAC0832 的引脚图和结构框图

DAC0832 是一种相当普遍且成本较低的 D/A 转换器。该器件是一个 8 位转换器,它将 8 位的二进制数转换成模拟电压,可产生 256 种不同的电压值,DAC0832 具有以下主要特性:

①满足 TTL 电平规范的逻辑输入。

②分辨率为 8 位。

③建立时间为 1 μs。

④功耗 20 mW。

⑤电流输出型 D/A 转换器。

图 5.20 为 DAC0832 的引脚图和结构框图。

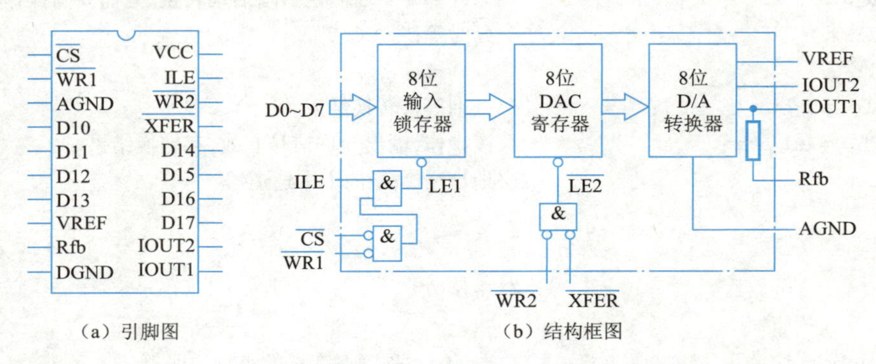

图 5.20　DAC0832 的引脚图和结构框图

DAC0832 具有双缓冲功能，输入数据可分别经过两个锁存器保存。第一个是保持锁存器，而第二个锁存器与 D/A 转换器相连。DAC0832 中的锁存器的门控端 G 输入为逻辑 1 时，数据进入锁存器；而当 G 输入为逻辑 0 时，数据被锁存。

DAC0832 具有一组 8 位数据线 D0 ~ D7，用于输入数字量。一对模拟输出端 IOUT1 和 IOUT2 用于输出与输入数字量成正比的电流信号，一般外部连接由运算放大器组成的电流/电压转换电路。DAC0832 的基准电压输入端 VREF 一般在 -10 ~ +10 V 范围内。DAC0832 引脚功能见表 5.4。

表 5.4　DAC0832 引脚功能

引　脚	引 脚 功 能
D0 ~ D7	8 位数据输入端
$\overline{CS}$	片选信号输入端
$\overline{WR1}$、$\overline{WR2}$	两个写入命令输入端，低电平有效
$\overline{XFER}$	传送控制信号，低电平有效
IOUT1 和 IOUT2	互补的电流输出端
Rfb	反馈电阻，制作在芯片内，与外接的运算放大器配合构成电流/电压转换电路
VREF	转换器的基准电压
VCC	工作电源输入端
AGND	模拟地，模拟电路接地点
DGND	数字地，数字电路接地点

(3) DAC0832 的工作模式

DAC0832 可工作在三种不同的工作模式。

①直通方式。当 ILE 接高电平，$\overline{CS}$，$\overline{WR1}$、$\overline{WR2}$和$\overline{XFER}$都接数字地时，DAC0832 处于直通方式，8 位数字量一旦到达 D0 ~ D7 输入端，就立即加到 D/A 转换器，被转换成模拟量。在 D/A 转换器实

际连接中，要注意区分“模拟地”和“数字地”的连接，为了避免信号串扰，数字量部分只能连接到数字地，而模拟量部分只能连接到模拟地。这种方式可用于不采用微机的控制系统中。

②单缓冲方式。单缓冲方式是将一个锁存器处于缓冲方式，另一个锁存器处于直通方式，输入数据经过一级缓冲送入 D/A 转换器。如把$\overline{\mathrm{WR2}}$和$\overline{\mathrm{XFER}}$都接地，使寄存锁存器 2 处于直通状态，ILE 接 +5 V，$\overline{\mathrm{WR1}}$接 CPU 系统总线的$\overline{\mathrm{IOW}}$信号，$\overline{\mathrm{CS}}$接端口地址译码信号，这样 CPU 可执行一条 OUT 指令，使$\overline{\mathrm{CS}}$和$\overline{\mathrm{WR1}}$有效，写入数据并立即启动 D/A 转换器。

③双缓冲方式。数据通过两个寄存器锁存后再送入 D/A 转换器，执行两次写操作才能完成一次 D/A 转换。这种方式可在 D/A 转换的同时，进行下一个数据的输入，以提高转换速度，这种方式适用于系统中含有两片及以上的 DAC0832，且要求同时输出多个模拟量的场合，如图 5.21 所示。

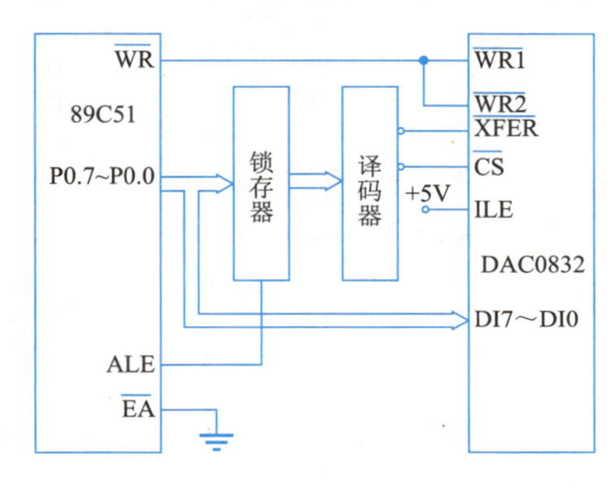

图 5.21　DAC0832 的双缓冲方式连接

为了实现寄存器的可控，应当给每个寄存器分配一个地址，以便能按地址进行操作。图 5.21 是采用地址译码输出分别接$\overline{\mathrm{CS}}$和$\overline{\mathrm{XFER}}$实现，然后再给$\overline{\mathrm{WR1}}$和$\overline{\mathrm{WR2}}$提供选通信号，就完成了两个锁存器的双缓冲接口方式。

六、任务小结

通过锯齿波发生器的制作，初步掌握 D/A 转换芯片的工作原理，掌握单片机控制 D/A 转换芯片接口电路的应用技术及程序设计方法。

任务六　单片机实现 PWM 信号输出

一、任务说明

PWM（脉宽调制）是应用于无线通信的信号调制，是利用微处理器的数字输出对模拟电路进行控制的一种技术。本任务用单片机实现 PWM 信号输出。

二、任务分析

根据 PWM 算法原理及单片机产生 PWM 的方法，通过改变信号的脉冲宽度来实现脉冲计数法，即改变信号的占空比，利用单片机控制外部芯片产生 PWM 波形。

三、电路设计

系统主要有两部分电路,即单片机及其外围电路和计数芯片电路,单片机为89C51,P0口与8254的数据口D0~D7相连,P2.0提供片选功能,P2.0~P2.2与计数芯片的CS、AO、A1相连,提供地址信号, P3.6、P3.7分别与8254的读、写引脚相连,如图5.22所示。

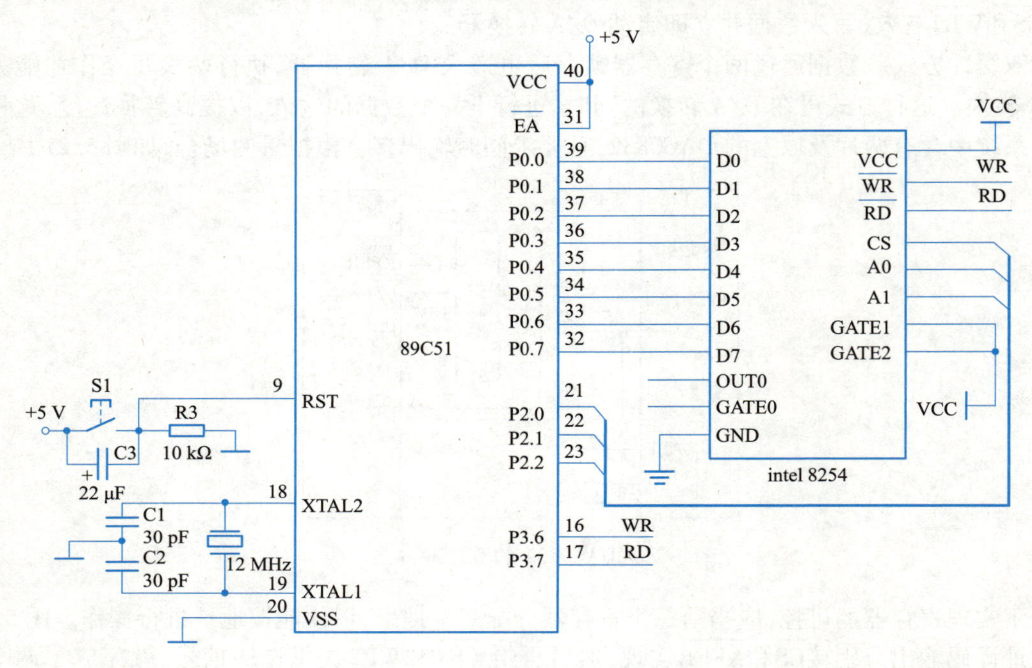

图5.22　单片机与8254连接电路

四、程序设计

本任务采用脉冲计数法,实现周期为20 ms,脉宽各不相同的二路PWM信号的输出。二路信号脉宽分别为1 ms、2 ms。单片机计数器工作模式设置为模式0,此模式下在写完控制字寄存器后为低,并且一直保持在计数器计数到0时变高,然后一直保持高,直到新的计数开始,或者对控制寄存器重置模式0,本任务中计数器均为16位计数器,具体程序如下:

```
//程序:ex5_8.c
//功能:单片机脉冲方式产生 PWM 信号
#include <reg51.h>                    //引用标准库的头文件
#include <absacc.h>
#include <stdio.h>
#define uchar unsigned char
#define uint unsigned int
#define COUNT0   XBYTE[0X0000]        //8254 计数器 0 寄存器地址
#define COUNT1   XBYTE[0X0200]        //8254 计数器 1 寄存器地址
#define COMWORD  XBYTE[0X0600]        //8254 控制寄存器地址
```

```
void time0_int() interrupt 1 using 1 //定时器 T0 中断子程序
{
    TR0 =0;                         //关闭 T0
    TH0 = -(20000/256);
    TL0 = -(20000% 256);            //重置 20 ms 计数值
    //8254 计数器发送第一路的 PWM 信号
    COMWORD =0x30;                  //1 MHz 时钟作为计数时钟,计数 1 000 次后实现 1 ms 高电平
    COUNT0 =0xE0;
    COUNT1 =0x03;
    //8254 计数器发送第二路的 PWM 信号
    COMWORD =0x70;                  //1 MHz 时钟作为计数时钟,计数 2 000 次后实现 2 ms 高电平
    COUNT0 =0xD0;
    COUNT1 =0x07;
    TR0 =1;                         //启动 T0
}
void main()                         //主函数
{
    EA =1;                          //开 CPU 总中断
    ET0 =1;                         //开定时器 T0 中断
    TMOD =0x01;                     //开定时器中断
    TH0 = -(20000/256);             //20 ms 定时器计数初值
    TL0 = -(20000% 26);
    //向 8254 计数器控制寄存器选择计数器 T0,并对其赋值 0
    COMWORD =0x30;
    COUNT0 =0;                      //赋低位字节
    COUNT1 =0;                      //赋高位字节
    //向 8254 计数器控制寄存器选择计数器 T1,并对其赋值 0
    COMWORD =0x70;
    COUNT0 =0;                      //赋低位字节
    COUNT1 =0;                      //赋高位字节
    While (1);                      //无限次循环
}
```

五、相关知识

(1)PWM 控制技术

脉宽调制(pulse width modulation,PWM)是利用微处理器的数字输出对模拟电路进行控制的一种非常有效的技术,通过高分辨率计数器的使用,方波的占空比被调制用来对一个具体模拟信号的电平进行编码,广泛应用在测量、通信和功率控制与变换的许多领域中。随着电子技术的发展,在测试控制等领域出现了多种 PWM 控制技术。其中包括相电压控制 PWM、脉宽 PWM、随机 PWM 等,形成了许多独特的 PWM 控制技术。其中,单片机控制外部芯片产生 PWM 波形,不需要外部信号的输入,通过软件的处理可以灵活地改变 PWM 脉宽。比如艺术彩灯的设计、电机的控制等。

PWM从处理器到被控系统的信号都是数字形式,无须进行D/A转换,可将噪声影响降到最低,因此,PWM应用于通信中可以极大地延长通信距离。

(2)Intel 8254芯片介绍

8254是Intel公司生产的可编程间隔定时器,是8253的改进型,具有更优良的性能。8254具有以下基本功能:

①有3个16位计数器,每个计数器可按二进制或十进制(BCD)计数。

②每个计数器可编程工作于6种不同的工作方式。

③8254每个计数器允许的最高计数频率为10 MHz。

④8254有读回命令,除了可以读出当前计数单元的内容外,还可以读出状态寄存器的内容。

⑤计数脉冲可以是有规律的时钟信号,也可以是随机信号。

图5.23是8254的内部结构图和引脚图,它由与CPU的接口、内部控制电路和3个计数器组成。8254的工作方式如下:

方式0:计数到0结束,输出正跃变信号方式;

方式1:硬件可重触发单稳方式;

方式2:频率发生器方式;

方式3:方波发生器方式;

方式4:软件触发选通方式;

方式5:硬件触发选通方式。

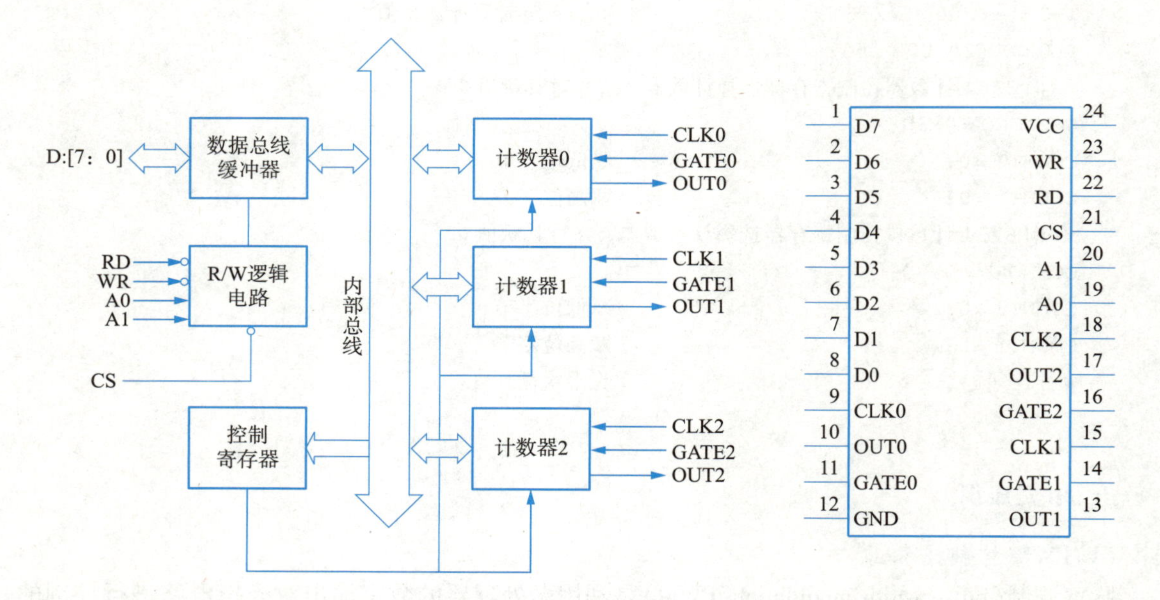

图5.23 8254的内部结构图和引脚图

8254的控制字有两个:一个用来设置计数器的工作方式,称为方式控制字;另一个用来设置读回命令的读出控制字。这两个控制字共用一个地址,由标示位来区分。控制字格式见表5.5~表5.7。

表 5.5　8254 的方式控制字格式

D7	D6	D5	D4	D3	D2	D1	D0
计数器选择		读/写格式选择		工作方式选择			计数码制选择
00 表示计数器 0； 01 表示计数器 1； 10 表示计数器 2； 11 表示读出控制字标志		00 表示锁存计数值； 01 表示读/写低 8 位； 10 表示读/写高 8 位； 11 表示先读/写低 8 位，再读/写高 8 位		000 表示方式 0； 001 表示方式 1； 010 表示方式 2； 011 表示方式 3； 100 表示方式 4； 101 表示方式 5			0 表示二进制数； 1 表示十进制数

表 5.6　8254 的读出控制字格式

D7	D6	D5	D4	D3	D2	D1	D0
1	1	0 表示锁存计数值	0 表示锁存状态信息	计数器选择（同方式控制字）			0

表 5.7　8254 的状态字格式

D7	D6	D5	D4	D3	D2	D1	D0
OUT 引脚现行状态 1 表示高电平； 0 表示低电平	计数初值是否装入 1 表示无效计数； 2 表示有效计数	计数器方式（同方式控制字）					

(3)单片机信号发生器

信号发生器(signal generator)是一种产生参数的测试信号仪器，它是电子技术领域的一种常用设备仪器。信号发生器的主要部件有频率产生单元、调制单元、缓冲放大单元、衰减输出单元、显示单元、控制单元。主振级产生低频正弦振荡信号，经电压放大器放大，达到电压输出幅度的要求，经输出衰减器可直接输出电压，用主振输出调节电位器调节输出电压的大小。

信号发生器的一大特性就是可以操控仪器输出信号的幅度，信号通过特定组合衰减量的衰减器达到预定的输出幅度。早期的衰减器是机械式的，通过刻度来读取衰减量或输出幅度。现代中高档信号发生器的衰减器单元由单片机控制继电器来切换，向电子芯片化过渡，衰减单元的衰减步进量不断缩小，精度相应提高。

信号发生器按照产生信号类型可以分为正弦信号发生器、函数信号发生器、脉冲信号发生器、随机信号发生器、专用信号发生器。正弦信号发生器提供最基本的正弦波信号，可以作为参考频率和参考幅度信号，用于增益和灵敏度的测量以及仪器的校准。常见的高频信号发生器和标准信号发生器都属于此类。函数信号发生器可以产生各种函数波形信号，典型的有方波、正弦波、三角波、锯齿波、脉冲等。函数信号发生器一般工作频率不高，频率上限在几兆赫到一二十兆赫，频率下限很低，大多可以低于 0.1 Hz。函数信号发生器用途非常广泛，科学实验、产品研发、生产维修、IC 芯片测试中都能见到它的身影。脉冲信号发生器和随机信号发生器多用于专业场合。专用信号发生器是产生特定制式信号的专用仪器，如常见的电视信号发生器、立体声信号发生器等，函数信号发生器如图 5.24 所示。

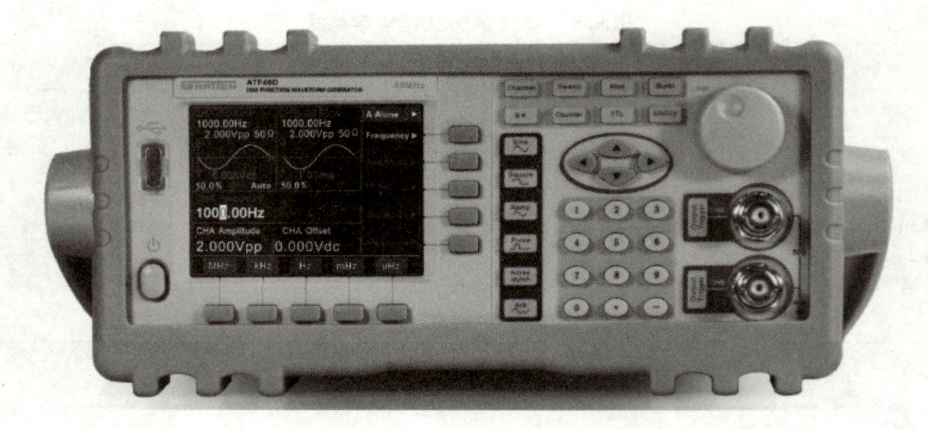

图 5.24　函数信号发生器

六、任务小结

利用单片机控制外部芯片产生 PWM 波形,通过学习单片机产生 PWM 信号的设计,掌握单片机实现脉宽调制 PWM 信号输出的方法。

项目总结

本项目通过 6 个典型的任务对单片机的显示接口技术进行了介绍,重点训练了单片机和 LED 数码管、点阵 LED 及 LCD 显示器的接口及编程设计方法。在完成本项目内容的学习后,应重点掌握以下知识:

①单片机控制 LED 数码管的工作方式。

②单片机控制点阵 LED 的工作方式。

③单片机控制 LCD 显示器的工作方式。

④信号发生器的工作原理。

项目训练

一、问答题

①共阳极数码管和共阴极数码管的特点是什么?

②LED 数码管静态显示和动态显示在硬件连接上的各自特点是什么?设计中应该注意的问题是什么?

③独立式按键和矩阵式按键的特点是什么?适合用于什么场合?

二、程序设计题

①周期为 50 ms 的三角波 C 语言源程序如下,将程序补充完整。

```
#include < absacc.h >
#include < reg51.h >
#define DA0832 XBYTE[0x7fff]
#define uchar unsigned char
```

```
#define uint unsigned int
uchar i,j;
void delay_100us()
{ TH1 =0xff;                        //置定时器初值 0xff9c,即 65436,定时 0.1 ms
  TL1 =0x9c;
  ________;                         //启动定时器 T1
  while(    );                      //查询计数是否溢出,即定时 0.1 ms 时间到,TF1 =1
  TF1 =0;                           //0.1 ms 时间到,将定时器溢出标志位 TF 清 0
}
void main(void)
{  ________;                        //置定时器 T1 为方式 1
    while(1)
    {for(i =0;i < =255;i + +)       //形成三角波输出值,最大为 255
      {     DA0832 =i;              //D/A 转换输出
            ________;
      }
      for(j =255;j > =0;j - -)      //形成三角波输出值,最大为 255
      {     ________;               //D/A 转换输出
          delay_100us();
      }
    }
}
```

②编写程序产生以下波形：

a. 周期为 50 ms 的锯齿波；

b. 周期为 100 ms 的方波。

项目六 单片机串行接口技术

项目导读

本项目从单片机串行通信任务入手，让学生对单片机串行通信有一个感性认识和了解，然后通过具体任务设计，进一步加强对串行通信知识的理解，并掌握串行接口的结构、工作方式、波特率设置和编程技巧等知识，为后续学习单片机控制技术打下良好基础。

学习目标

①掌握单片机串行通信基础知识。
②掌握单片机串行口的结构、工作方式、波特率设置。
③了解 RS-232-C 串行通信总线标准。
④掌握单片机之间的通信方法。
⑤掌握单片机与 PC 之间的通信方法。
⑥掌握单片机与蓝牙模块的通信。

任务一 单片机串行通信

视频

单片机串行通信

一、任务说明

本任务是建立一个简单的单片机串行接口双机通信测试系统。系统中，发射与接收各用一套 89C51 单片机电路，称为甲机和乙机。编制程序，使甲机、乙机能够进行串行通信。要求将甲机内的多个数据发送给乙机，并在乙机的 6 个数码管上显示出来。

二、任务分析

要实现上述任务，需要了解单片机串行通信与并行通信两种通信方式的异同；了解串行通信的重要指标，即字符帧和波特率；了解串行接口的使用方法。

三、电路设计

单片机串行接口双机通信的硬件电路如图 6.1 所示。

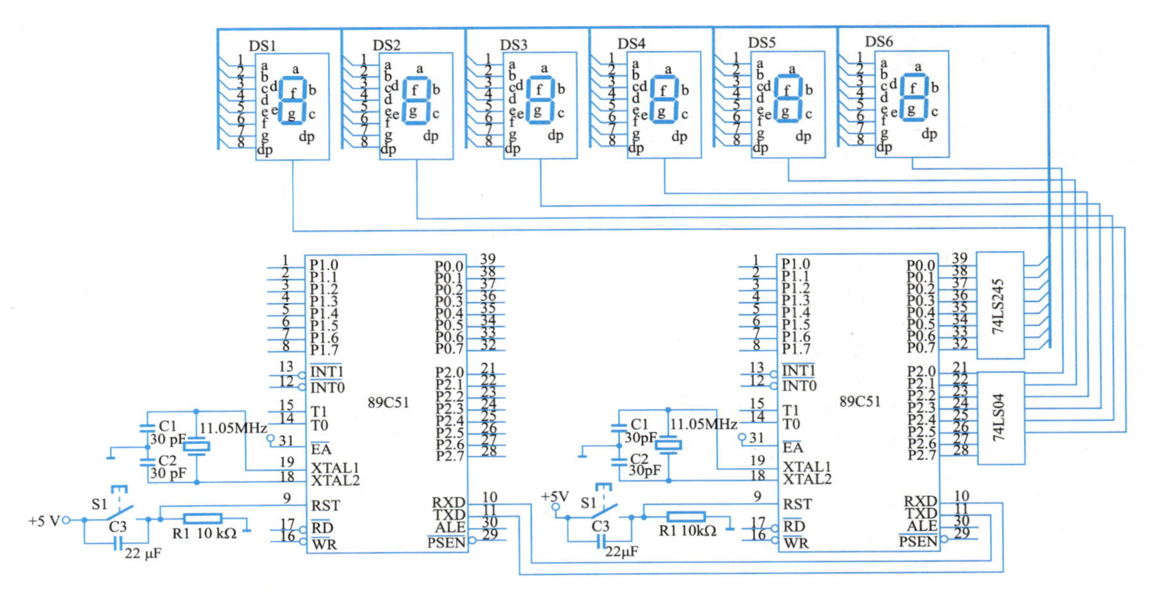

图 6.1　双机通信的硬件电路

四、程序设计

甲机发送数据程序如下：

```
//程序:ex6_1.c
//功能:甲机发送数据程序
#include <reg51.h>
void main()                               //主函数
{
  unsigned char i;
  unsigned char send[] = {0x01,0x03,0x04,0x06,0x07,0x05};
  //定义要发送的数据,为了简化显示,发送数据在 0 ~9 之间
  TMOD =0x20;                             //定时器 T1 工作于方式 2
  TL1 =0xf4;                              //波特率为 2 400 bit/s
  TH1 =0xf4;
  TR1 =1;
  SCON =0x40;                             //定义串行接口工作于方式 1
  for (i =0;i <6;i + +)
  {
    SBUF = send[i];                       //发送第 i 个数据
```

```
    while(TI = =0);                    //查询等待发送是否完成
    TI =0;                             //发送完成,TI由软件清0
  }
  while(1);
}
```

乙机接收及显示程序如下:

```
//程序:ex6_2.c
//功能:乙机接收及显示程序
#include <reg51.h>
code unsigned char tab[] = {0x3f,0x06,0x5b,0x4f,0x66,0x6D,0x7D,0x07,0x7f,0x6f};
//定义0~9显示字形码
unsigned char buffer[] = {0x00,0x00,0x00,0x00,0x00,0x00};        //定义接收数据缓冲区
void disp(void);                           //显示函数声明
void main()                                //主函数
{
  unsigned char i;
  TMOD =0x20;                              //定时器T1工作于方式2
  TL1 =0xf4;                               //波特率定义
  TH1 =0xf4;
  TR1 =1;
  SCON =0x40;                              //定义串行接口工作于方式1
  for(i =0;i <6;i + +)
  {
    REN =1;                                //接收允许
    while(RI = =0);                        //查询等待接收标志为1,表示接收到数据
    buffer[i] =SBUF;                       //接收数据
    RI =0;                                 //RI由软件清0
  }
  for(;;) disp();                          //显示接收数据
}
//函数名:disp
//函数功能:在6个LED上显示buffer中的6个数
//入口参数:无
//出口参数:无
void disp()
{
  unsigned char w,i,j;
  w =0x01;                                 //位码赋初值
  for(i =0;i <6;i + +)
  {
    P1 = ~(tab[buffer[i]]);                //送显示字形码,buffer[i]作为数组分量的下标
```

```
        P2 = ~w;                          //送位码
        for(j =100;j >5;j - -);           //显示延时
        w< < =1;                          //w 左移 1 位
    }
}
```

首先运行乙机接收程序，再运行甲机发送程序，观察乙机数码管上的显示内容，若与甲机发送数据一致，则说明甲、乙机之间通信成功。

五、相关知识

视 频

通信方式

1. 串行通信概述

什么是通信？简单来说，不同的系统经由线路相互交换数据就是通信。在计算机系统中，CPU 和外部有两种通信方式：并行通信和串行通信。图 6.2 为这两种通信方式的示意图。

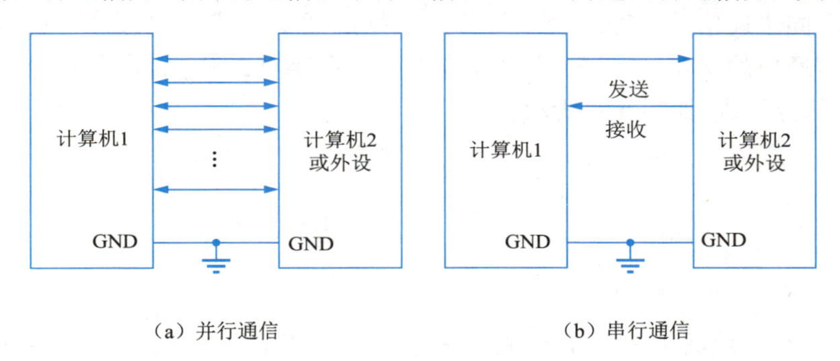

(a) 并行通信　　(b) 串行通信

图 6.2　两种通信方式的示意图

并行通信：多位数据可以同时传输，通信速度快，但传输线多。若通信距离较长，传输线路的成本会随之增加，另外，多位数据在远距离传输中也容易产生信号干扰。因此，并行通信适合于近距离的数据通信，如计算机的主机与键盘、显示器间的通信等。

串行通信：数据在一根数据信号线上一位一位地进行传输，通信速度慢，但传输线少，硬件成本低，适合于长距离的数据通信。在单片机系统中，信息的通信多采用串行通信方式。

(1) 串行通信方式

按照串行数据的时钟控制方式，串行通信可分为异步通信和同步通信两类。

①异步通信。在异步通信中，数据通常是以字符为单位组成字符帧传送的。字符帧由发送端一帧一帧地发送，每一帧数据是低位在前，高位在后，通过传输线被接收端一帧一帧地接收。发送端和接收端可以由各自独立的时钟来控制数据的发送和接收，这两个时钟彼此独立，互不同步。

在异步通信中，接收端是依靠字符帧格式来判断发送端是何时开始发送，何时结束发送的。

字符帧又称数据帧，由起始位、数据位、奇偶校验位和停止位等四部分组成。如图 6.3 所示。

a. 起始位：位于字符帧开头，只占 1 位，为逻辑 0 低电平，用于向接收设备表示发送端开始发送一帧信息。

b. 数据位：位于起始位之后，根据情况可取 5 位、6 位、7 位或 8 位，低位在前，高位在后。

c. 奇偶校验位：位于数据位之后，仅占 1 位，用来表征串行通信中采用奇校验还是偶校验，由用户编程决定。

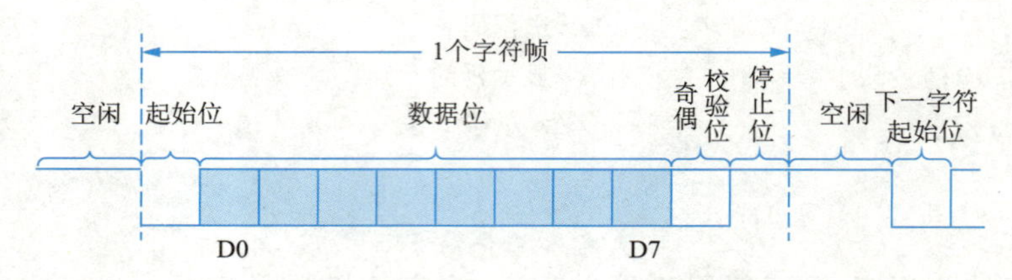

图6.3 异步通信字符帧格式

d. 停止位:位于字符帧最后,为逻辑1高电平。通常可取1位、1.5位或2位,用于向接收端表示一帧字符信息已经发送完,也为发送下一帧做准备。

异步通信的特点:不要求收发双方时钟的严格一致,实现容易,设备开销较小,但每个字符要附加2~3位,用于起止位、奇偶校验位和停止位,各帧之间还有间隔,因此传输效率不高。在单片机与单片机之间,单片机与计算机之间通信时,通常采用异步通信方式。

②同步通信。同步通信是一种连续串行传送数据的通信方式,一次通信只传输一帧信息。这里的信息帧和异步通信的字符帧不同,通常有若干个数据字符,但它们均由同步字符、数据字符和校验字符CRC三部分组成,如图6.4所示。

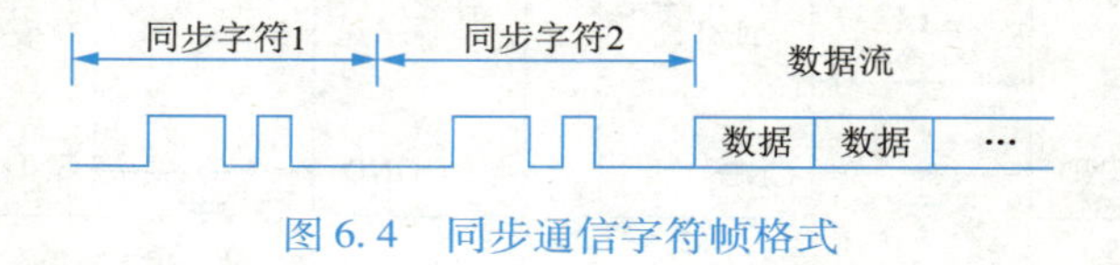

图6.4 同步通信字符帧格式

在同步通信中,每一数据块发送开始时,先发送一个或两个同步字符,使发送与接收取得同步,然后再顺序发送数据。数据块的各个字符间取消起始位和停止位,所以通信速度得以提高。

(2)串行通信制式

在串行通信中按照数据传送方向,可分为单工(simplex)、半双工(half duplex)和全双工(full duplex)三种制式,如图6.5所示。

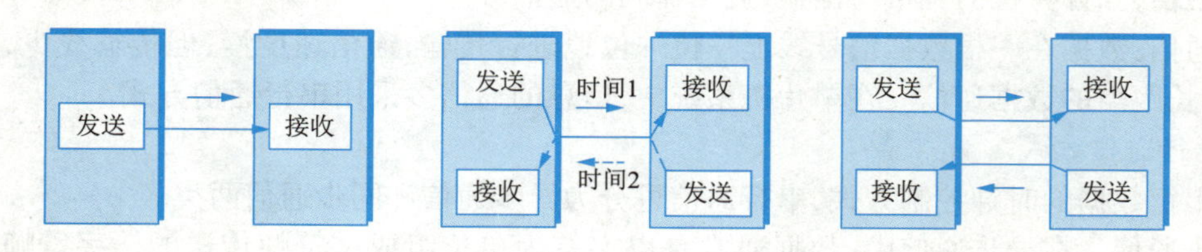

图6.5 单工、半双工和全双工三种制式

单工制式:通信线的一端是发送器,另一端是接收器,数据只能按照一个固定的方向传送。

半双工制式:系统的每个通信设备都由一个发送器和一个接收器组成,但同一时刻只能有一个站发送,一个站接收;两个方向上的数据传送不能同时进行。即只能一端发送,一端接收,其收发开关一般是由软件控制的电子开关。

全双工制式:通信系统的每端都有发送器和接收器,可以同时发送和接收,即数据可以在两个方向上同时传送。

(3)串行通信波特率

单片机或计算机在串口通信时的速率用波特率表示,它定义为每秒传输二进制代码的位数,即1 波特 =1 位/秒,单位是 bit/s(位/秒)。如每秒传送 240 个字符,而每个字符格式包含 10 位(1 位起始位、1 位停止位、8 位数据位),这时的波特率为 10 位 ×240 个字符/秒 = 2 400 bit/s。

在串行通信中,收发双方对传送的数据速率,即波特率要有一定的约定。51 系列单片机的串行接口有四种工作方式,其中方式 0 和方式 2 的波特率是固定的,方式 1 和方式 3 的波特率可变,由定时器 T1 的溢出率决定。

①方式 0 和方式 2:

在方式 0 中,波特率为时钟频率的 1/12,即波特率 $=f_{osc}/12$,固定不变。

在方式 2 中,波特率取决于 PCON 中的 SMOD 值,其计算公式为

$$波特率 = 2^{SMOD} \times f_{osc}/64$$

当 SMOD =0 时,波特率为 $f_{osc}/64$;当 SMOD =1 时,波特率为 $f_{osc}/32$。

②方式 1 和方式 3:

在方式 1 和方式 3 下,波特率由定时器 T1 的溢出率和 SMOD 共同决定,即

$$波特率 = T1 的溢出率 \times 2^{SMOD}/32$$

当定时器 T1 作为波特率发生器使用时,通常是工作在方式 2 下,即作为一个自动重装载的 8 位定时器,此时 TL1 作计数用,自动重装载的值在 TH1 内。设计数的预置值(初始值)为 X,那么每过 $256-X$ 个机器周期,定时器溢出一次。为了避免溢出而产生不必要的中断,此时应禁止 T1 中断。T1 的溢出率为 $f_{osc}/[12\times(256-X)]$。

表 6.1 列出了一些常用的波特率及产生条件。

表 6.1　常用的波特率及其产生条件

串口工作方式	波特率/(bit/s)	f_{osc}/MHz	SMOD	T1方式 2 的初值
方式 1 或方式 3	1 200	11.059 2	0	E8H
方式 1 或方式 3	2 400	11.059 2	0	F4H
方式 1 或方式 3	4 800	11.059 2	0	FAH
方式 1 或方式 3	9 600	11.059 2	0	FDH
方式 1 或方式 3	19 200	11.059 2	1	FDH
方式 1 或方式 3	62 500	11.059 2	1	FFH
方式 0	100 000	12	×	×
方式 2	375 000	12	1	×

【例 6.1】已知串口通信在串口方式 1 下,波特率为 9 600 bit/s,系统晶振频率为 11.059 2 MHz,求 TLI 和 THI 中装入的数值是多少?

解:设所求的数为 X,则定时器每计 $256-X$ 个数溢出一次,每计一个数的时间为 1 个机器周期,1 个机器周期等于 12 个时钟周期,所以计一个数的时间为 12/11.059 2 s,那么定时器溢出一次的时间为 $(256-X)\times 12/11.059\ 2$ s,T1 的溢出率就是它的倒数,方式 1 的波特率 = $(2^{SMOD}/32)\times$(T1 的溢出率),这里取 SMOD =0,则 $2^{SMOD}=1$,将已知的数代入公式后得 $9\ 600=(1/32)\times 11.059\ 2/[(256-X)\times 12]$,求得 $X=253$,转换成十六进制为 0xFD。上面若将 SMOD 置 1,那么 X 的值就变成

250。可见,在不变化 X 值的状态下,SMOD 由 0 变 1 后,波特率便增加一倍。

2. 串行接口结构及工作原理

(1) 串行接口结构

51 系列单片机的串行接口是一个可编程的全双工串行通信接口,通过引脚 RXD(P3.0)和引脚 TXD(P3.1)与外界通信。其结构如图 6.6 所示。

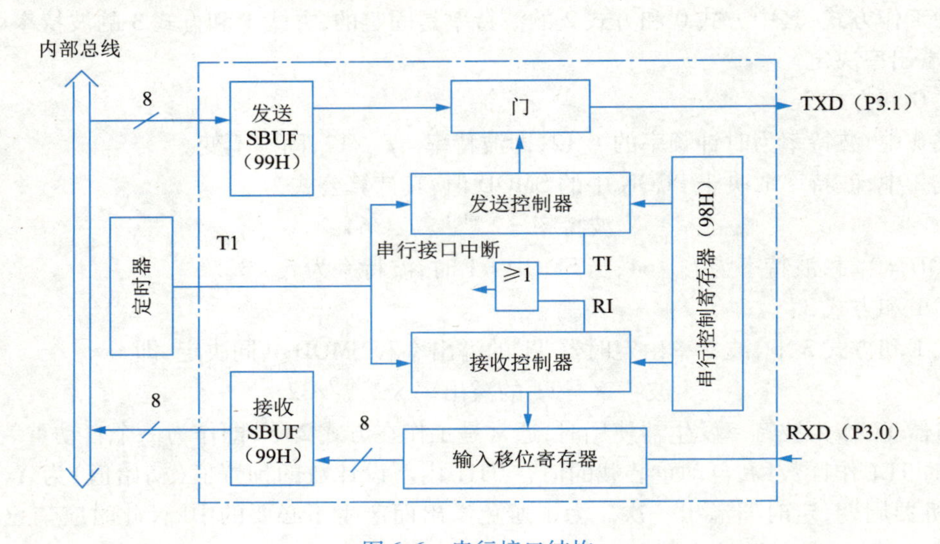

图 6.6 串行接口结构

与 51 系列单片机串行接口有关的特殊功能寄存器有 SBUF、SCON 和 PCON,下面分别详细介绍。

①串行接口数据缓冲器(SBUF)。SBUF 是两个在物理上独立的接收、发送寄存器,一个用于存放接收到的数据,另一个用于存放待发送的数据,可同时发送和接收数据。两个缓冲器共用一个地址 99H,通过对 SBUF 的读、写语句来区别是对接收缓冲器还是发送缓冲器进行操作。CPU 在写 SBUF 时,操作的是发送缓冲器;读 SBUF 时,就是读接收缓冲器的内容。例如:

```
SBUF = send[i];                    //发送第 i 个数据
buffer[i] = SBUF;                  //接收数据
```

②串行接口控制寄存器(SCON)。SCON 在特殊功能寄存器中,字节地址为 98H,可位寻址。SCON 用以设定串行接口的工作方式和状态。单片机复位时,SCON 全部被清 0。其各位的定义见表 6.2。

表 6.2 SCON 各位的定义

SCON	D7	D6	D5	D4	D3	D2	D1	D0
位名称	SM0	SM1	SM2	REN	TB8	RB8	TI	RI
位地址	9FH	9EH	9DH	9CH	9BH	9AH	99H	98H

SM0 和 SM1:串行接口的工作方式选择位。其控制的 4 种工作方式见表 6.3。

表 6.3　串行接口的 4 种工作方式

SM0　SM1	工作方式	功　能	波特率
0　0	方式 0	8 位同步移位寄存器	$f_{osc}/12$
0　1	方式 1	10 位 UART	可变
1　0	方式 2	11 位 UART	$f_{osc}/64$ 或 $f_{osc}/32$
1　1	方式 3	1 位 UART	可变

注:UART 是通用异步接收/发送器的英文缩写,f_{osc}是振荡器的频率。

SM2:多机通信控制位。SM2 主要用于方式 2 和方式 3。当 SM2 =1 时,可以利用收到的 RB8 来控制是否激活 RI(RB8 =0 时,不激活 RI,收到的信息丢弃;RB8 =1 时,收到的数据进入 SBUF,并激活 RI,进而在中断服务中将数据从 SBUF 中读走)。当 SM2 =0 时,不论收到的 RB8 是 0 还是 1,均可以使收到的数据进入 SBUF,并激活 RI(即此时 RB8 不具有控制 RI 激活的功能)。通过控制 SM2,可以实现多机通信。在方式 0 时,SM2 必须是 0。在方式 1 时,若 SM2 =1,则只有接收到有效停止位时,RI 才置 1。

REN:允许串行接收位。REN =1,允许串行接口接收数据;REN =0,禁止串行接口接收数据。

TB8:方式 2 或方式 3 中发送数据的第 9 位。可以用软件规定其作用。可以用作数据的奇偶校验位,或在多机通信中,作为地址帧/数据帧的标志位。在方式 0 和方式 1 中,该位未用。

RB8:方式 2 或方式 3 中接收数据的第 9 位。可作为奇偶校验位或地址帧/数据帧的标志位。在方式 1 时,若 SM2 =0,则 RB8 是接收到的停止位。

TI:发送中断标志位。在方式 0 时,当串行发送第 8 位数据结束时,或在其他方式,串行发送停止位的开始时,由内部硬件使 TI 置 1,向 CPU 发出中断申请。在中断服务程序中,用软件将其清 0,取消此中断申请。

RI:接收中断标志位。在方式 0 时,当串行接收第 8 位数据结束时,或在其他方式,串行接收到停止位时,由内部硬件使 RI 置 1,向 CPU 发出中断申请。在中断服务程序中,用软件将其清 0,取消此中断申请。

③电源控制寄存器(PCON)。PCON 在特殊功能寄存器中,字节地址为 87H,不能位寻址。PCON 用来管理单片机的电源部分,包括上电复位检测、掉电模式、空闲模式等。单片机复位时,PCON 各位全部被清 0。其各位的定义见表 6.4。

表 6.4　PCON 各位的定义

PCON	D7	D6	D5	D4	D3	D2	D1	D0
位名称	SMOD	×	×	×	GF1	GF0	PD	IDL

SMOD:该位与串口通信波特率有关。SMOD =0,串行接口方式 1、方式 2、方式 3 的波特率不变;SMOD =1,串行接口方式 1、方式 2、方式 3 的波特率加倍。

GF1、GF0:两个通用工作标志位,用户可以自由使用。

PD:掉电模式设定位。PD =0,单片机处于正常工作状态;PD =1,单片机进入掉电(Power Down)模式,可由外部中断低电平触发或由下降沿触发或者硬件复位模式唤醒。进入掉电模式后,外部晶振停振,CPU、定时器、串行接口全部停止工作,只有外部中断继续工作。

IDL:空闲模式设定位。IDL=0,单片机处于正常工作状态;IDL=1,单片机进入空闲(Idle)模式,除 CPU 不工作外,其余部件仍继续工作。在空闲模式下,可由任一个中断或硬件复位唤醒。

(2)串行接口工作原理

串行接口发送数据的工作过程:首先 CPU 通过内部总线将并行数据写入发送 SBUF,在发送控制电路的控制下,按设定好的波特率,每来一次移位脉冲,通过引脚 TXD 向外输送一位。一帧数据发送结束后,向 CPU 发出中断请求,TI 位置 1, CPU 响应中断后,开始准备发送下一帧数据。

串行接口接收数据的工作过程:CPU 不停检测引脚 RXD 上的信号,当信号中出现低电平时,在接收控制电路的控制下,按设定好的波特率,每来一次移位脉冲,读取外围设备发送的一位数据到移位寄存器。一帧数据传输结束后,数据被存入接收 SBUF,同时向 CPU 发出中断请求,RI 位置 1,CPU 响应中断后,开始接收下一帧数据。

3. 串行接口工作方式

51 系列单片机的串行接口有四种工作方式,通过 SCON 中的 SM1 和 SM0 位来决定。下面详细介绍这四种工作方式。

(1)方式 0

方式 0 时,串行接口为同步移位寄存器的输入/输出方式,主要用于扩展并行输入或输出口。数据由 RXD (P3.0)引脚输入或输出,同步移位脉冲由 TXD (P3.1)引脚输出。发送和接收均为 8 位数据,低位在先,高位在后,波特率固定为 $f_{osc}/12$。

发送数据,在 TI=0 时,将一帧数据写进 SBUF,当发送完一帧数据之后,单片机自动将 TI 置 1。TI 必须由软件清 0。

接收数据,REN 置 1,在 RI=0 时,当 SBUF 接收到一帧数据之后,单片机自动将 RI 置 1。RI 必须由软件清 0。

(2)方式 1

方式 1 是 10 位数据的异步通信口,其中 1 位起始位、8 位数据位、1 位停止位,其帧格式如图 6.7 所示。TXD (P3.1)为数据发送引脚,RXD (P3.0)为数据接收引脚。其传输波特率是可变的。对于 51 系列单片机,波特率由定时器 T1 的溢出率决定。通常在进行单片机与单片机串口通信、单片机与计算机串口通信、计算机与计算机串口通信时,基本都选择方式 1,因此这种方式务必要完全掌握。

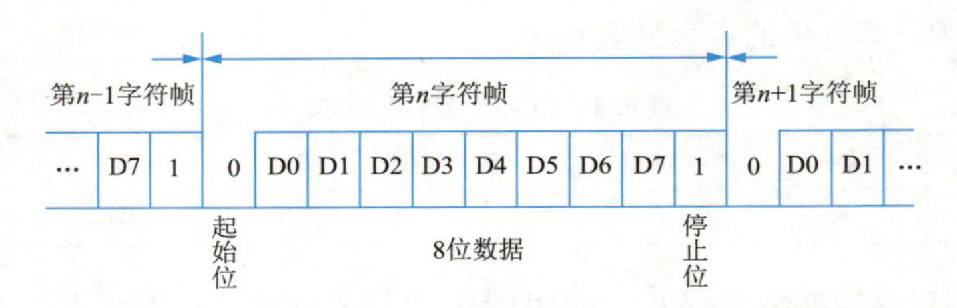

图 6.7 方式 1 下的 10 位帧格式

发送时,当数据写入发送缓冲器 SBUF 后,启动发送器发送,数据从 TXD 输出。当发送完一帧数据后,置发送中断标志位 TI 为 1。方式 1 下的波特率取决于定时器 T1 的溢出率和 PCON 中的 SMOD 位。

接收时，REN 置 1，允许接收，串行接口采样 RXD，当采样由 1 到 0 跳变时，确认是起始位“0”，开始接收一帧数据。当 RI = 0，且停止位为 1 或 SM2 = 0 时，停止位进入 RB8 位，同时置接收中断标志位 RI = 1；否则，信息将丢失。所以，采用方式 1 接收时，应先用软件清零 RI 或 SM2 标志。

(3)方式 2、方式 3

方式 2、方式 3 时为 11 位数据的异步通信口。TXD（P3.1）为数据发送引脚，RXD（P3.0）为数据接收引脚。这两种方式下，1 位起始位，9 位数据位(含 1 位可编程位，用于奇偶校验，发送时为 SCON 中的 TB8，接收时为 RB8)，1 位停止位，一帧数据为 11 位。方式 2 的波特率固定为晶振频率的 1/64 或 1/32，方式 3 的波特率由定时器 T1 的溢出率决定。方式 2 下的 11 位帧格式如图 6.8 所示。

图 6.8 方式 2 下的 11 位帧格式

方式 2 和方式 3 的差别仅在于波特率的选取方式不同。在两种方式下，接收到的停止位与 SBUF、RB8 及 RI 都无关。

在具体操作串行接口之前，需要对单片机的一些与串行接口有关的特殊功能寄存器进行初始化设置，主要是设置产生波特率的定时器 T1、串行口控制和中断控制。

具体步骤如下：

①确定 T1 的工作方式(编程 TMOD 寄存器)。

②计算 T1 的初值，装载 TH1、TL1。

③启动 T1(编程 TCON 中的 TR1 位)。

④确定串行接口工作方式(编程 SCON 寄存器)。

⑤串行接口工作在中断方式时，要进行中断设置(编程 IE、IP 寄存器)。

下面用一个实例讲解串行接口方式 1 的具体使用方法和操作流程。

【例 6.2】在上位机上用串口调试助手发送一个字符 X，单片机收到字符后返回给上位机“I get X”，串口波特率设为 9 600 bit/s。程序代码如下：

```
#include <reg52.h>
#define uchar unsigned char
#define uintunsigned int
unsigned char flag,a,i;
uchar code table[] = "I get ";
void init0
{
    TMOD = 0x20;                    //设定定时器 T1 工作于方式 2
    TH1 = 0xfd;                     //定时器 T1 装初值
    TL1 = 0xfd;
```

```
    TR1 = 1;                        //启动定时器 T1
    REN = 1;                        //允许串口接收
    SM0 = 0;                        //设定串口工作于方式 1
    SM1 = 1;
    EA = 1;                         //开总中断
    ES = 1;                         //开串口中断
}
void main ( )
{
    init ( );
    while(1)
    {
        if(flag = = 1)
        {
            ES = 0;
            {
                SBUF = table[i];
                while( ! TI);
                TI = 0;
            }
            SBUF = a;
            while( ! TI);
            TI = 0;
            ES = 1;
            flag = 0;
        }
    }
}
void ser( ) interrupt 4
{
    RI = 0;
    a = SBUF;
    flag = 1;
}
```

说明:

①uchar code table[ ] = "I get";定义了一个字符类型的编码数组,数组中的元素为字符串时,用双引号将字符串引起来,空格也算一个字符。字符串由一个一个字符组成,可写成另外一种方式 uchar code table[ ] = {'I',' ','g','e','t',''};,这里的每个字符用两个单引号引起来,元素之间要用逗号隔开,空格也算一个字符。

②void ser( ) interrupt 4 为串口中断服务程序。在本程序中完成三件事:RI 清 0,因为程序既然

产生了串口中断，那么肯定是收到或发送了数据，在开始时没有发送任何数据，那必然是收到了数据，此时 RI 会被硬件置 1，进入串口中断服务程序后必须由软件清 0，这样才能产生下一次中断；将 SBUF 中的数据读出送给变量 a，这才是进入中断服务程序中最重要的目的；将标志位 flag 置 1，以方便在主程序中查询判断是否已经收到数据。

③进入大循环 while( )语句后，一直在检测标志位 flag 是否为 1。当检测到 flag 为 1 时，说明程序已经执行过串口中断服务程序，即收到了数据，否则始终检测 flag 的状态。当检测到 flag 置 1 后，先是将 ES 清 0，原因是接下来要发送数据，若不关闭串口中断，当发送完数据后，单片机同样会申请串口中断，便再次进入中断服务程序，flag 又被置 1，主程序检测到 flag 为 1，如此重复下去，程序形成了死循环，造成错误的现象。因此在发送数据前把串口中断关闭，等发送完数据后再打开串口中断，这样便可以安全地发送数据了。

④在发送数据时，当发送前面六个固定的字符时，使用了一个 for 循环语句，将前面数组中的字符依次发送出去，后面再接着发送从中断服务程序中读回来的 SBUF 中的数据时，当向 SBUF 中写入一个数据后，使用“while(！ TI)；”等待是否发送完毕，因为当发送完毕后 TI 会由硬件置 1，然后才退出“while(！ TI)；”，接下来再将 TI 手动清 0。

⑤当接收数据时，写“a = SBUF；”语句，单片机便会自动将串口接收寄存器中的数据取走给 a；当发送数据时，写“SBUF = a；”语句，程序执行完这条语句便自动开始将串口发送寄存器中的数据一位一位从串口发送出去。SBUF 是共用一个地址的两个独立的寄存器，单片机识别操作哪个寄存器的关键语句就是“a = SBUF”和“SBUF = a”。

六、任务小结

从程序中可以看出，甲、乙通信双方都有对单片机定时器的编程，而且双方对定时器的编程完全相同。这说明在进行串行通信时，通信双方的通信波特率和工作方式设置必须一致。

任务二　单片机与 PC 通信技术

一、任务说明

用 89C51 单片机实现与 PC 之间的通信。PC 先向单片机发送指令，当单片机接收到 PC 发来的指令，并判断指令为“01H”时，启动定时发送程序，向 PC 发送数据进行串行通信。

二、任务分析

要实现上述任务，需要了解单片机与 PC 的串口连接方法，单片机与 PC 串口通信协议电平的转换技术，以及单片机和 PC 数据收发程序的设计方法。

三、电路设计

单片机与 PC 通信的硬件电路如图 6.9 所示。

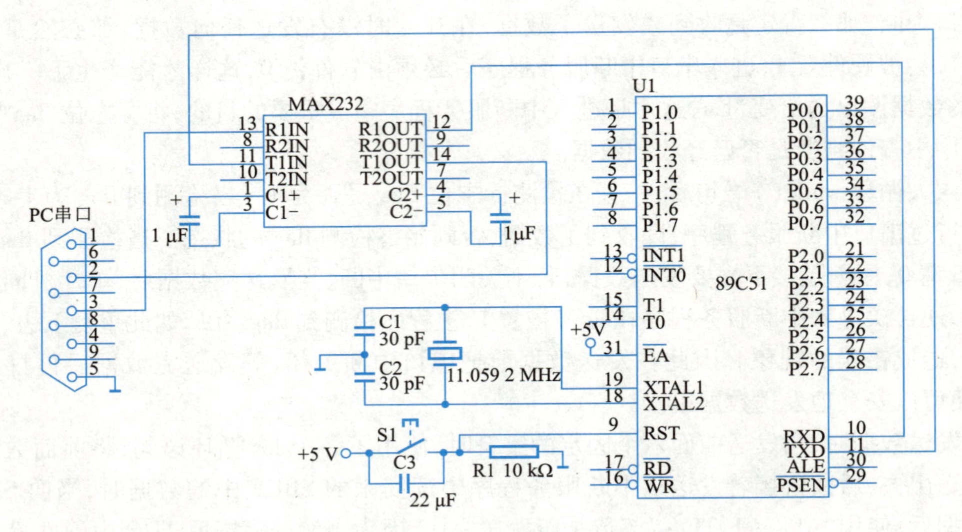

图 6.9 PC 与单片机通信电路

四、程序设计

单片机串口通信程序如下：

```
//程序:ex6_3.c
#include <reg51.h>
#define uchar unsigned char
uchar Txdnum[15] = {0,1,2,3,4,5,6,7,8,9,0xa0,0xa1,0xa2,0xa3,0xa4}
uchar timercount, Rxdcount, Numcount;
bit Txdflag;
void serial_Txd (uchar  *p)
{
  uchar i;
  for(i =0;i <15;i + +)
  {
     SBUF = *p + +;
     While(! TI);
     TI =0;
  }
}
void  serial_Int() interrupt 4
{
  uchar  temp;
  ES =0;
  If(RI)
{
  Temp = SBUF;
```

```
  RI =0;
  If(temp = =0x55)
  {
     while (! RI);
     temp = SBUF;
     RI =0;
     if(temp = =0xaa)
     {
       while (! RI);
       temp = SBUF;
       RI =0;
       if(temp = =0x01)
       {
         P2  = ~temp;
         TR0 =1;
       }
    }
     else
     ES =1;
}
  else
    ES =1;
  }
}
void  T0_Interrupt() interrupt 1
{
  TL0 =0x00;
  TH0 =0xdc;
  if( - -timercount = =0)
  {
     Timercount = =200;
     Txdflag =1;
  }
}
void main()
{
     Txdflag =0;
     Rxdcount =0;
     Numcount =0;
     Timercount =100;
     TMOD =0x21;
     TL0 =0x00;
```

```
        TH0 =0xdc;
        TL1 =0xfd;
        TH1 =0xfd;
        SCON =0X50;
        TR1 =1;
        ET0 =1;
        ES =1;
        EA =1;
        while(1)
        {
            if(Txdflag = =1)
            {
              Txdflag =0;
              Serial_Txd(Txdnum);
            }
        }
}
```

单片机与 PC 相连,同时运行程序,当 PC 向单片机传送数据后,如果数据相符,单片机开始每隔 2 s 向 PC 传送数据,在 PC 上可以观察到通信结果。

五、相关知识

1. 单片机双机通信

(1) RS-232-C 串行通信协议

RS-232 是个人计算机上的通信接口之一,由电子工业协会(Electronic Industries Association, EIA)所制定的异步传输标准接口。通常 RS-232 接口以 9 个引脚(DB-9)或是 25 个引脚(DB-25)的形态出现,一般个人计算机上会有两组 RS-232 接口,分别称为 COM1 和 COM2。

RS-232-C 标准(协议)的全称是 EIA-RS-232-C 标准,其中 EIA 代表电子工业协会,RS (recommended standard)代表推荐标准,232 是标识号。常用物理标准还有 RS-422-A、RS-485。这里只介绍 RS-232-C。例如,目前在 IBM PC 上的 COM1、COM2 接口,就是 RS-232-C 接口。

RS-232-C 标准定义了数据终端设备 DTE(data terminal equipment)与数据通信设备 DCE(data communication equipment)之间的物理接口规范,采用标准接口后,能够方便地把单片机、外设以及测量仪器等有机的连接起来构成一个测控系统。

①RS-232-C 的电气特性。RS-232-C 的电气标准采用下面的负逻辑:逻辑“1”代表 -3 ~ -15 V;逻辑“0”代表 +3 ~ +15 V。

因此,RS-232-C 不能和 TTL 电路直接连接,使用时必须加上适当的电平转换电路,否则将使 TTL 电路烧毁。目前较为广泛地使用集成电路转换器件,如 MC1488、SN75150 芯片可完成 TTL 电平到 EIA 电平①的转换,而 MC1489、SN75154 可实现 EIA 电平到 TTL 电平的转换。MAX232 芯片可完

---

① EIA 电平是一种电压较高(±15 V)的逻辑电平,它常用于 RS-232 系列接口中。

成 TTL 与 EIA 双向电平转换。

②RS-232-C 引脚功能。标准 RS-232-C 接口采用的是 25 针 D 型连接器，大部分的通信系统中只用到其中的 9 个引脚，因此，实际工作中常采用 9 针串行接口，如图 6.10 所示。另外，在一些简单的通信系统中（如一般的双工通信），只需用 TXD、RXD 和地 3 个引脚就可以完成数据通信。

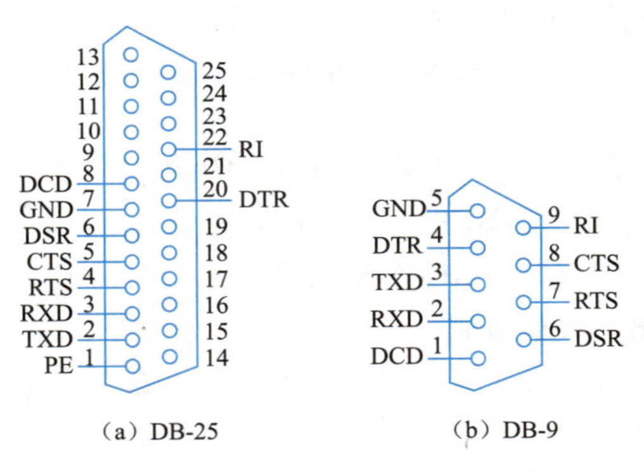

图 6.10　串行接口

表 6.5 所示为 9 针串行接口和 25 针串行接口的部分引脚定义。

表 6.5　9 针串行接口和 25 针串行接口的部分引脚定义

9 针引脚	25 针引脚	名称	功能
1	8	CD	载波检测
2	3	RXD	发送数据
3	2	TXD	接收数据
4	20	DTR	数据终端准备完成
5	7	GND	信号地线
6	6	DSR	数据准备完成
7	4	RTS	发送请求
8	5	CTS	发送清除
9	22	RI	振铃指示

③RS-232-C 的通信距离和速度。RS-232-C 标准规定，驱动器允许有 2 500 pF 的电容负载，通信距离将受此电容限制，例如，采用 150 pF/m 的通信电缆时，最大通信距离为 15 m；若每米电缆的电容量减小，通信距离可以增加。传输距离短的另一原因是 RS-232-C 属单端信号传送，存在共地噪声和不能抑制共模干扰等问题，因此一般用于 20 m 以内的通信。

RS-232-C 标准规定的数据传输速率为 50 bit/s、75 bit/s、100 bit/s、150 bit/s、300 bit/s、600 bit/s、1 200 bit/s、2 400 bit/s、4 800 bit/s、9 600 bit/s、19 200 bit/s。在仪器仪表或工业控制场合，9 600 bit/s 是最常见的传输速率。

(2)MAX232 芯片

MAX232 芯片是美信公司专门为 PC 的 RS-232 标准串口设计的单电源电平转换芯片,使用+5 V 单电源供电。其引脚图如图 6.11 所示。

其引脚功能如下:

①第一部分是电荷泵电路。由 1 引脚～6 引脚和四只电容构成。功能是产生+12 V 和－12 V 两个电源,提供给 RS-232 串口电平的运行需要。

②第二部分是数据转换通道。由 7 引脚～14 引脚构成两个数据通道。其中 13 引脚($R1_{IN}$)、12 引脚($R1_{OUT}$)、11 引脚($T1_{IN}$)、14 引脚($T1_{OUT}$)为第一数据通道。8 引脚($R2_{IN}$)、9 引脚($R2_{OUT}$)、10 引脚($T2_{IN}$)、7 引脚($T2_{OUT}$)为第二数据通道。

TTL/CMOS 数据从 $T1_{IN}$、$T2_{IN}$ 输入,转换成 RS-232 数据后从 $T1_{OUT}$、$T2_{OUT}$送到 PC 的 DB9 插头;DB9 插头的 RS-232 数据从 $R1_{IN}$、$R2_{IN}$输入,转换成 TTL/CMOS 数据后从 $R1_{OUT}$、$R2_{OUT}$输出。

③第三部分是供电。由 15 引脚(GND)和 16 引脚(VCC)构成。

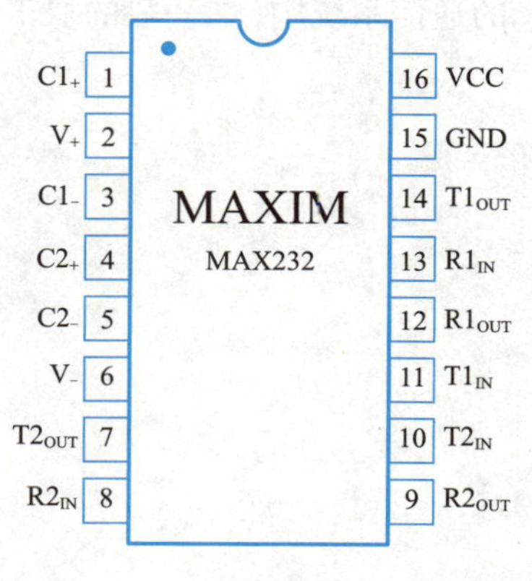

图 6.11　MAX232 引脚图

六、任务小结

本任务实现了 51 系列单片机与 PC 的通信,电路采用 MAX232 芯片来实现电平转换,它可以将单片机 TXD 端输出的 TTL 电平转换成 EIA 电平。

任务三　单片机与蓝牙模块通信技术

视 频

单片机蓝牙控制系统

一、任务说明

通过单片机控制一个蓝牙模块实现无线通信的设计,熟悉蓝牙模块的工作原理和控制方法,能正确设计出单片机控制蓝牙模块的设计电路并编写程序。

二、任务分析

用单片机控制一个蓝牙模块,实现单片机与蓝牙模块之间的无线通信,点亮 4 个发光二极管。

三、电路设计

单片机控制蓝牙模块的电路如图 6.12 所示,用 89C51 单片机的 P3.0、P3.1 引脚与蓝牙模块进行通信。74HC245 是单片机系统中常用的驱动器,三态输出 8 路收发器,74HC245 可增加 I/O 端口的驱动能力,51 系列单片机的 I/O 端口本身的驱动电流较小,但所带的负载很大。

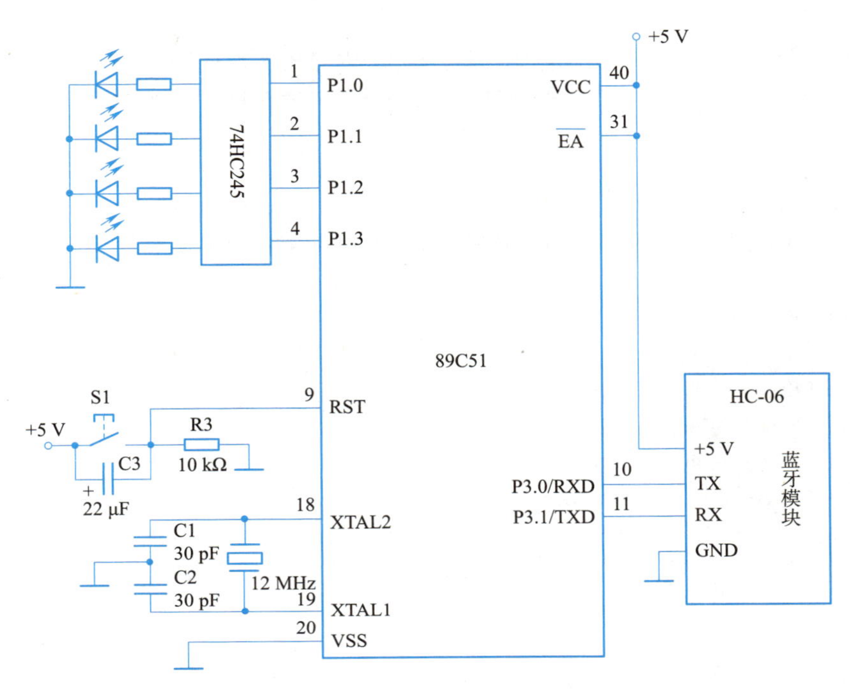

图 6.12　单片机控制蓝牙模块的电路

四、程序设计

```
//程序:ex6_4.c
//功能:单片机控制蓝牙模块通信
void Com_Init( )
{
    SCON = 0x50;
    TMOD = 0x20;
    TH1 = 0xFD;              //设置波特率为 9 600 bit/s
    TL1 = 0xFD;
    TR1 = 1;                 //启动定时器 T1
    ES = 1;                  //开串口中断
    EA = 1;                  //开总中断
}
void Com_Int( ) interrupt 4
{
    ES = 0;
    if(RI)                   //当硬件接收到一个数据时,RI 会置位
    {
    rev = SBUF;              //rev 为定义的用于存放接收到的控制信号的全局变量,1 表示接收到控制
                             //信号,0 表示未接收到控制信号或者控制信号已被处理
```

```
        RI = 0;
        rok=1;                    //rok为代表是否接收到控制信号的全局位变量,1表示接收到控制信号,
                                  //0表示未接收到控制信号或者控制信号已被处理
    }
    ES = 1;
}
void gongneng()                   //单片机判断控制字符并执行响应的子函数
{
  switch(rev)
  {
    case '0': LED0 = ~LED0 ; break;
    case '1': LED1 = ~LED1 ; break;
    case '2': LED2 = ~LED2 ; break;
    case '3': LED3 = ~LED3 ; break;
    default: break;
  }
  rok=0;
}
void main()
{
  P1=0x00;                        //所有灯熄灭
  Com_Init();                     //串口初始化
  while(1)
  {
    if(rok)gongneng();
  }
}
void Com_Int(void) interrupt 4
{
  ES = 0;
    if(RI)                        //当硬件接收到一个数据时,RI会置位
    {
        rev=SBUF;
        RI = 0;
        rok=1;
    }
      ES = 1;
}
```

五、相关知识

1. 蓝牙的特点及应用

蓝牙是一种支持设备短距离通信的无线电技术,是无线网络传输技术的一种。蓝牙作为一种

小范围无线连接技术，能在设备间实现方便快捷、低成本、低功耗的数据通信和语音通信，能在包括移动电话、PDA（个人数字助理）、无线耳机、笔记本计算机、相关外设等众多设备之间进行无线信息交换。蓝牙工作在全球通用的2.4 GHz ISM（即工业、科学、医学）频段，使用IEEE 802.11协议。利用“蓝牙”技术，能够有效地简化移动通信终端设备之间的通信，也能够成功地简化设备与因特网之间的通信，从而数据传输变得更加迅速高效，为无线通信拓宽道路。

视 频

蓝牙技术原理

(1) 蓝牙的特点

①蓝牙技术的适用设备多，无须电缆，通过无线使PC和电信设备联网进行通信。

②蓝牙技术的工作频段全球通用，适用于全球范围内用户无界限的使用，解决了蜂窝式移动电话的“国界”障碍。蓝牙技术产品使用方便，利用蓝牙设备可以搜索到另外一个蓝牙技术产品，迅速建立起两个设备之间的联系，在控制软件的作用下可以自动传输数据。

③蓝牙技术的安全性和抗干扰能力强。蓝牙技术的兼容性较好，由于蓝牙技术具有跳频的功能，有效避免了ISM频带遇到干扰源。

④传输距离较短。现阶段，蓝牙技术的主要工作范围在10 m左右，经过增加射频功率后的蓝牙技术可以在100 m的范围进行工作，保证蓝牙在无线传播时的工作质量与效率，提高蓝牙的传播速度。

(2) 蓝牙的应用

①车载蓝牙娱乐系统。主要包括USB技术、音频解码技术、蓝牙技术等。将上述技术相融合，利用汽车内部传声器、音响等设备，播放各种音频以及视频等。

②蓝牙车辆远程状况诊断。车载诊断系统主要依靠蓝牙远程技术，及时进行车辆检修，对汽车发动机进行实时监测，帮助车辆时刻掌握不同功能模块的具体运行情况，一旦发现系统运行不正常，利用设定好的计算方法准确判断出现故障的原因与故障类型，将故障诊断代码上传到车载运行系统存储器中。

③技术人员对数控机床的无线监控。蓝牙技术在数控机床中的应用，主要体现在无线监控方面，利用蓝牙技术安装相应的监控设施，为数控机床用户生产提供方便，同时也维护了数控机床生产的安全。技术人员根据携带的蓝牙监控设备，随时监控与管理机床运行，发现数控机床生产问题及时治理，尤其是无线数据链路下实现的自动监控能力，可以适当干预机床运行，比如停止主轴或者系统停机等。

④零部件磨损程度的检测。蓝牙检测功能还应用在工业零部件磨损检测方面。利用蓝牙检测软件并结合磨损检测材料进行实验研究，可以具体到耐磨性优劣，及时利用蓝牙无线传输将磨损检测程度数据传输到相关设备中，相关设备进行智能分析，并将结果告知技术人员。

2. HC-06蓝牙串口通信模块

HC-06蓝牙串口通信模块（见图6.13）是专为智能无线数据传输打造的，采用英国CSR公司BlueCore4-Ext芯片，遵循V2.0+EDR蓝牙规范，串口工作电压为3.3 V，休眠电流小于1 mA。该模块支持UART、USB、SPI等接口，具有成本低、体积小、功耗低、收发灵敏等优点。该模块主要用于短距离的数据无线传输领域，可方便和手机等智能终端的蓝牙设备相连，也可实现两个模块之间的数据互通，可用于GPS导航系统、水电煤气超标系统、工业现场采控系统，可以与蓝牙笔记本计算机、PDA等设备进行无缝连接。

①AT指令测试。AT指令是以AT开头,然后加上具有特定含义命令字符的指令格式。使用AT指令时,先使蓝牙模块进入AT模式,然后设置蓝牙为命令的接收端,单片机或者PC串口就是命令的发送端,串口发送的AT数据是直接给蓝牙模块的,这个串口可以是PC串口或者是单片机串口;如果用单片机实现AT指令设置蓝牙,就用一个I/O端口控制蓝牙模块的引脚,直接将TXD、RXD与单片机相连,对蓝牙模块AT设定通过USB转串口接到蓝牙模块就可以通过PC的串口进行调试,把AT指令写在程序中,通过串口发送给蓝牙模块,HC-06蓝牙串口通信模块硬件连接如图6.14所示。

图6.13 HC-06蓝牙串口通信模块

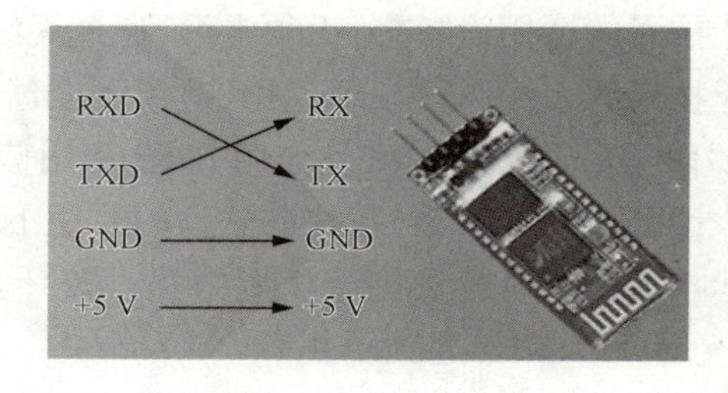

图6.14 HC-06蓝牙串口通信模块硬件连接

RXD—单片机串行输入端口;TXD—单片机串行输出端口;GND—接地端;+5 V—电源;RX—HC-06蓝牙模块输入;TX—HC-06蓝牙模块输出

②串口调试助手设置。serial port即串行端口。现在大多数硬件设备均采用串口技术与计算机相连,因此串口的应用程序开发越来越普遍。例如,在计算机没有安装网卡的情况下,将本机上的一些信息数据传输到另一台计算机上,利用串口通信就可以实现。利用"串口调试助手"在"发送数据"文本框中输入要传送的数据,单击"发送"按钮,将传送的数据发送到所选择的端口号中;单击"接收"按钮,传递的数据被接收到"接收数据"文本框中。进行串口通信时,需要设置一些相关参数,可以通过设置SerialPort类的属性来设置参数。

PortName:串口名称,COM1、COM2等。

BaudRate:波特率,串口通信的速率,进行串口通信的双方其波特率需要相同,如果用PC连接其他非PC系统,一般情况下,波特率由非PC系统决定。

Parity:奇偶校验,可以选取枚举Parity中的值。

DataBits:数据位。

StopBits:停止位,可以选取枚举StopBits中的值。

Handshake:握手方式,也就是数据流控制方式,可以选取枚举Handshake中的值。

3. 单片机Wi-Fi控制

视频

单片机Wi-Fi控制

Wi-Fi全称Wireless Fidelity(无线保真),实质上是一种商业认证,具有Wi-Fi认证的产品符合IEEE 802.11无线网络规范,它是当前应用最为广泛的WLAN标准。采用2.4 GHz和5 GHz两个频谱。Wi-Fi是WLAN中的一种技术,无线保真技术与蓝牙技术一样,同属于在办公室和家庭中使用的短距离无线技术,其目前可使用的标准有两个,分别是IEEE 802.11a和IEEE 802.11b,数据传输速率可以达到11 Mbit/s,可根据信号强弱把传输速率调整为5.5 Mbit/s、2 Mbit/s和1 Mbit/s。室外无障碍物的情况下,最大传输距离可达300 m,室内有障碍物的情况下,最大传输距离可达100 m。

Wi-Fi 特点：

①无线电波的覆盖范围广，基于蓝牙技术的电波覆盖范围较小，半径大约 10 m，而 Wi-Fi 的半径则可达 100 m。

②Wi-Fi 技术传输比较容易受到干扰，数据安全性能比蓝牙差一些，传输质量有待改进，但 Wi-Fi 传输速率非常快，可以达到 11 Mbit/s，符合个人和社会信息化的需求。

③Wi-Fi 最主要的优势在于不需要布线，厂商进入该领域的门槛比较低。厂商只要在机场、车站、图书馆等人员较密集的地方设置“热点”，并通过高速线路将因特网接入上述场所。这样，由于“热点”所发射出的电波可以达到距接入点半径数十米至 100 m 的地方，用户只要将支持无线的笔记本计算机或 PDA 拿到该区域内，即可高速接入因特网。

④Wi-Fi 是由 AP（access point）和无线网卡组成的无线网络。AP 一般称为网络桥接器或接入点，它是当作传统的有线局域网络与无线局域网络之间的桥梁，因此任何一台装有无线网卡的 PC 均可透过 AP 去分享有线局域网络甚至广域网络的资源，其工作原理相当于一个内置无线发射器的 HUB（集线器设备）或者是路由，而无线网卡则是负责接收由 AP 所发射信号的客户端设备。

⑤健康安全。IEEE 802.11 规定，Wi-Fi 技术的发射功率不可超过 100 mW，实际发射功率为 60～70 mW，手机的发射功率为 200 mW～1 W，手持式对讲机高达 5 W，而且无线网络使用方式并非像手机直接接触人体，是安全的。

六、任务小结

本任务实现了单片机与蓝牙模块的无线通信设计，熟悉蓝牙模块的工作原理和单片机控制方法，并能编写出简单的控制程序。

项目总结

本项目对单片机的串行通信技术进行了介绍，重点训练了串行通信的编程方法和步骤。单片机与单片机之间、单片机与 PC 之间、单片机与蓝牙模块之间都可以进行通信。读者在完成本项目内容后，应重点掌握以下知识：

①单片机串行接口的结构、工作方式、波特率设置。

②RS-232-C 串行通信总线标准。

③单片机之间的通信。

④单片机与 PC 之间的通信。

⑤单片机与蓝牙模块之间的通信。

项目训练

一、选择题

①51 系列单片机的串行接口是（　　）。

A. 单工　　　　B. 半双工　　　　C. 全双工

②下列关于串行接口说法不正确的是（　　）。

A. 能同时进行串行发送和接收

B. 它可以作为异步串行通信使用，也可以作为同步移位寄存器使用

C. 利用串行接口可以实现单片机点对点的单机、多机通信

D. 串行接口的波特率是固定的

③51系列单片机串行接口发送/接收中断源的工作过程是:当串行接口接收或发送完一帧数据时,将SCON中的(　　),向CPU申请中断。

A. RI或TI置1　　B. RI或TI置0

C. RI置1或TI置0　　D. RI置0或TI置1

④51系列单片机的串行接口工作方式中,适合多机通信的是(　　)。

A. 方式0　　B. 方式1　　C. 方式2　　D. 方式3

⑤以下所列特点中,不属于串行接口工作方式2的是(　　)。

A. 11位帧格式　　B. 有第9数据位

C. 使用一种固定的波特率　　D. 使用两种固定的波特率

⑥串行接口的控制寄存器(SCON)中,REN的作用是(　　)。

A. 接收中断请求标志位　　B. 发送中断请求标志位

C. 串行接口允许接收位　　D. 地址/数据位

二、问答题

①什么是串行异步通信?它有哪些作用?

②80C51单片机串行接口有几种工作方式?由什么寄存器决定?

③定时器T1做串行接口波特率发生器时,为什么采用方式2?

④简述单片机多机通信的原理。

三、思考题

设计一个单片机的双机通信系统,并编写通信程序。将甲机内部RAM 30H~3FH存储区的数据块通过串行接口传送到乙机内部RAM 40H~4FH存储区中去。

项目七 单片机系统扩展技术

项目导读

在单片机构成的实际测控系统中，由于单片机最小应用系统内部的存储器、I/O接口数量有限，往往不能满足要求，这时就要根据实际情况，对单片机进行系统扩展。本项目通过串行EEPROM扩展、多个发光二极管闪烁控制两个任务的设计，让读者从扩展单片机程序存储器和I/O端口入手，进而掌握单片机系统扩展的一般方法。

学习目标

①掌握单片机程序存储器扩展方法。

②掌握单片机数据存储器扩展方法。

③能用单片机串行接口的I/O端口进行扩展。

任务一 串行EEPROM扩展

一、任务说明

利用89C51单片机扩展串行EEPROM芯片AT24C01(128×8 bit，共1 024 bit)，并编写串行EEPROM读写程序，将片内RAM中的4个单元的数据写入串行EEPROM，再重新从串行EEPROM中读出。

视频

串行EEPROM扩展

二、任务分析

要实现上述任务，需要了解单片机内部的程序存储器、程序存储器的扩展方法及常用芯片的相关知识。

三、电路设计

单片机扩展串行 EEPROM 的硬件电路如图 7.1 所示。

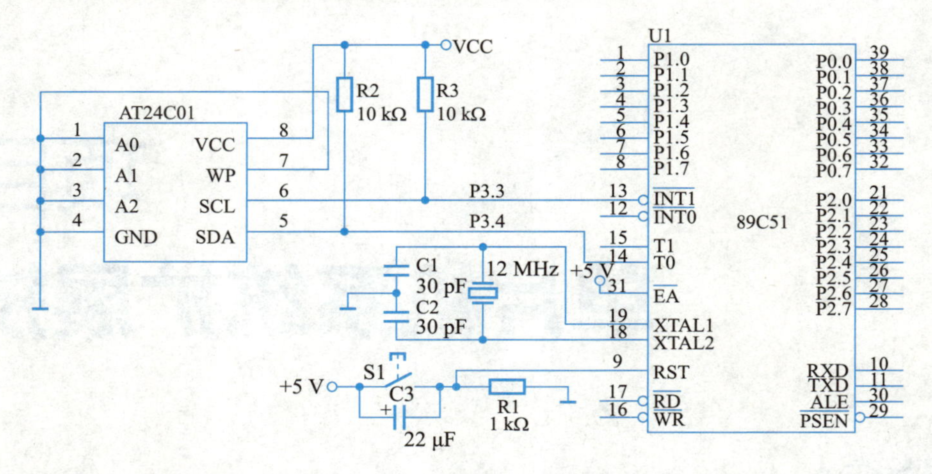

图 7.1 单片机扩展串行 EEPROM 电路

在图 7.1 中,AT24C01 的引脚 1、2、3 是三条地址线 A0、A1、A2,用于确定芯片的器件地址。本电路中全部接地,则器件地址为 A2A1A0 = 000。引脚 5 为串行数据输入/输出端 SDA,接单片机 P3.4 引脚;引脚 6 为串行时钟 SCL,接单片机的 P3.3 引脚,也可以根据需要接单片机其他 I/O 端口;引脚 7 为写保护端 WP,高电平有效,本电路中该引脚接地,允许写入。元器件清单见表 7.1。

表 7.1 单片机扩展串行 EEPROM 电路的元器件清单

元器件名称	参数	数量	元器件名称	参数	数量
IC 插座	DIP40/DIP8	各 1 个	晶振	12 MHz	1 个
单片机	89C51	1 个	瓷片电容	30 pF	2 个
EEPROM	AT24C01	1 个	电阻	10 kΩ	2 个
电解电容	22 μF	1 个	电阻	1 kΩ	1 个

四、程序设计

完成硬件电路连接后,需要根据芯片时序编写串行 EEPROM 的读写程序。

```
//程序:ex7_1.c
//功能:EEPROM 读写程序,从 AT24C01 的 4 个连续存储单元中读出 4 字节的数据,然后将 4 个新的数值写入
//AT24C01 的对应 4 个存储单元中,再重新读出。
#include <reg51.h>
#include <intrins.h> //_nop_()函数所在的头文件
/***************************** 位定义及预定义 *********************************/
#define AddWr 0xa0                        //器件地址选择及写数据地址 0xa0
#define AddRd 0xa1                        //器件地址选择及读数据地址 0xa1
sbit SDA = P3^4;                          //串行数据输入/输出位定义
```

```
sbit SCL = P3^3;                                //串行时钟位定义
bit yingd_bit;                                  //应答标志
/****************************** 函数声明 ************************************/
void mDelay(unsigned char ms);                  //延时函数声明
void start(void);                               //开始函数
void stop(void);                                //停止函数
void yingd(void);                               //应答函数
void Noyingd(void);                             //反向应答函数
void shuru(unsigned char Data);                 //串行输出数据函数
unsigned char shuru(void);                      //串行输入数据函数
void WrByte(unsigned char Data[],unsigned char Address,unsigned char Num);
                                                //写字节函数
void RdRadom(unsigned char Data[],unsigned char Address,unsigned char Num);
//随机地址读函数
/****************************** 主函数 ************************************/
void main()
{
  unsigned char R1data[4] = {0,0,0,0};          //初始化读数据数组 1 为全 0
  unsigned char R2data[4] = {0,0,0,0};          //初始化读数据数组 2 为全 0
  unsigned char Wdata[4] ={1,2,3,4};            //初始化写数据数组
  RdRadom(R1data,4,4);                          //读 AT24C01 中的 4 字节数据到读数据数组 1
  WrByte(Wdata,4,4);                            //将初始化后的数值写入 AT24C01
  mDelay(20);
  RdRadom(R2data,4,4);                          //重新读出写入的数据到读数据数组 2
}
/****************************** 写字节 ************************************/
//函数名:WrByte
//函数功能:向 AT24C ** 器件的指定地址按字节连续写入数据
//形式参数:待写入的数据 Data[],起始地址 Address,待写入的字节数 Num
//返回值:返回为 0 表示操作成功;否则,操作有误
void WrByte(unsigned char Data[],unsigned char Address,unsigned char Num)
{
  unsigned char i;
  unsigned char *PData;
  PData = Data;
  for(i =0;i <Num;i + +)                        //连续写入 Num 字节数据
  {
    start();                                    //发送启动信号
    shuchu(AddWr);                              //发送写操作器件地址 AddWr,0xa0
    yingd();                                    //接收 yingd 应答
    shuchu(Address + i);                        //发送地址
    yingd();                                    //接收 yingd 应答
```

```
        shuchu(*(PData+i));                    //发送待写入的数据
        yingd();                               //接收yingd应答
        stop();                                //发送停止信号
        mDelay(20);                            //等待内定时写入周期结束
    }
}
/****************************随机地址读***********************************/
//函数名:RdRadom
//函数功能:从AT24C**器件的指定地址按字节读入数据
//形式参数:起始地址Address,待读入的字节数Num
//返回值:读出的字节放入data[],如果操作成功返回为0,否则操作有误
void RdRadom(unsigned char Data[],unsigned char Address,unsigned char Num)
{
    unsigned char i;
    unsigned char *PData;
    PData=Data;
    for(i=0;i<Num;i++)
    {
        start();                               //开始
        shuchu(AddWr);                         //发送写操作器件地址AddWr
        yingd();
        shuchu(Address+i);                     //发送字节地址
        yingd();
        start();                               //开始
        shuchu(AddRd);                         //发送读操作器件地址AddRd
        yingd();
        *(PData+i)=shin();                     //调用读数据函数
        SCL=0;
        Noyingd();                             //反向应答
        Stop();                                //停止
    }
}
/*****************************开始函数************************************/
//函数名:start
//函数功能:发送START状态,定义为当SCL为高时SDA从高到低
//形式参数:无
//返回值:返回时SCL,SDA为低
void start(void)
{
    SDA=1;                                     //升高SDA
    SCL=1;                                     //升高SCL
    _nop_();_nop_();_nop_();_nop_();           //保持数据建立延迟及周期延迟
```

```
    SDA = 0;                                    //降低 SDA
    _nop_();_nop_();_nop_();_nop_();            //保持 SDA 为低,保持时间 hold delay
    SCL = 0;                                    //降低 SCL
}
/********************************停止函数**********************************/
//函数名:stop
//函数功能:发送 STOP 状态,定义为当 SCL 为高时 SDA 从低变高
//形式参数:无
//返回值:返回时 SCL、SDA 为高
void stop(void)
{
    SDA = 0;
    _nop_();_nop_();                            //保持 SCL 为低及数据稳定
    SCL = 1;
    _nop_();_nop_();_nop_();_nop_();            //保持建立延迟
    SDA = 1;
    _nop_();_nop_();_nop_();_nop_();
}
/********************************串行输出数据*****************************/
//函数名:shuchu
//函数功能:串行发送 1 字节(包括地址和数据)给 AT24C** 器件,高位在前
//形式参数:待发送的字节 Data,调用前 SCL、SDA 为低,返回时 SCL 为低
//返回值:无
void shuhu(unsigned char Data)
{
    unsigned char BitCounter = 8;               //设置位计数器
    unsigned char temp;                         //中间变量控制
    do
    {
        temp = Data;
        SCL = 0;                                //时钟为低电平
        _nop_();_nop_();_nop_();_nop_();        //保持 SCL 为低
        if((temp&0x80) = =0x80) SDA = 1;        //输出一位,如果最高位是 1,则输出 1 到 SDA
        else SDA = 0;                           //如果最高位是 0,则输出 0 到 SDA
        SCL = 1;                                //时钟为高电平
        temp = Data < <1;                       //左移一位(高位在前)
        Data = temp;
        BitCounter - -;
    } while(BitCounter);                        //传送下一位
    SCL = 0;
}
/********************************串行输入数据*****************************/
```

```
//函数名:shuhu
//函数功能:从 AT24C** 串行读入 1 字节数据,高位在前
//形式参数:调用前 SCL 为低
//返回值:返回读入的字节,返回时 SCL 为低
unsigned char shuhu(void)
{
   unsigned char temp=0;
   unsigned char temp1=0;
   unsigned char BitCounter=8;              //设置位计数器
   SDA=1;                                   //使 SDA 为高,准备读
   do {
         SCL=0;                             //降低时钟
         _nop_();_nop_();_nop_();_nop_();   //保持 SCL 为低且使数据稳定
         SCL=1;                             //升高时钟
         _nop_();_nop_();_nop_();_nop_();   //保持 SCL 为高
         if(SDA) temp=temp|0x01;            //输入一位,如果 SDA=1 则 temp 的最低位置 1
            else  temp=temp&0xfe;           //否则 temp 的最低位清 0
         if(BitCounter-1)
         {
           temp1=temp<<1;                   //左移一位(高位在前)
           temp=temp1;
         }
        BitCounter--;
      } while(BitCounter);                  //传送下一位
   return(temp);                            //返回读入的数据
}
//*******************************应答*************************************/
//函数名:yingd
//函数功能:检测来自 AT24C** 器件的 yingd 应答
//形式参数:无
//返回值:返回 yingd_bit,为 0 表示操作成功;否则,操作有误
bit yingd(void)
{
   bit yingd_bit;
   SDA=1;                                   //置 SDA 为高,准备接收 yingd 应答
   _nop_();_nop_();_nop_();_nop_();
   SCL=1;                                   //第 9 个时钟脉冲
   _nop_();_nop_();_nop_();_nop_();
   yingd_bit = SDA;                         //读入应答
   SCL=0;
   return(yingd_bit);                       //返回应答标志 yingd_bit
}
```

```
/****************************** 反向应答 ***********************************/
//函数名:Noyingd
//函数功能:向 AT24C ** 器件发送 NAK 反向应答,随时钟输出一个高电平的负应答位,调用前 SCL 为低;
//返回时 SCL 为低,SDA 为高
//形式参数: 无
//返回值: 无
void Noyingd(void)
{
   SDA = 1;
   _nop_();_nop_();_nop_();_nop_();
   SCL = 1;
   _nop_();_nop_();_nop_();_nop_();
   SCL = 0;
}
/******************************** 延时 ***********************************/
//函数名:mDelay
//函数功能:延时函数
//函数形式参数:ms 用来控制循环次数,从而控制延时时间长短
//函数返回值: 无
void mDelay(unsigned char ms)
{
   unsigned int i;
   while(ms - -)
   {
      for(i = 0;i < 125;i + +);
   }
}
```

程序运行及测试:

①编译后运行程序,在仿真环境中查看数组 R1data[ ]、R2data[ ],检查 R2data[ ]中的数据是否与数组 Wdata[ ]中一致,若数据一致,则表示写入、读出成功;否则,应根据故障现象查找故障原因。

②将系统断电,再重新上电,编译后运行程序,在仿真环境中查看数组 R1data[ ],检查 R1data[ ]中的数据是否与步骤①中数组 R2data[ ]中一致,若数据一致,则说明 AT24C01 具有非易失性,即断电后仍能保存数据。

五、相关知识

1. 系统扩展概述

单片机最小应用系统是一个能完成最基本操作的单片机系统。一般由 CPU、ROM、RAM、时钟、复位电路及必要的硬件组成。

单片机系统的扩展是以基本的最小应用系统为基础的,故应首先熟悉最小应用系统的结构。

①片内带程序存储器的最小应用系统。片内带程序存储器的 8051、8751 本身即可构成一个最

小应用系统。只要将单片机接上时钟电路和复位电路即可，同时$\overline{\text{EA}}$接高电平，ALE、$\overline{\text{PSEN}}$信号不用，系统就可以工作，如图7.2所示。

②片内无程序存储器的最小应用系统。片内无程序存储器的芯片8031构成最小应用系统时，必须在片外扩展程序存储器。由于一般用作程序存储器的EPROM芯片不能锁存地址，故扩展时还应加一个锁存器， 构成一个最小系统，如图7.3所示。该图中74LS373为地址锁存器，用于锁存低8位地址。

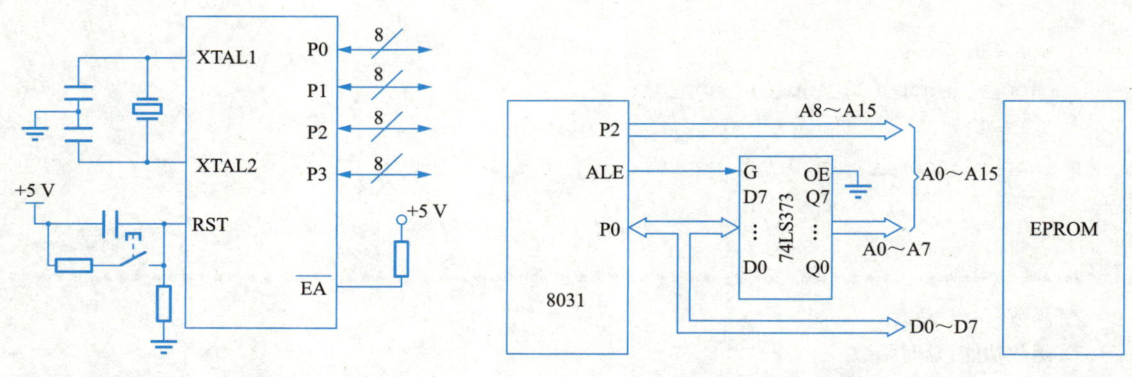

图7.2 片内带程序存储器的最小应用系统　　图7.3 片内无程序存储器的最小应用系统

对于51系列单片机，单片机的三总线结构是系统扩展的重点，其三总线由下列通道口的引线组成：

地址总线。由P2口提供高8位地址线，此口具有输出锁存的功能，能保留地址信息。由P0口提供低8位地址线，需锁存。

数据总线。由P0口提供。此口是双向、输入三态控制的8位通道口。

控制总线。扩展系统时常用的控制信号如下：

ALE——地址锁存信号，用以实现对低8位地址的锁存。

$\overline{\text{PSEN}}$——片外程序存储器取指信号。

$\overline{\text{RD}}$——片外数据存储器读信号。

$\overline{\text{WR}}$——片外数据存储器写信号。

2. 存储器扩展

(1)存储器扩展方法

存储器扩展的核心问题是存储器的编址问题。所谓编址就是给存储单元分配地址。由于存储器通常由多片芯片组成，因此存储器的编址分为两个层次，即存储器芯片的选择和存储器芯片内部存储单元的选择。

存储器芯片的选择有两种方法：线选法和译码法。

①线选法。所谓线选法，就是直接以系统的地址线作为存储器芯片的片选信号，因此只需把用到的地址线与存储器芯片的片选端直接相连即可。

②译码法。所谓译码法，就是使用地址译码器对系统的片外地址进行译码，以其译码输出作为存储器芯片的片选信号。

译码法又分为完全译码和部分译码两种。

a. 完全译码。地址译码器使用了全部地址线，地址与存储单元一一对应，也就是 1 个存储单元只占用 1 个唯一的地址。

b. 部分译码。地址译码器仅使用了部分地址线，地址与存储单元不是一一对应，而是 1 个存储单元占用了几个地址。1 根地址线不接，1 个存储单元占用 2(2^1)个地址；2 根地址线不接，1 个存储单元占用 4(2^2)个地址；3 根地址线不接，则 1 个存储单元占用 8(2^3)个地址，依此类推。

在设计地址译码器电路时，采用地址译码关系图，将会带来很大的方便。

所谓地址译码关系图，就是一种用简单的符号来表示全部地址译码关系的示意图。

例如：

A15	A14	A13	A12	A11	A10	A9	A8	A7	A6	A5	A4	A3	A2	A1	A0
·	0	1	0	0	×	×	×	×	×	×	×	×	×	×	×

从地址译码关系图上可以看出以下几点：

- 属完全译码还是部分译码；
- 片内译码线和片外译码线各有多少根；
- 所占用的全部地址范围为多少。

例如，在上面的地址译码关系图中，有 1 个“·”(A15 不接)，表示为部分译码，每个单元占用 2 个地址。片内译码线有 11 根(A10～A0)，片外译码线有 4 根。其所占用的地址范围如下：

当 A15 为 0 时，所占用地址为 0010000000000000～0010011111111111，即 2000H～27FFH。当 A15 为 1 时，所占用地址为 1010000000000000～1010011111111111，即 A000H～A7FFH。共占用了两组地址，这两组地址在使用中同样有效。

应该指出的是，随着半导体存储器的不断发展，大容量、高性能、低价格的存储器不断推出，这就使得存储器的扩展变得更加方便，译码电路也越来越简单了。

(2)程序存储器扩展

①程序存储器。51 系列单片机具有 64 KB 的程序存储器空间，其中 8051、8751 单片机含有 4 KB 的片内程序存储器，而 8031 单片机则无片内程序存储器。

当系统软件较大、片内 ROM 容量不够时，用户可以选择以下解决方案：

a. 改用片内带较大容量 ROM 的单片机，如深圳宏晶科技的 STC89C51 系列单片机，其程序存储空间在 4～64 KB 可选。虽然单片机价格随程序存储器容量增大而有所增加，但由于系统集成度高、电路简单、可靠性高，这一方案是性价比较高的首选方案。

b. 在单片机外部扩展程序存储器，可采用以下程序存储器常用芯片：

- 紫外线擦除电可编程 EPROM 型(erasable programmable read only memory)，如 2716(2 KB×8 位)、2732(4 KB×8 位)、2764(8 KB×8 位)、27128(16 KB×8 位)、27256(32 KB×8 位)、27512(64 KB×8 位)等。
- 电可擦除可编程 EEPROM 型，如 2816(2 KB×8 位)、2864(8 KB×8 位)等。
- Flash ROM 型，如 AT29××系列、AT49××系列并行 Flash 等。

②芯片介绍:

a. 锁存器 74LS373。74LS373 是一种带输出三态门的 8D 锁存器,用作地址锁存器,其结构示意图如图 7.4 所示。

其中:1D ~ 8D 为 8 个输入端。1Q ~ 8Q 为 8 个输出端。G 为数据输入端:当 G 为“1”时,锁存器输出状态(1Q ~ 8Q)同输入状态(1D ~ 8D);当 G 由“1”变“0”时,数据输入锁存器中。

b. EPROM 2764 。自从 EPROM 2716 芯片被逐渐淘汰后,目前比较广泛采用的是 EPROM 2764 芯片。该芯片为双列直插式 28 引脚的标准芯片,容量为 8K × 8 位,其引脚图如图 7.5 所示。

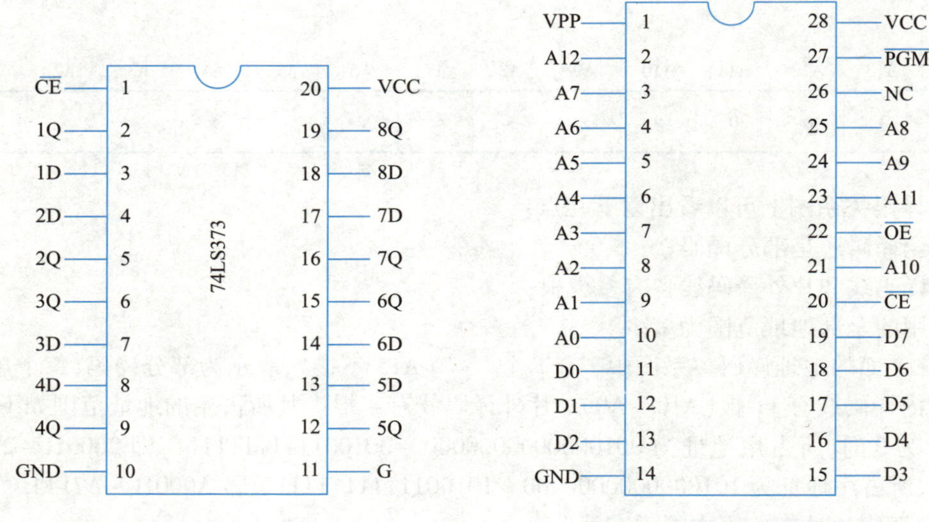

图 7.4　74LS373 引脚图　　　图 7.5　EPROM 2764 引脚图

其中:A0 ~ A12 为 13 位地址线。D0 ~ D7 为 8 位数据线。$\overline{\text{CE}}$为片选信号,低电平有效。$\overline{\text{OE}}$为输出允许信号,当$\overline{\text{OE}}$ = 1 时,输出缓冲器打开,被寻址单元的内容才能被读出。VPP:编程电源,当芯片编程时,该端加上编程电压(+25 V 或 +12 V);正常使用时,该端加 +5 V 电源。(NC 为不用的引脚)。

c. 3 线-8 线译码器 74LS138。3 线-8 线译码器 74LS138 为一种常用的地址译码器芯片,其引脚图如图 7.6 所示。其中,G1、$\overline{\text{G2A}}$、$\overline{\text{G2B}}$为 3 个控制端,只有当 G1 为“1”且$\overline{\text{G2A}}$、$\overline{\text{G2B}}$均为“0”时,译码器才能进行译码输出;否则,译码器的 8 个输出端全为高阻状态。

具体使用时,G1 、$\overline{\text{G2A}}$与$\overline{\text{G2B}}$既可直接接至 +5 V 端或地,也可参与地址译码,需要时也可通过反相器使输入信号符合要求。

【例 7.1】若单片机为 8031,试采用 2764 扩展 8 KB 的程序存储器。

解:8031 扩展 8 KB 程序存储器电路如图 7.7 所示。

【例 7.2】若单片机为 8031,试采用 2764 扩展 32 KB 的程序存储器。

解:8031 扩展 32 KB 程序存储器电路如图 7.8 所示。

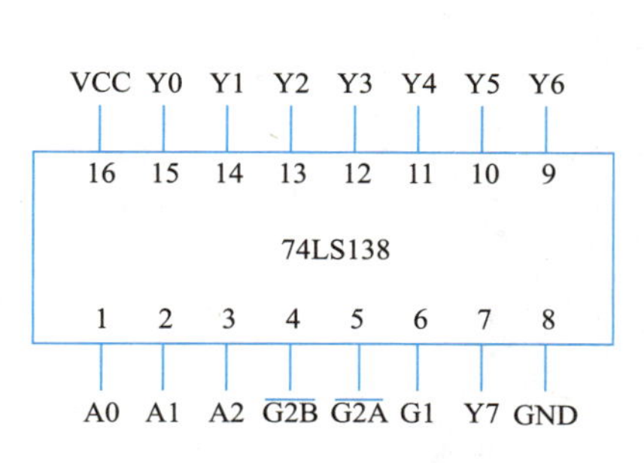

图 7.6　74LS138 引脚图

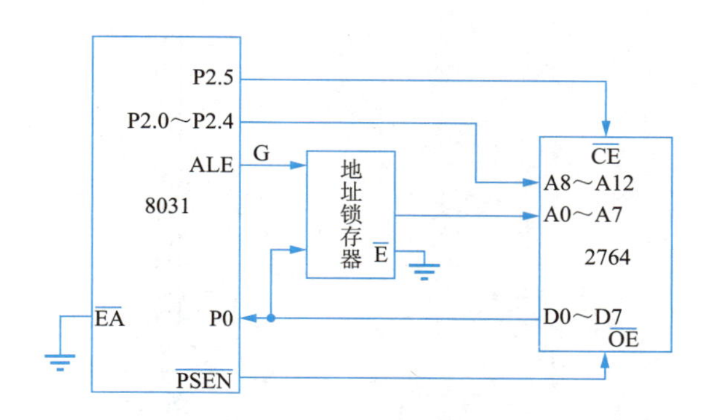

图 7.7　8031 扩展 8KB 程序存储器电路

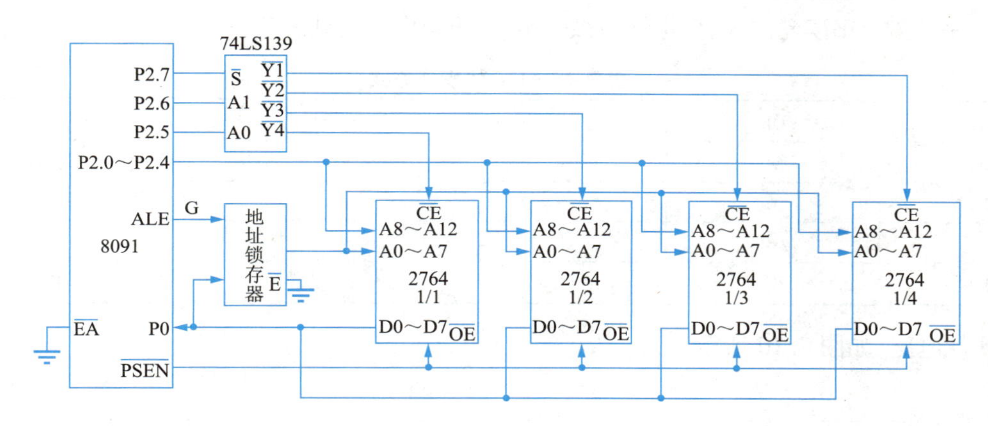

图 7.8　8031 扩展 32KB 程序存储器

(3)数据存储器扩展

①单片机 RAM 概述。数据存储器即随机存储器(random access memory, RAM),用于存放可随时修改的数据信息。它与 ROM 不同, 对 RAM 可以进行读、写两种操作。按其工作方式, RAM 又分为静态(SRAM)和动态(DRAM)两种。前者相对读写速度高,一般都是 8 位宽度,易于扩展,且大多数与相同容量的 EPROM 引脚兼容,有利于印制电路板设计,使用方便;缺点是集成度低、成本高、功耗大。后者集成度高、成本低、功耗相对较低;缺点是需要增加一个刷新电路,附加另外的成本。

51 系列单片机片内有 128 B 或 256 B 的数据存储器,它们可以作为工作寄存器、堆栈、软件标志和数据缓冲器使用。一般的控制应用场合,内部 RAM 满足应用系统要求时无须进行数据存储器的扩展。当片内的数据存储器不够使用时,需扩展外部数据存储器。

扩展数据存储器与扩展程序存储器相类似,不同之处主要在于控制信号的接法不一样, 不用 $\overline{\text{PSEN}}$信号, 而用$\overline{\text{RD}}$和$\overline{\text{WR}}$信号,且直接与数据存储器的$\overline{\text{OE}}$端和$\overline{\text{WE}}$端相连即可。

②SRAM 扩展实例。在单片机应用系统中扩展 2 KB 静态 RAM。

a. 芯片选择。单片机扩展数据存储器常用的静态 RAM 芯片有 6116(2 KB ×8 位)、6264(8 KB ×8 位)、62256(32 KB ×8 位)等。根据系统扩展要求,选用 SRAM 6116。

6116 是一种 CMOS 工艺 SRAM,采用单一 +5 V 电源供电,输入/输出电平均与 TTL 兼容,具有低功耗操作方式。6116 引脚图如图 7.9 所示,与 EPROM 2716 引脚兼容。

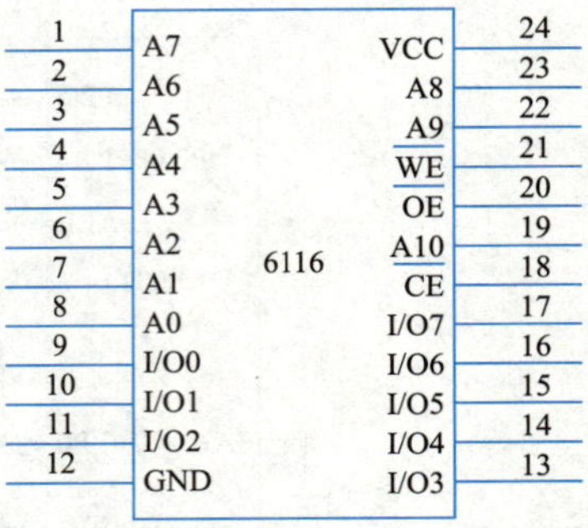

图 7.9　6116 引脚图

6116 有 11 条地址线 A0 ~ A10；8 条双向数据线 I/O0 ~ I/O7；$\overline{CE}$为片选线，低电平有效；$\overline{WE}$写允许线，低电平有效；$\overline{OE}$读允许线，低电平有效。6116 的操作方式见表 7.2。

表 7.2　6116 的操作方式

$\overline{CE}$	$\overline{OE}$	$\overline{WE}$	方式	I/O0 ~ I/O7
H	×	×	未选中	高阻
L	L	H	读	O0 ~ O7
L	H	L	写	I0 ~ I7
L	L	L	写	I0 ~ I7

b. 硬件电路，如图 7.10 所示。

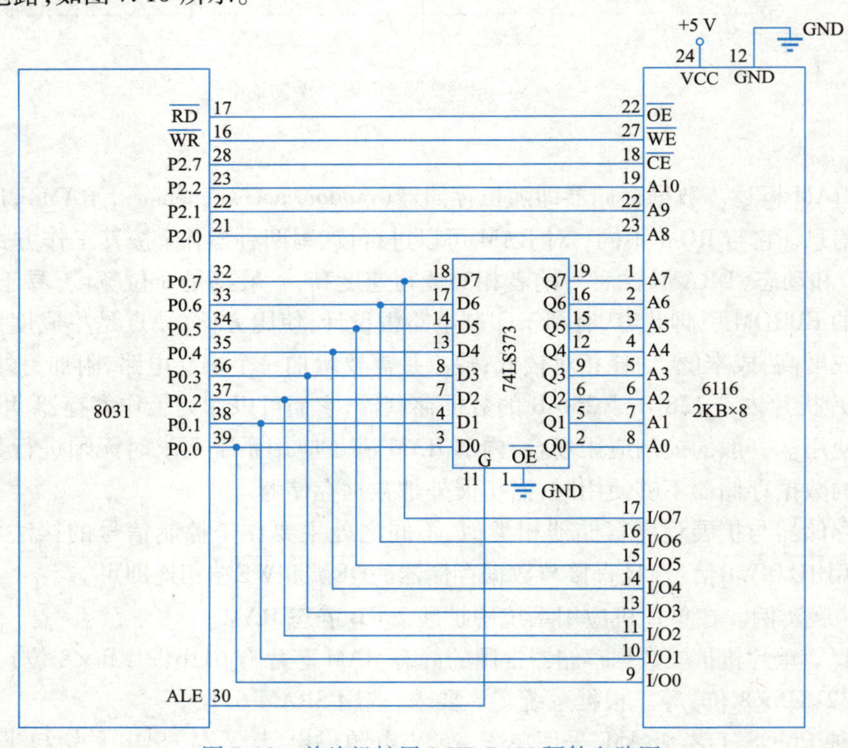

图 7.10　单片机扩展 2 KB RAM 硬件电路图

连线说明：

地址线：A0～A10 连接单片机地址总线的 A0～A10，即 P0.0～P0.7、P2.0～P2.2 共 11 根。

数据线：I/O0～I/O7 连接单片机的数据线，即 P0.0～P0.7。

控制线：片选端 $\overline{CE}$ 连接单片机的 P2.7，即单片机地址总线最高位 A15；读允许线 $\overline{OE}$ 连接单片机的读数据存储器控制线 $\overline{RD}$；写允许线 $\overline{WE}$ 连接单片机的写数据存储器控制线 $\overline{WR}$。

c. 片外 RAM 地址范围的确定及使用。由图 7.10 可见，6116 片选端 $\overline{CE}$ 直接与单片机地址线 P2.7 相连，这种扩展方法为线选法。显然只有 P2.7＝0，才能选中该片 6116，故其地址范围确定如下：

如果与 6116 无关的引脚取 0，那么 6116 的地址范围是 0000H～07FFH；如果与 6116 无关的引脚取 1，那么 6116 的地址范围是 7800H～7FFFH。

d. 软件编程。如果要在程序中对外部 RAM 进行读写，应在变量声明时使用 pdata 和 xdata 标识符，其中 pdata 指向外部存储区的低 256 B，xdata 则可以指向外部数据区 64 KB 范围内的任何地址。

下面的程序段实现读入 P1 口数据，将之存放在外部 RAM 中，并将外部 RAM 中的数据送到 P3 口输出。

```
unsigned char pdata inp_reg;
unsigned char xdata outp_reg;
void main (void)
{inp_reg = P1;
  P3 = outp_reg;
}
```

六、任务小结

串行扩展方法简化了系统硬件连接，提高了系统的可靠性，但是串行接口方法速度较慢，高速系统场合应用并行扩展方法。

任务二 多个发光二极管闪烁控制

一、任务说明

利用单片机串行接口扩展并行 I/O 端口电路，驱动 16 个发光二极管，并编写程序，使每片 74LS164 所连接的 8 个发光二极管同时按左右方向往返循环，依次点亮。

二、任务分析

要实现上述任务，需要了解单片机串行接口扩展并行 I/O 端口的方法，了解芯片 74LS164 应用的相关知识。

三、电路设计

利用单片机串行接口扩展 16 位并行 I/O 端口硬件电路如图 7.11 所示。利用单片机的串行接口与两片74LS164连接,扩展16根输出口线,每个端口通过330 Ω的限流电阻与发光二极管的负端相连,发光二极管的正端连接到+5 V电源上。当74LS164的并行输出端输出低电平时,相应端口所接发光二极管便被点亮。

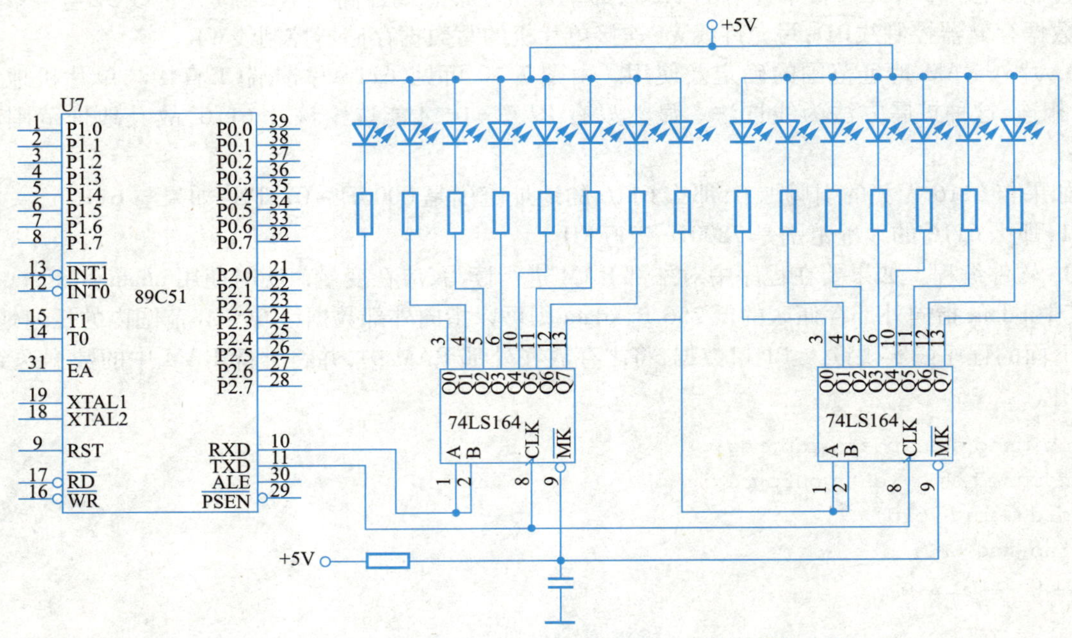

图7.11 单片机串行接口扩展16位并行I/O端口硬件电路

四、程序设计

```
//程序:ex7_2.c
//功能:利用单片机串行接口扩展16位并行I/O端口,使每片74LS164所连接的8个发光二极管同时
//     按左右方向往返循环,依次点亮
#include "reg51.h"
unsigned char dat =0xfe;                    //定义发送数据
void delay1 (unsignedint i);                //延时函数声明
main()
{
  unsigned char i;
  SCON =0x00;                               //设置串行接口工作于方式0
  while(1)
  {
     for (i =0;i <8;i + +)
     {
        SBUF =dat;                          //传送右8位灯数据
        while(! TI);                        //查询TI是否由0变1
        TI =0;                              //软件给TI清0
```

```
            SBUF = dat;                       //传送左 8 位灯数据
            while(! TI);                      //查询 TI 是否由 0 变 1
            TI = 0;                           //软件给 TI 清 0
            dat = < <1;                       //输出数据左移一位
            delay1(12000);
        }
    }
}
//函数:delay1
//函数功能:当 t 取值 6000 时,若晶振 fosc = 12 MHz,大约延时 0.5 s
//形式参数:变量 t ,int 类型
//返回值:无
void  delay1(int t)
{
   int i;
   for(i = 0;i < t;i + +)
     {;}
}
```

五、相关知识

1. 串行接口的 I/O 端口扩展

51 系列单片机共有 4 个并行 I/O 端口,分别是 P0、P1、P2 和 P3。其中,P0 口一般作地址线的低 8 位和数据线使用;P2 口作地址线的高 8 位使用;P3 是一个双功能口,其第二功能是一些很重要的控制信号,所以 P3 口一般使用其第二功能。这样供用户使用的 I/O 端口就只剩下 P1 口了。另外,这些 I/O 端口没有状态寄存和命令寄存的功能,因此难以满足复杂的 I/O 操作要求,在实际应用的很多场合,需要扩展 I/O 端口。

视 频

串行口扩展并行输入口

扩展 I/O 端口的方法有很多,这里介绍使用最广泛的采用串行接口扩展并行 I/O 端口的方法。

51 系列单片机的串行接口结构前面已经介绍过,51 系列单片机有一个全双工的串行接口,其工作方式 1、方式 2、方式 3 用于异步串行通信,工作方式 0 用于同步串行输入/输出。利用串行通信接口的方式 0,可实现并行 I/O 端口的扩展。

(1)采用串行接口扩展并行输入口

①芯片选择。74LS165 芯片为 8 位移位寄存器,并行输入串行输出,其引脚图如图 7.12 所示。

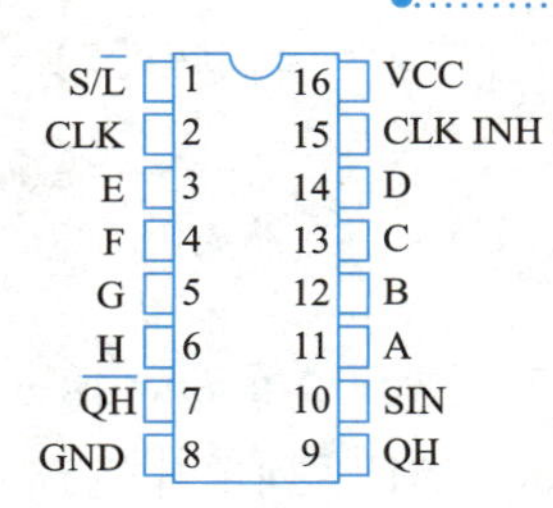

图 7.12　74LS165 引脚图

引脚说明:

A ~ H:并行数据输入端。

SIN:串行数据输入端。

QH:串行输出端。

CLK:时钟输入端。

$S/\overline{L}$:移位/装载数据控制端。当$S/\overline{L}$为低电平时,将并行输入口上的数据送寄存器中;当$S/\overline{L}$为高电平时,在时钟信号下进行移位。

②硬件电路,如图7.13所示。

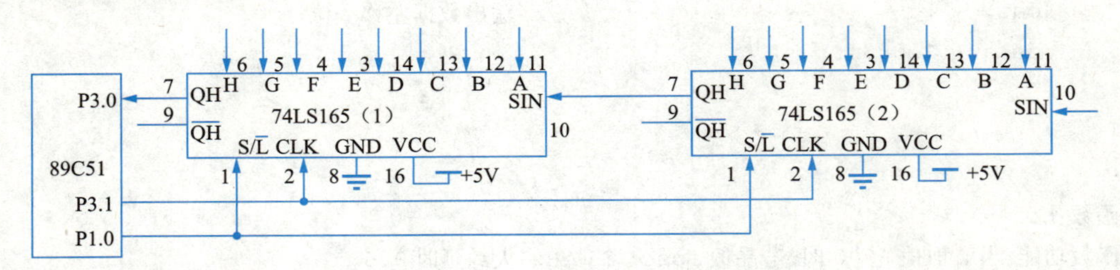

图7.13 利用串行接口扩展并行输入口

采用两片74LS165,89C51单片机的P3.0(RXD)引脚是串行数据输入端,P3.1(TXD)引脚送出74LS165的移位脉冲,连接时钟端CLK,单片机的P1.0引脚与它们的控制端$S/\overline{L}$相连,右边的74LS165的数据输出端QH与左边74LS165的信号输入端SIN相连。

③软件编程:

```
//程序名:ex7_3.c
//程序功能:实现从16位扩展口读入8字节数据,并把它们转存到内部RAM中
#include "reg51.h"
unsigned char buffer[] = {0x00,0x00,0x00,0x00,0x00,0x00,0x00,0x00};   //定义数据缓冲区
sbit P1_0 = P1^0;
void main()
{
  unsigned char i;
  P1_0 = 0;                                   //并行置入数据
  P1_0 = 1;                                   //允许串行移位
  SCON = 0x10;                                //设串行接口工作于方式0并允许接收
  while(1){
  for (i = 0;i < 8;i + +)
  {
     while(RI = = 0);                         //查询接收标志
     RI = 0;                                  //RI清0
     buffer[i] = SBUF;                        //接收数据
   }
  }
}
```

(2)采用串行接口扩展并行输出口

51系列单片机有一个串行接口,若在串行接口外接1个或多个移位寄存器,则可以扩展多个I/O端口。

【例7.3】利用串行接口控制2位静态LED数码管显示。

①芯片选择。75LS164 芯片为串入并出的 8 位移位寄存器，其引脚图如图 7. 14 所示。

引脚说明：

Q0 ~ Q7：并行输出端。

DSA、DSB：串行输入端。

$\overline{MR}$：清除端，低电平时，输出清 0。

CP：时钟输入端。

②硬件电路，如图 7. 15 所示。

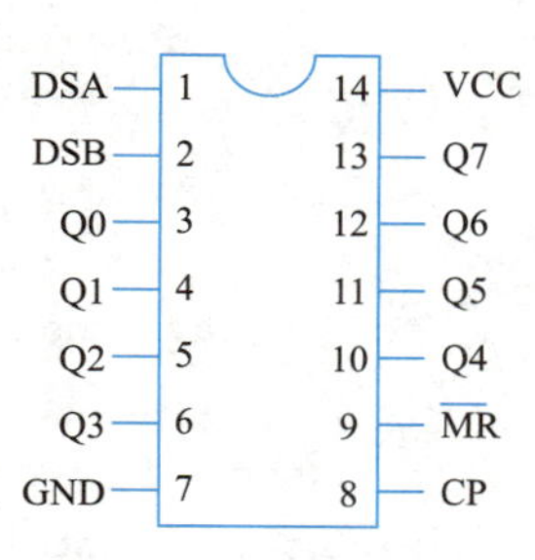

图 7. 14　74LS164 引脚图

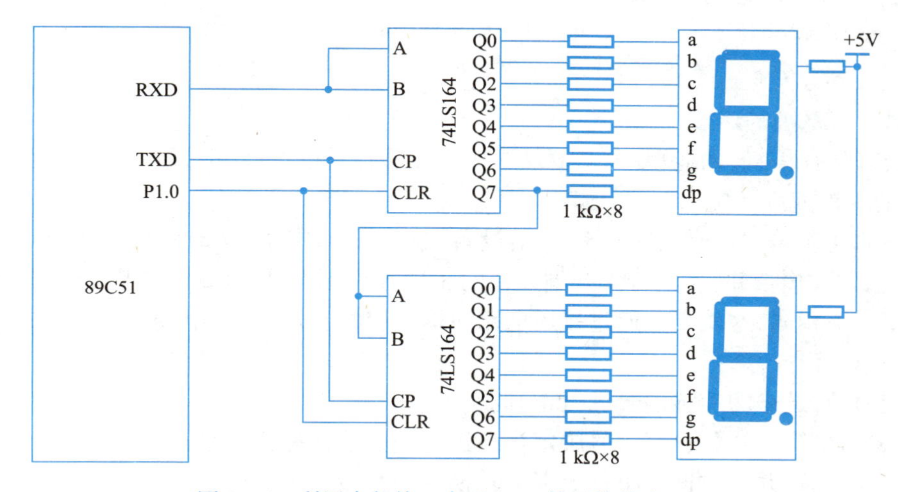

图 7. 15　利用串行接口实现 LED 数码管静态显示

③软件编程：

```
//程序名:ex7_4.c
//程序功能:实现在显示器上显示数字 0 ~9 的功能
#include "reg51.h"
unsigned char da[] = {0xC0,0xF9,0xA4,0xB0,0x99,0x92,0x82,0x0F8,0x80,0x90};
void delay (unsigned int i);                    //延时函数声明
void main()
{
  unsigned char i;
  P1 =0xff;                                     //P1.0 置 1,允许串行移位
  SCON =0x00;                                   //设串行接口工作于方式 0
  while(1)
  {
     for (i =0;i <8;i + +)
     {
        SBUF =da[i];                            //送显示
        TI =0;
        while(! TI);                            //等待发送完毕
```

```
            delay(2000);
          }
      }
  }
  void delay (unsigned int i)
  {
    unsigned char k;
    unsigned int j;
    for (j =0;j <i;j + +)
    for (k =0;k <255;k + +);
  }
```

2. I/O 端口与系统的连接

存储器用来保存信息,功能单一,传送方式单一,只有只读类型和可读/可写类型,存取速度基本上和 CPU 的工作速度匹配。

外围设备的功能多样化(输入设备、输出设备、输入设备/输出设备)、信息多样(数字式、模拟式)。信息传输方式包括并行、串行。外围设备的工作速度通常比 CPU 的速度低得多,各种外围设备的工作速度互不相同,这就要求通过接口电路对输入/输出过程起一个缓冲和联络的作用。

(1)I/O 端口功能

①寻址能力:对送来的片选信号进行识别。

②输入/输出功能:根据读/写信号决定当前进行的是输入操作还是输出操作。

③数据转换功能:并行数据向串行数据的转换或串行数据向并行数据的转换。

④联络功能:发出就绪信号、忙信号等。当 CPU 要访问外围设备时,首先要查询外围设备状态,能否接受访问,接口应将外围设备状态准备好,供 CPU 查询;或向 CPU 发特定的信号通知外围设备已准备好。

⑤中断管理:发出中断请求信号、接收中断响应信号、发送中断类型码,并具有优先级管理功能。

⑥复位:接收复位信号,使接口本身以及所连的外围设备重新启动。

⑦可编程:用软件决定其工作方式,用软件设置有关的控制信号。

⑧错误检测:一类是传输错误,另一类是覆盖错误。

(2)单片机 I/O 端口与系统的通信

①CPU 与 I/O 设备之间的信号:

a. 数据信息:数字量、模拟量、开关量;

b. 状态信息:外围设备通过接口往 CPU 传送信息,如 READY 信号、BUSY 信号;

c. 控制信息:CPU 通过接口传送给外围设备,如外围设备的启动信号、停止信号等控制信号。

②接口部件的 I/O 端口。接口部件的 I/O 端口主要包括:数据端口、控制端口、状态端口,如图 7.16 所示。CPU 和外围设备进行数据传输时,各类信息在接口中进入不同的寄存器,一般称这些寄存器为 I/O 端口,每个端口有一个端口地址,用于对来自 CPU 和内存的数据或者送往 CPU 和内存的数据起缓冲作用,这些端口称为数据端口。用来存放外围设备或者接口部件本身状态的端口,称为状态端口。用来存放 CPU 发出的命令,以便控制接口和设备动作的端口,称为控制端口。

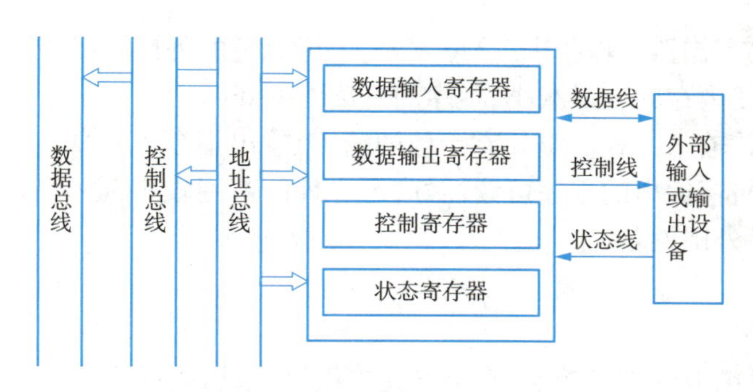

图 7.16　接口部件的 I/O 端口

输入还是输出，所用到的地址总是对端口，不是对接口部件；为了节省地址空间，将数据输入端口和数据输出端口对应同一个端口地址。同样，状态端口和控制端口也常用同一个端口地址；CPU 对外围设备的输入/输出操作是对接口芯片各端口的读/写操作。

接口电路位于 CPU 与外围设备之间，从结构上看，可以把一个接口分为两个部分：和 I/O 设备相连、和系统总线相连，这部分接口电路结构类似，连在同一总线上。图 7.17 是一个典型的 I/O 端口和外部电路的连接图。

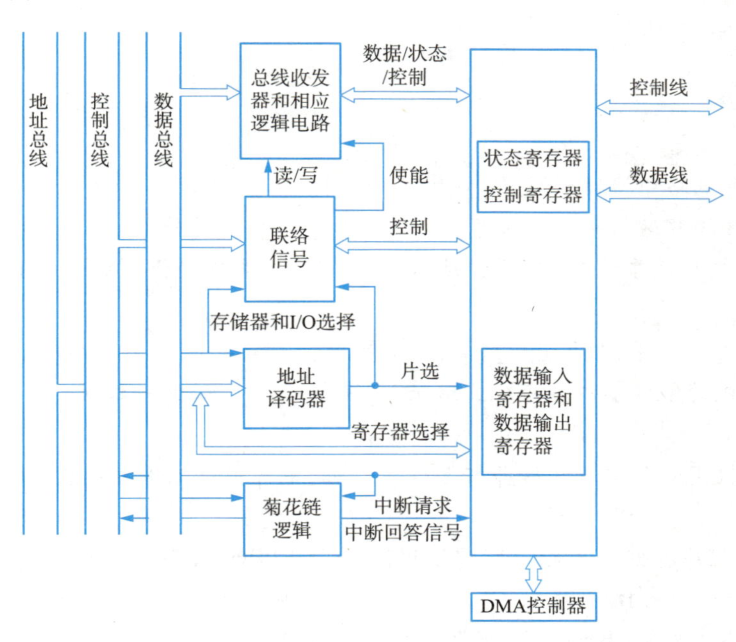

图 7.17　I/O 端口与外部电路的连接图

联络信号：读/写信号，以决定数据传输方向。

地址译码器/片选信号：地址译码器除了接收地址信号外，还用来区分 I/O 地址空间和内存地址空间的信号（$M/\overline{IO}$）用于译码过程。一个接口通常有若干个寄存器可读/写，一般用 1 ~ 2 位低位地址结合读/写信号来实现对接口内部寄存器的寻址。

CPU 对外围设备的寻址方式通常有两种：

①存储器对应输入/输出方式。每一个外围设备端口占有存储器的一个地址。CPU 对外围设

备的操作可使用全部的存储器操作指令,寻址方式多,可寻址的外围设备数量多。由于外围设备占用了存储单元的地址,使内存的容量减小,程序的可读性下降。

②端口寻址的输入/输出方式。CPU 有专门的输入/输出指令(IN,OUT),通过这些指令中的地址来区分不同的外围设备,编出的程序可读性好,可寻址的范围较小,必须有相应的控制线($M/\overline{IO}$)来区分是寻址内存还是外围设备。

六、任务小结

本任务采用单片机的 I/O 端口控制 16 个发光二极管,采用串行接口扩展 I/O 端口的方法,有效地减少占用单片机 I/O 端口的资源,并介绍了 I/O 端口与系统连接的方法。

项目总结

本项目对单片机系统扩展技术进行了介绍,任务一中介绍了单片机串行 EEPROM 扩展;任务二介绍了单片机串行接口的 I/O 端口扩展,在完成本项目内容的学习后,应重点掌握以下知识:

①单片机程序存储器扩展方法。

②单片机数据存储器扩展方法。

③单片机串行接口的 I/O 端口扩展方法。

项目训练

一、填空题

①在单片机扩展电路中,74LS373 起________作用。

②提供扩展芯片的片选信号的方法有________和________两种。

③在 8051 单片机扩展系统中,高 8 位地址由________端口提供,低 8 位地址由________端口提供。

④$\overline{PSEN}$是________信号,ALE 是________信号。

⑤51 系列单片机的 I/O 端口没有独立编址,而是与________统一编址。

二、选择题

①51 系列单片机用串行接口扩展并行 I/O 端口时,串行接口工作方式选择( )。

A. 方式 0　　B. 方式 1　　C. 方式 2　　D. 方式 3

②当 8031 外扩程序存储器 8 KB 时,需使用( ) EPROM 2716。

A. 2 片　　B. 3 片　　C. 4 片　　D. 5 片

③某种存储器芯片是 8 KB×4/片,那么它的地址线根数是( )。

A. 11 根　　B. 12 根　　C. 13 根　　D. 14 根

④51 系列单片机外扩 ROM、RAM 和 I/O 端口时,它的数据总线是( )。

A. P0　　B. P1　　C. P2　　D. P3

⑤51 系列单片机的中断源全部编程为同级时,优先级最高的是( )。

A. INT1　　B. TI　　C. 串行接口　　D. INT0

⑥51 系列单片机的并行 I/O 端口信息有两种读取方法:一种是读引脚,还有一种是( )。

A. 读锁存器　　B. 读数据库　　C. 读 A 累加器　　D. 读 CPU

⑦51 系列单片机的并行 I/O 端口读-改-写操作，是针对该口的（　　）。

A. 引脚　　B. 片选信号　　C. 地址线　　D. 内部锁存器

三、问答题

①单片机的 3 种总线是由哪些信号构成的？

②当程序存储器和外部数据存储器共用 16 位地址线和 8 位数据线时，为什么两个存储空间不会发生冲突？

项目八 单片机应用系统设计

项目导读

通过前面各个项目的学习,掌握了单片机的硬件结构及程序设计方法,在此基础上进行单片机系统设计,进行单片机应用系统的综合设计与开发。本项目重点介绍51系列单片机控制步进电动机和数字时钟的设计,掌握单片机应用系统的设计思路。

学习目标

①掌握步进电动机的工作原理。

②能用51系列单片机控制步进电动机。

③能用51系列单片机设计数字时钟。

任务一 单片机控制步进电动机

一、任务说明

步进电动机可以通过给相应磁极加脉冲来对旋转角度和转动速度进行高精度的控制。本任务介绍怎样用单片机对步进电动机进行旋转角度和转动速度的控制。采用单片机进行步进电动机控制,接口电路简单,控制灵活,有较广泛的应用。本任务所用步进电动机的驱动电压为12 V,步距角为7.5°,1圈360°,需要48个脉冲完成,采用51单片机驱动ULN2003(驱动器)的方法进行驱动。该步进电动机有6根引线,排列次序如下:1为红色、2为红色、3为橙色、4为棕色、5为黄色、6为黑色。步进电动机实物外形如图8.1所示。

二、任务分析

编写单片机程序,使单片机由其引脚发出脉冲序列,该脉冲序列控制步进电动机按照一定方式旋转。一般四相步进电动机的工作方式有三种：

单相四拍工作方式：步进电动机控制绕组 A 相、B 相、C 相、D 相的正转通电顺序为 A→B→C→D→A；反转通电顺序为 A→D→C→B→A。

四相八拍工作方式：正转绕组的通电顺序为 A→AB→B→BC→C→CD→D→DA→A；反转绕组的通电顺序为 A→DA→D→DC→C→CB→B→BA→A。

双四拍的工作方式：正转绕组通电顺序为 AB→BC→CD→DA；反转绕组通电顺序为 AD→CD→BC→AB。

图 8.1 步进电动机实物外形

三、电路设计

①步进电动机的控制。步进电动机为四相六线制混合型步进电动机，电源为 DC +12 V。通过单片机口线按顺序给 A 相、B 相、C 相、D 相施加有序的脉冲直流，就可以控制电动机的转动，从而完成数字到角度的转换。转动的角度大小与施加的脉冲数成正比，转动的速度与脉冲频率成正比，而转动方向则与脉冲的顺序有关。

②步进电动机的驱动电路。ULN2003 是一个大电流驱动器，为达林顿管阵列电路，可输出 500 mA 电流，同时起到电路隔离作用，各输出端与 COM 间有起保护作用的反相二极管。单片机控制步进电动机的接口电路如图 8.2 所示。

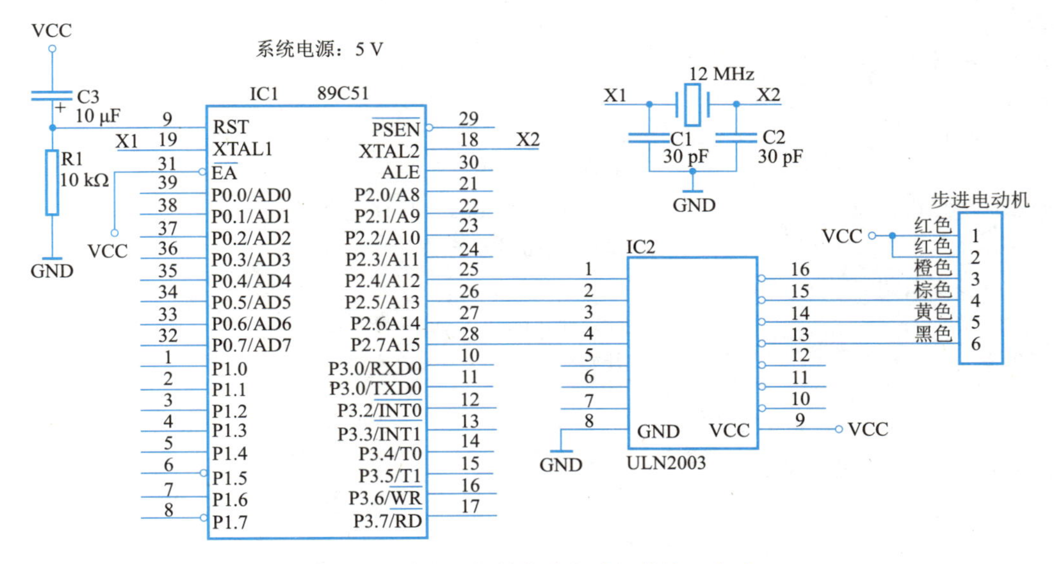

图 8.2 单片机控制步进电动机的接口电路

四、程序设计

ULN2003 的驱动直接用单片机系统的5 V 电压，可能力矩不是很大，电动机转动有些卡，可自行加大驱动电压到 12 V。步进电动机的驱动信号必须为脉冲信号。转动的速度和脉冲的频率成正比。

本任务步进电动机的设计:A 组线圈对应 P2.4 引脚;B 组线圈对应 P2.5 引脚;C 组线圈对应 P2.6 引脚;D 组线圈对应 P2.7 引脚。正转次序:AB→BC→CD→DA(即一个脉冲,正转 7.5 °)。

程序如下:

```
//程序:ex8_1.c
#include <AT89c51.h>
static unsigned int count;          //计数
static int step_index;              //步进索引数,值为 0 ~7
static bit turn;                    //步进电动机转动方向
static bit stop_flag;               //步进电动机停止标志
static int speedlevel;              //步进电动机转速参数,数值越大速度越慢,最小值为 1,速度最快
static int spcount;                 //步进电动机转速参数计数
void delay(unsigned int endcount);  //延时函数,延时为 endcount ×0.5 ms
void gorun();                       //步进电动机控制步进函数
void main(void)
{
  count = 0;
  step_index = 0;
  spcount = 0;
  stop_flag = 0;
  P1_0 = 0;
  P1_1 = 0;
  P1_2 = 0;
  P1_3 = 0;
  EA = 1;                           //允许 CPU 中断
  TMOD = 0x11;                      //设定时器 T0 和 T1 为 16 位模式 1
  ET0 = 1;                          //定时器 T0 中断允许
  TH0 = 0xFE;
  TL0 = 0x0C;                       //设定时每隔 0.5 ms 中断一次
  TR0 = 1;                          //开始计数
  turn = 0;
  speedlevel = 2;
  delay(10000);
  speedlevel = 1;
  do{
    speedlevel = 2;
    delay(10000);
    speedlevel = 1;
    delay(10000);
    stop_flag =1;
    delay(10000);
    stop_flag =0;
```

```
  }while(1);
}
//定时器 T0 中断处理
void timeint(void) interrupt 1
{
  TH0 =0xFE;
  TL0 =0x0C;                        //设定时每隔 0.5 ms 中断一次
  count + +;
  spcount - -;
  if(spcount < =0)
  {
    spcount  = speedlevel;
    gorun();
  }
}
void delay(unsigned int endcount)
{
  count =0;
  do{}
  while(count <endcount);
}
void gorun()
{  if (stop_flag = =1)
  {
    P1_0  = 0;
    P1_1  = 0;
    P1_2  = 0;
    P1_3  = 0;
    return;
  }
  switch(step_index)
  {
  case 0:                           //0(A 相)
    P1_0  = 1;
    P1_1  = 0;
    P1_2  = 0;
    P1_3  = 0;
    break;
  case 1:                           //0、1(AB 相)
    P1_0  = 1;
    P1_1  = 1;
    P1_2  = 0;
```

```
    P1_3 = 0;
    break;
  case 2:                          //1(B 相)
    P1_0 = 0;
    P1_1 = 1;
    P1_2 = 0;
    P1_3 = 0;
    break;
  case 3:                          //1、2(BC 相)
    P1_0 =0;
    P1_1 = 1;
    P1_2 = 1;
    P1_3 = 0;
    break;
  case 4:                          //2(C 相)
    P1_0 = 0;
    P1_1 = 0;
    P1_2 = 1;
    P1_3 = 0;
    break;
  case 5:                          //2、3(CD 相)
    P1_0 = 0;
    P1_1 = 0;
    P1_2 = 1;
    P1_3 = 1;
    break;
  case 6:                          //3(D 相)
    P1_0 = 0;
    P1_1 = 0;
    P1_2 = 0;
    P1_3 = 1;
    break;
  case 7:                          //3、0(DA 相)
    P1_0 = 1;
    P1_1 = 0;
    P1_2 = 0;
    P1_3 = 1;
  }
  if (turn = =0)
  {
    step_index + +;                //正转时序
    if (step_index >7)
```

```
        step_index = 0;
      }
      else
      {
        step_index - -;                    //反转时序
        if (step_index < 0)
          step_index = 7;
      }
    }
```

在此代码中，当转速参数 speedlevel 为 2 时，此时步进电动机的转速为 1 500 r/min，而当转速参数 speedlevel 为 1 时，转速为 3 000 r/min。当步进电动机停止，如果直接将 speedlevel 设为 1，此时步进电动机将被"卡住"，而如果先把 speedlevel 设为 2，让电动机以 1 500 r/min 的转速转起来，几秒后，再把 speedlevel 设为 1，此时电动机就能以 3 000 r/min 的转速高速转动，这就是"加速"的效果。

五、相关知识

1. 步进电动机简介

步进电动机是一种把电脉冲信号转换为角位移的电动机。简单理解为：给一个电脉冲信号，电动机就转过一个角度或前进一步，其角位移量或线位移量与脉冲数成正比，因此被称为步进电动机。步进电动机可通过改变脉冲频率来实现调速、快速启停、正反转控制及制动。

相对于模拟的电压信号，步进电动机的控制信号是数字量，因此，更广泛地应用在数字控制场合，例如，计算机的外围控制系统、数控机床、绘图机、轧钢机自动控制、计算装置、自动记录仪表等自动控制系统及自动装置中，都用步进电动机作为转换元件或调节元件。

步进电动机作为自动控制系统中的执行元件时，系统对它的基本要求是：

①步进电动机在脉冲信号作用下要能迅速启停、正反转及在很广泛的范围内调速。

②步进电动机的步距精度高，不得失步或越步。

③能直接带动负载。

2. 步进电动机的基本结构

三相反应式步进电动机的典型结构如图 8.3 所示。它的定、转子铁芯用硅钢片叠装或其他软磁材料制成。定子有 6 个磁极，每个磁极极靴上有 5 个小齿。相对的两个磁极为一相，两个磁极上的绕组正向串联为一相绕组，三相绕组为星形连接。转子没有绕组，周围均匀地分布着 40 个小齿。根据工作原理要求，定、转子上的小齿齿距必须相等，它们的齿数要符合一定的要求。

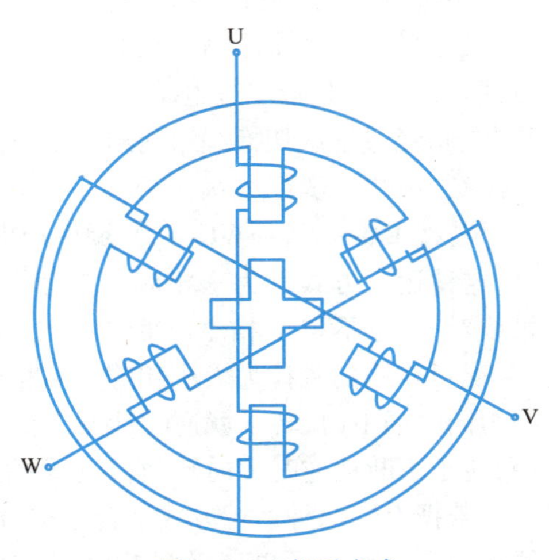

图 8.3 三相反应式步进电动机的典型结构

3. 步进电动机的工作原理

三相反应式步进电动机的工作原理与凸极式同步电动机相似，利用凸极转子横轴磁阻与直轴磁阻之差所引起的反应转矩而转动，产生所谓磁阻转矩（即附加转矩），使转子转动。

最简单的三相反应式步进电动机工作原理图如图8.4所示。定子有6个磁极,没有小齿,相对两个磁极上绕有一相绕组,三相绕组接成星形。转子上有4个磁极,没有绕组,定、转子磁极宽度相同。

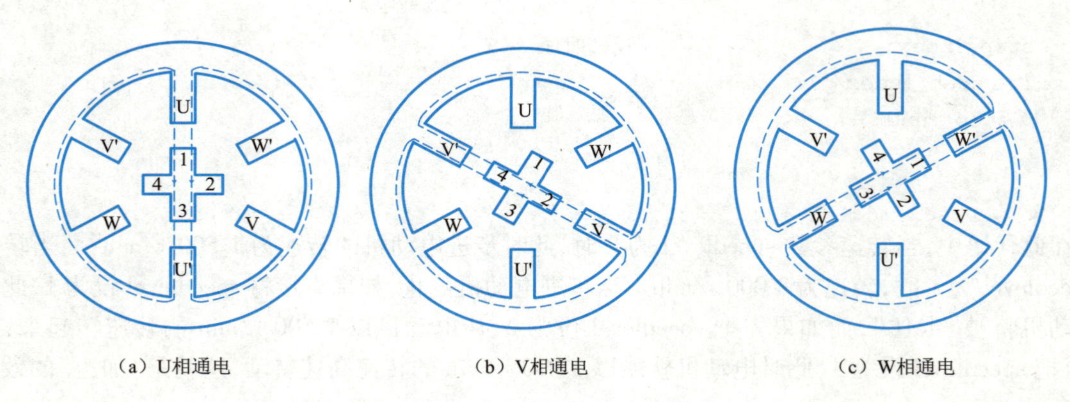

图8.4 三相反应式步进电动机工作原理图

当U相绕组通电,V相和W相两相绕组不通电时,由于磁通具有力图通过磁阻最小路径的特点,使转子1齿和3齿的轴线与定子U相磁极轴线对齐,如图8.4(a)所示。U相绕组断电,V相绕组通电时,在V相绕组所建立的磁场作用下,转子逆时针方向转过30°,使转子2齿和4齿轴线与V相磁极轴线对齐,如图8.4(b)所示。当V相绕组断电,W相绕组通电,转子又逆时针方向转过30°,使转子1齿和3齿的轴线与W相磁极的轴线对齐,如图8.4(c)所示。由此可见,按U→V→W→U顺序不断地使各相绕组通电和断电,转子就会按逆时针方向一步一步地转动下去,每一步转过的角度称为步距角,用θ_b表示,转子相邻两齿轴线间的夹角称为齿距角,用θ_t表示。若用Z_r表示转子的齿数,则$\theta_t=360°/Z_r$。图8.4所示步进电动机的$Z_r=4$,则$\theta_t=360°/4=90°$。经过一个通电循环,转子转过一个齿距角,故步距角$\theta_b=\theta_t/3=90°/3=30°$。按U→W→V→U顺序通电、断电,转子则按顺时针方向转动。

步进电动机工作时,由一种通电状态转换到另一种通电状态称为一拍。每一拍(即每通电一次)转子转过一个步距角。按U→V→W→U顺序通电方式运行的步进电动机,称为三相单三拍运行方式。“三相”是指步进电动机具有三相定子绕组;“单”是每一个通电状态只有一相绕组通电;“三拍”是指经过三次切换绕组的通电状态为一个循环,第四次通电时又重复第一次的通电状态。在这种运行方式时,步距角$\theta_b=30°$。

若按UV→VW→WU→UV顺序通电和断电,即每次有两相绕组同时通电,三次通电状态为一循环,这种运行方式称为三相双三拍运行方式。UV两相绕组同时通电时,转子的齿既不与U相磁极轴线对齐,也不与V相磁极轴线对齐。UV两相磁极轴线分别与转子齿轴线错开15°,转子两个齿与UV磁极作用的磁拉力大小相等方向相反,转子处于平衡位置。当UV两相绕组通电变为VW两相绕组同时通电时,转子就逆时针方向转过30°。按UV→VW→WU→UV顺序轮流同时给两相绕组通电,转子不断地逆时方向转动,其步距角θ_b与三相单三拍运行方式相同。

若把上述两种运行方式结合起来,按U→UV→V→VW→W→WU→U顺序轮流通电,即一相与两相间隔地轮流通电,6次通电状态完成一个循环,这种运行方式称为三相六拍运行方式。这种运行方式的步距角为三相单三拍运行方式时的一半,即$\theta_b=15°$,其工作原理如图8.5所示。

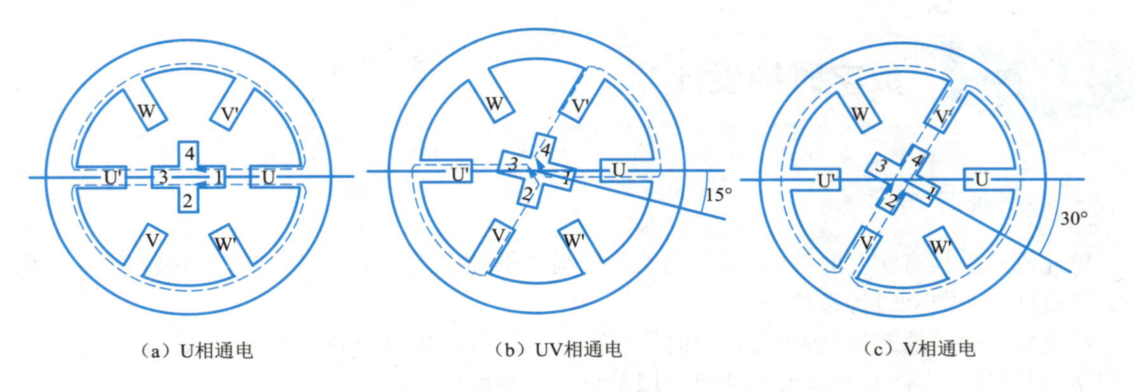

图 8.5　三相六拍运行方式时步进电动机的工作原理图

步进电动机不仅可以像同步电动机一样，在一定负载范围内同步运行，而且可以像直流伺服电动机一样进行速度控制，又可以进行角度控制，实现精确定位。在实际应用中，一般步进电动机的步距角不是30°或15°，而是3°或1.5°，为此，把转子做成许多齿（如40个），并在定子每个磁极上做几个小齿。

4. 步进电动机的应用

步进电动机是用脉冲信号控制的，一周的步数是固定的，只要不丢步，角位移误差不存在长期积累的情况，主要用于数字控制系统中，精度高，运行可靠。如采用位置检测和速度反馈，亦可实现闭环控制。

数控线切割机是采用专门计算机进行控制，利用钼丝与被加工工件之间电火花放电所产生的电蚀现象来加工复杂形状的金属冲模或零件的一种机床。在加工过程中，钼丝的位置是固定的，而工件固定在十字拖板上。通过十字拖板的纵横运动，对加工工件进行切割。数控线切割机的工作示意图如图8.6所示。

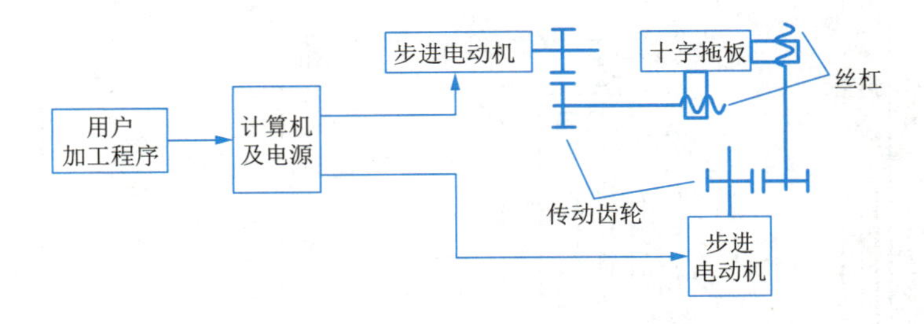

图 8.6　数控线切割机的工作示意图

数控线切割机在加工零件时，先根据图样上零件的形状、尺寸和加工工序编制用户加工程序，计算机就对每一方向的步进电动机给出控制电脉冲，控制两台步进电动机运转；再通过传动装置来拖动十字拖板，按加工要求连续移动进行加工，从而切割符合要求的零件。

六、任务小结

通过单片机控制步进电动机的设计，掌握步进电动机的工作原理及控制设计方法。

任务二　数字时钟设计

一、任务说明

单片机产品具有实时时钟的功能，在工业控制中得到广泛的应用，例如智能化仪器仪表等。本任务将设计一个数字时钟系统。

通过数字时钟的制作，将单片机定时器、按键设计、显示接口等知识融会贯通，深入领会单片机应用系统开发设计方法，并掌握单片机应用系统的开发过程。

二、任务分析

用单片机实现由 LED 数码管显示时、分、秒的数字时钟，并具有利用按键设置时钟参数的功能。

三、电路设计

LED 数码管时钟电路如图 8.7 所示，采用 24 h 计时方式，时、分、秒用 6 位数码管显示，采用 12 MHz 晶振，P0 口输出段码，P2 口作位扫描，用共阴极 LED 数码管，K0 为调时位选键，K1 为加 1 键，K2 为减 1 键。

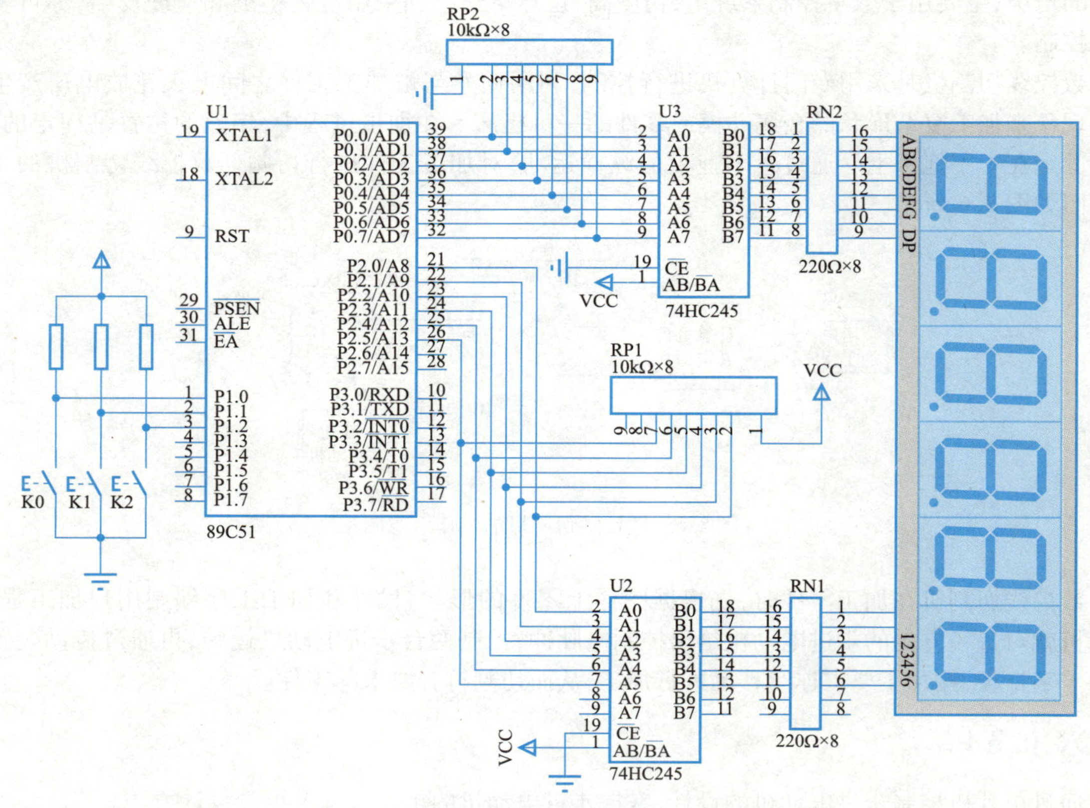

图 8.7　数码管时钟电路

四、程序设计

1. 数字时钟 C51 程序模块分析

①主模块。在调用初始化程序后，主模块反复执行显示模块和键盘扫描模块。初始化程序先将显示单元内容清 0，再进行定时/计数器的设置。

②显示模块。显示模块根据显示单元首地址显示时钟时间，P0 口输出段码，P1 口输出位码。

③键扫描及处理模块。如果调时位选键 K0 按下，时钟修改位置记录加 1，关闭定时/计数器 T0，打开定时/计数器 T1，如果调时位选键 K0 按下 6 次，则停止调时，打开定时/计数器 T0，关闭定时/计数器 T1。调时期间，按下 K1 键，则对应调时位置显示值加 1；按下 K2 键，则对应调时位置显示值减 1。调时顺序按照秒十位、分个位、分十位、时个位、时十位进行。

④定时/计数器 T0 中断服务模块。定时/计数器 T0 用于时间计时。定时溢出中断周期设为 50 ms，中断累计 20 次（即 1 s）时对秒个位计数单元 timedata[0]进行加 1 操作，如 timedata[0]达到 10，则 timedata[0]单元清 0，同时对秒十位计数单元 timedata[1]进行加 1 操作，依次类推，完成整个计时单元的数值计数。之后将计时单元的数值送到对应的显示单元 dis[ ]中。

⑤定时/计数器 T1 中断服务模块。定时/计数器 T1 中断服务模块用于指示调整单元数字的亮灭。在时间调整状态下，每经过 0.4 s，将对应单元的显示数据换成“熄灭符”数据（0x0a）。这样，在调整时间时，对应调整单元的显示数据就会间隔闪亮。

2. 相关程序

```
//程序:ex8_2.c
#include <reg51.h>
#define uchar unsigned char
uchar code diss[] =
{0x3f,0x06,0x5b,0x4f,0x66,0x6d,0x7d,0x07,0x7f,0x6f,0x00};
/* 共阴极 LED 段码表“0 ~9”“不亮” */
uchar code scancon[] = {
0xfe,0xfd,0xfb,0xf7,0xef,0xdf,0xbf,0x7f};                  //位扫描控制字
uchar data timedata[] = {0x00,0x00,0x00,0x00,0x00,0x00};   //计时单元
uchar data dis[] =
{0x00,0x00,0x00,0x00,0x00,0x00,0x0a,0x00};                 //显示单元
uchar data con1s = 0x00,con04s = 0x00,con = 0x00;
sbit key0 = P1^0;
sbit key1 = P1^1;
sbit key2 = P1^2;
void keyscan(void)                                          //键扫描及处理模块
{
  int aa;
  EA = 0;
  if(key0 == 0)
     {for (aa = 0;aa < 500;aa ++){}}
     while (key0 == 0);
```

```
  if (dis[con] = =10)
    {dis[7] =dis[con];dis[con] =dis[6];dis[6] =dis[7];}
con + +;TR0 =0;ET0 =0;TR1 =1;ET1 =1;
  if (con > =6)
    {con =0;TR1 =0;ET1 =0;TR0 =1;ET0 =1;}
    }
if (con! =0)
    {
    if (key1 = =0)
      {
        for (aa =0;aa <500;aa + +){}
        while(key1 = =0);
        timedata[con] + +;
        if (timedata[con] > =10)
        {timedata[con] =0;}
        dis[con] =timedata[con];dis[6] =0x0a;}
      }
    if (key2 = =0)
      {for (aa =0;aa <500;aa + +){}
        while(key2 = =0);
        if (timedata[con] = =0)
          {timedata[con] =0x09;}
        else{timedata[con] - -;}
        dis[con] =timedata[con];dis[6] =0x0a;
      }
    EA =1;
  }
  void scan(void)                                  //显示模块
  {
    uchar k;
    int a;
    for(k =0;k <6;k + +)
    {
      P0 =diss[dis[k]];
      P2 =scancon[k];
      for (a =0;a <120;a + +){}
      P2 =0xff;
  }
}
void clearmen(void)                                //初始化模块
{
  int i;
```

```
        for(i=0;i<6;i++)
          {dis[i]=timedata[i];}
        TH0=0x3c;TL0=0xb0;
        TH1=0x3c;TL1=0xb0;
        TMOD=0x11;ET0=1;ET1=1;TR1=0;TR0=1;EA=1;
      }
      void main()                                           //主模块
      {
        clearmen();
        while(1)
          {scan();
          keyscan();}
  }
  void time_intt0(void) interrupt 1                         //定时/计数器 T0 中断服务模块
  {
    ET0=0;TR0=0;TH0=0x3c;TL0=0xb0;TR0=1;
    con1s++;
    if(con1s==20){
      con1s=0x00;
      timedata[0]++;
        if (timedata[0]>=10)
          {timedata[0]=0;timedata[1]++;
            if (timedata[1]>=6)
              {timedata[1]=0;timedata[2]++;
                if (timedata[2]>=10)
                  {timedata[2]=0;timedata[3]++;
                    if (timedata[3]>=6)
                      {timedata[3]=0;timedata[4]++;
                        if (timedata[4]>=10)
                          {timedata[4]=0;timedata[5]++;}
                            if (timedata[5]>=2){
                              if (timedata[4]==4)
                                {timedata[4]=0;timedata[5]=0;
                                }
                            }
                      }
                  }
              }
          }
      dis[0]=timedata[0];dis[1]=timedata[1];dis[2]=timedata[2];
      dis[3]=timedata[3];dis[4]=timedata[4];dis[5]=timedata[5];
    }
```

```
  ET0 =1;
}
void time_intt1(void) interrupt 3                    //定时/计数器 T0 中断服务模块
{
  EA =0;TR1 =0;TH1 =0x3c;TL1 =0xb0;TR1 =1;
  con04s + +;
  if(con04s = =8)
  {con04s =0x00;
    dis[7] =dis[con];dis[con] =dis[6];dis[6] =dis[7];
  }
  EA =1;
}
```

五、相关知识

1. 模块化程序设计方法

模块化程序设计方法是一种软件设计方法,将任务分解成许多小的、功能相对独立的模块,各模块程序分别编写、编译和调试,最后将所有模块连接定位,生成可执行程序。模块化程序设计的关键是模块的划分,如果模块划分合理,各模块间的调用关系以及输入/输出参数明确,则可以使程序开发更有效;小模块更容易理解和调试,而且当某一模块需求很多,或具有通用性时,可以把它放到库中以备日后使用,例如,键盘模块、显示模块等。

模块化程序设计的开发过程如下:首先明确设计任务,依据现有硬件,确定软件整体功能;然后将整个任务合理划分成小模块,确定各个模块的输入/输出参数和模块之间的调用关系;再分别编写各个模块的程序,并汇编、调试通过;最后把所有模块连接调试,直到完成任务为止。

2. 模块化程序设计的特点

①提高代码的可读性:模块化编程将程序分解成若干个小模块,每个模块都有自己的功能和接口,使得程序更易于理解和阅读。

②提高代码的可维护性:模块化编程使得程序的修改更加容易,每个模块都是独立的,修改一个模块不会影响其他模块。

③提高代码的可重用性:模块化编程使得程序的代码可以被多个程序共享,提高了代码的重用性。

④提高程序的性能:模块化编程使得程序的代码更加紧凑,减少了代码的冗余,提高了程序的性能。

3. 模块化程序设计的注意事项

①模块之间的接口应该简单明了,避免过于复杂的数据结构和算法。

②模块之间的依赖关系应该尽量减少,避免出现循环依赖的情况。

③模块的命名应该具有描述性,能够清晰地表达模块的功能。

④模块的测试应该充分正确,确保每个模块都能够正常工作。

六、任务小结

通过完成数字时钟的设计,掌握模块化程序设计方法,构建程序设计的整体框架,掌握单片机应用系统的设计过程。在调试程序前,一定要将源程序分析清楚,有助于快速有效地排查和缩小故障范围。

项目总结

本项目通过两个典型工作任务对单片机应用系统设计进行了介绍,重点训练了单片机系统设计的步骤和方法及程序综合分析与调试能力。读者在完成本项目内容后的学习后,应重点掌握以下知识:

①步进电动机工作原理。

②51 系列单片机控制步进电动机的工作方式

③单片机控制数字时钟的方法。

项目训练

问答题

①简述步进电动机的工作原理及基本结构。

②简述 89C51 单片机采用继电器专用集成驱动芯片 ULN2003 控制多个继电器的工作原理和电路设计方法。

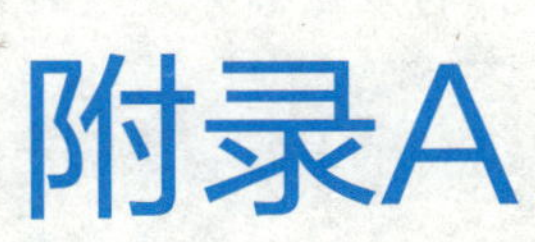

附录A C51中的关键字

ANSIC 标准关键字见表 A.1。

表 A.1　ANSIC 标准关键字

关键字	用　途	说　明
auto	存储种类说明	自动储存变量
break	程序语句	退出最内层循环
case	程序语句	switch 语句中的选择项
char	数据类型说明	单字节整型数或字符型数据
const	存储类型说明	在程序执行过程中不可更改的常量值
continue	程序语句	转向下一次循环
default	程序语句	switch 语句中当所有 case 匹配失败后执行的语句
do	程序语句	构成 do…while 循环结构
double	数据类型说明	双精度浮点数
else	程序语句	构成 if…else 选择结构
enum	数据类型说明	枚举
extern	存储种类说明	外部函数或外部变量
float	数据类型说明	单精度浮点数
for	程序语句	构成 for 循环结构
goto	程序语句	构成 goto 转移结构
if	程序语句	构成 if…else 选择结构
int	数据类型说明	基本整型数
long	数据类型说明	长整型数
register	存储种类说明	使用 CPU 内部寄存的变量
return	程序语句	函数返回
short	数据类型说明	短整型数

续表

关键字	用　　途	说　　明
signed	数据类型说明	有符号数,二进制数据的最高位为符号位
sizeof	运算符	计算表达式或数据类型的字节数
static	存储种类说明	静态变量
struct	数据类型说明	结构类型数据
switch	程序语句	构成 switch 选择结构
typedef	数据类型说明	重新进行数据类型定义
union	数据类型说明	联合类型数据
unsigned	数据类型说明	无符号数数据
void	数据类型说明	无类型数据
volatile	类型说明符	防止编译器对代码进行优化
while	程序语句	构成 while 和 do…while 循环结构

C51 编译器的扩展关键字见表 A. 2。

表 A. 2　C51 编译器的扩展关键字

关键字	用　　途	说　　明
bit	位变量声明	声明一个位变量或位类型的函数
sbit	位变量声明	声明一个可位寻址变量
sfr	特殊功能寄存器声明	声明一个特殊功能寄存器
sfr16	特殊功能寄存器声明	声明一个 16 位的特殊功能寄存器
data	存储器类型说明	直接寻址的内部数据存储器
bdata	存储器类型说明	可位寻址的内部数据存储器
idata	存储器类型说明	间接寻址的内部数据存储器
pdata	存储器类型说明	分页寻址的外部数据存储器
xdata	存储器类型说明	外部数据存储器
code	存储器类型说明	程序存储器
interrupt	中断函数说明	定义一个中断函数
reentrant	可重入函数说明	定义一个可重入函数

附录B AT89C51特殊功能寄存器列表

AT89C51 特殊功能寄存器见表 B.1。

表 B.1　AT89C51 特殊功能寄存器

符　　号	地　　址	注　　释
* ACC	E0H	累加器
* B	F0H	乘法寄存器
* PSW	D0H	程序状态字
SP	81H	堆栈指针
DPL	82H	数据存储器指针低 8 位
DPH	83H	数据存储器指针高 8 位
* IE	A8H	中断允许控制器
* IP	D8H	中断优先控制器
* P0	80H	端口 0
* P1	90H	端口 1
* P2	A0H	端口 2
* P3	B0H	端口 3
PCON	87H	电源控制及波特率选择
* SCON	98H	串行接口控制器
SBUF	99H	串行数据缓冲器
* TCON	88H	定时器控制
TMOD	89H	定时器方式选择
TL0	8AH	定时器 T0 低 8 位
TL1	8BH	定时器 T1 低 8 位
TH0	8CH	定时器 T0 高 8 位
TH1	8DH	定时器 T1 高 8 位

注：带 * 号的特殊功能寄存器都是可以位寻址的寄存器。

附录C 常用的C51标准库函数

C 语言标准函数库的常用函数见表 C.1。

表 C.1　C 语言标准函数库的常用函数

函　　数	功　　能
atoi	将字符串 s 转换成整型数值并返回该值
atol	将字符串 s 转换成长整型数值并返回该值
atof	将字符串 s 转换成浮点数值并返回该值
strtod	将字符串 s 转换成浮点型数值并返回该值
strtol	将字符串 s 转换成长整型数值并返回该值
strtoul	将字符串 s 转换成无符号长整型数值并返回该值
rand	返回一个 0 到 32767 之间的伪随机数
srand	随机数发生器的初始化函数
calloc	为 n 个元素的数组分配内存空间
free	释放前面已分配的内存空间
malloc	在内存中分配指定大小的存储空间
realloc	调整先前分配的存储器区域大小
crol	将字符型数据按照二进制循环左移 n 位
irol	将整型数据按照二进制循环左移 n 位
lrol	将长整型数据按照二进制循环左移 n 位
cror	将字符型数据按照二进制循环右移 n 位
iror	将整型数据按照二进制循环右移 n 位
lror	将长整型数据按照二进制循环右移 n 位
nop	使单片机程序产生延时
tsetbit	对字节中的一位进行测试

参 考 文 献

[1] 李全利. 单片机原理及应用技术[M]. 北京:高等教育出版社,2022.
[2] 周坚. 单片机C语言轻松入门[M]. 北京:北京航空航天大学出版社,2017.
[3] 李文华. 单片机应用技术[M]. 北京:人民邮电出版社,2011.
[4] 刘华东. 单片机应用技术:C51语言版[M]. 北京:电子工业出版社,2014.
[5] 张杰,宋戈,黄鹤松,等. 51单片机应用开发案例大全[M]. 北京:人民邮电出版社,2016.
[6] 王静霞. 单片机应用技术:C语言版[M]. 4版. 北京:电子工业出版社,2019.